カラー版 徹底図解

電気のしくみ

The visual encyclopedia of electricity

新星出版社

徹底図解 電気のしくみ

目次

はじめに

第1章　社会の中の最先端技術　7

リニアモーターカー……8
新交通システム……10
電気自動車……12
NEトレイン……14
ヒューマノイドロボット……16
非接触ICカード／自動改札機……18
QRコード……20
電子ペーパー……22
バイオメトリクス
　（指紋認証／虹彩認証／静脈認証）……24
超電導……26
レーダー／スピードガン……28
CTスキャナ／MRI……30
電子顕微鏡……32
　Column　ナノテクノロジーには無限の可能性がある……34

第2章　電気の基礎知識　35

電気とは？……36
イオン／クーロンの法則……38
電流と電圧……40
電力と電力量……42

オームの法則／ジュールの法則……44
導体／不導体（絶縁体）……46
静電気……48
雷……50
直流／交流……52
周波数……54
電池・乾電池（1次電池）……56
蓄電池（2次電池）……58
コンデンサー……60
電気と磁気……62
右ねじの法則／電磁誘導の法則……64
フレミング右手・左手の法則……66
モーター……68
Column 電流の認識はカエルの脚からはじまった……70

第3章　電気をつくる　送る　71

発電機……72
水力発電……74
火力発電……76
原子力発電……78
高速増殖炉……80
太陽光発電／太陽熱発電……82
波力発電／潮汐発電／海洋温度差発電……84
風力発電／地熱発電……86
核融合発電……88
燃料電池……90
変電所……92
送電・配電のしくみ（3相交流）……94
電柱／電力量計……96
分電盤／ブレーカー／ヒューズ……98
コンセント／アース／スイッチ……100
Column アメリカ中の電灯が消えた日……102

第4章　家庭や会社で使う電気と電化製品　103

白熱電球……104
蛍光灯……106
アイロン……108
洗濯機……110
掃除機……112
空気清浄機……114
冷蔵庫……116
電気炊飯器……118
IH調理器……120
電子レンジ……122
エアコン……124
インバーター……126
マイクロフォン／スピーカー……128
カセットテープレコーダー……130
CD／MD……132
電気楽器／電子楽器……134
コピー機……136
自動ドア……138
エレベーター／エスカレーター……140
Column　蓄音機からMP3まで……142

第5章　電波と通信で暮らしを豊かに　143

電波とは何か……144
電波の種類……146
AM／FM……148
ラジオ……150
テレビ……152
受信用アンテナ……154
ビデオテープ・デッキ……156
ハイビジョン……158
液晶ディスプレイ……160

プラズマディスプレイ……162
有機ELディスプレイ……164
BS放送／CS放送……166
デジタル放送……168
ケーブルテレビ（CATV）……170
電話……172
携帯電話／PHS……174
新世代携帯……176
IP電話……178
FAX……180
カーナビゲーションシステム……182
ITS……184
　Column　人と動物の超音波……186

第6章　エレクトロニクスとマルチメディア　187

真空管……188
半導体……190
ダイオード／トランジスタ……192
IC／LSI／超LSI（集積回路）……194
パソコン①基本構成とマザーボード……196
パソコン②CPU／メインメモリー……198
FD／MO／HD……200
CD-ROM／CD-RW……202
DVD……204
インターネット……206
ISDN／ADSL……208
光ファイバー通信……210
デジタルカメラ……212
PDA……214
　Column　「青色」発光ダイオードの価値……216

さくいん……217

はじめに

　照明器具、テレビ、冷蔵庫、電子レンジ、エアコン、パソコン、コピー機、携帯電話……。私たちは、さまざまなかたちで電気を利用しています。電気を使わない生活は、もはや考えられないといってもいいでしょう。

　本書は、私たちが毎日何げなく使っている「電気」のしくみを、図やイラストとともにわかりやすく説明・解説することを目的としています。

　第1章では、エレクトロニクスの最先端技術を紹介。第2章では、「電気とは何か？」「なぜ電気が発生するのか？」といった電気の本質について説明しています。続く第3章では発電・送電に関するしくみ、第4章では身のまわりにある電気製品の構造と原理、第5章では電波と通信機器についての説明。第6章では、エレクトロニクスの発展を支えてきた真空管、トランジスタ、半導体などの説明とインターネットをはじめとするマルチメディアに関して解説しています。

　本書ではこのように、電気に関連したさまざまな分野を幅広くカバーしていますので、専門的な難しい話はできるだけ省いた構成になっています。私たちの生活に欠かすことのできない「電気」の手軽な入門書として活用してください。

　本書を読んでいただくことで、1人でも多くの方が電気についての興味と関心を持ってくだされば幸いです。

第1章
社会の中の最先端技術

リニアモーターカー

> **Key word　超電導磁石**　超電導現象を利用した電磁石。超電導リニアモーターカーの心臓といえる。

世界最高速度記録を更新した、超電導リニア

　JR東海などが開発した**超電導リニアMLX01**（右写真）は、世界最先端の**リニアモーターカー**である。MLX01は2003年12月、山梨県のリニア実験線で時速581kmという新記録を達成、鉄道における世界最高速度を更新した。このとてつもないスピードで走行するリニアモーターカーの「心臓」は、**超電導磁石**である。

超電導磁石が超電導リニアの根幹

　超電導リニアは、強力な**磁石**（磁気＝P62）の力で車両を浮上させ、推進する。浮上させることで、超高速走行を可能にしているのだ。浮上力を生み出す磁石に超電導磁石を採用することで、浮上した際の高さ10cmを確保できるようになった。従来の磁石を利用するリニアでは、最新型のものでも1cmしか車両を浮上させることはできなかった。

　超電導（P26）とは、ある種の金属物質を一定温度以下にすると、**電気抵抗**（P44）がゼロになる現象のこと。超電導物質で作った**コイル**（P64）を一定温度以下にして電流（P40）を流すと、抵抗がないために永久に流れ続ける。これが強力な電磁石（P64）、「超電導磁石」だ。

推進・浮上・案内の原理

　超電導リニアモーターカーの推進の原理は、図1-1のようになっている。

　車両側には、超電導磁石がN極、S極交互に配置されている。ガイドウェイ（電車の線路に当たる）に設置された推進コイルに電流を流すことで、異極どうしの引き合う力、同極どうしの反発する力を発生させ、車両を前進させているのだ。

　浮上の原理は、図1-2のようになっている。ガイドウェイ側壁に設けられた浮上案内コイルに車両の超電導磁石が近づくと、コイルに自動的に電流が流れる。一時的な磁石となったコイルには、上部に吸引力、下部には反発力が発生するため、その両方の力によって車両が浮上するのである。

　案内とは、車両を常にガイドウェイの中心に位置させるはたらきのことだ。左右の浮上案内コイルは電線により結ばれている。車両が中心からどちらか一方にずれると、自動的に車両の遠ざかった側に吸引力、近づいた側に反発力がはたらき、車両を常に中央に戻している。

　超電導リニアは、2005年の愛知万博「愛・地球博」で展示され、話題を呼んだ。実用化すれば、空路にも引けをとらない日本の大動脈として機能するだろう。

豆知識　超電導リニアは、全国新幹線鉄道整備法において、中央新幹線（東京〜大阪間）への適用が考えられている。

第1章

写真提供：共同通信社

山梨県都留市を走行するMLX01。世界最高速度を更新し、累積走行距離も40万kmを突破している

1-1　推進の原理

車両の超電導磁石とガイドウェイの推進コイルとの反発・吸引により車両が推進する

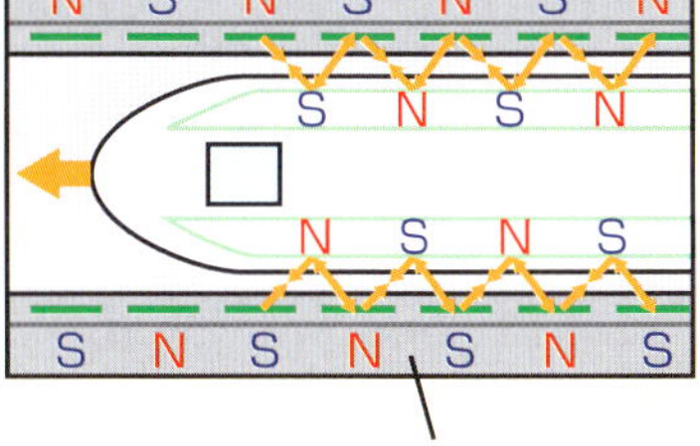

1-2　浮上の原理

車両が通過するとガイドウェイに設けられた浮上案内コイルに電流が流れる。浮上案内コイルには反発力と吸引力が発生し、車両が浮上する

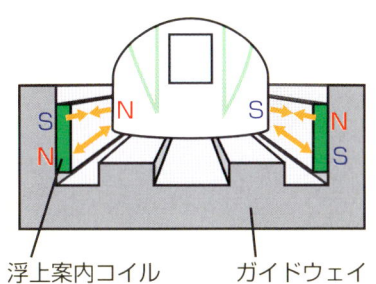

豆知識　浮上式ではない、鉄車輪式リニアモーターカーは、都営地下鉄大江戸線などで、すでに実用化されている。

新交通システム

> **Key word** 総合管理システム 徹底した電子制御により、無人運転などの人員削減を可能としたシステム。

新しいタイプの中量輸送交通機関

新交通システムとは、東京都の臨海副都心を走る「**ゆりかもめ**」に代表される中量輸送交通機関のことだ。新交通システムが日本にはじめて導入されたのは、1975年の沖縄海洋博覧会の観客輸送用のKRT。はじめて実用化されたのは、1981年の神戸市ポートライナーと、大阪市ニュートラムである。

快適性と安全性を考えたゴムタイヤ

1995年に運転を開始したゆりかもめの特徴は、以下のとおりである。
① 専用の高架軌道を走るため、交通事故や交通渋滞の影響がない。
② 乗客に対する振動、騒音が少なく、需要にあわせた運転が可能。
③ 電気を動力としているためクリーンであり、沿線への振動、騒音などの公害がほとんどない。
④ コンピュータの高度利用によって、運転、駅務の自動・無人化が進んでいる。
⑤ 車両の小型・軽量化によって、建設費が節減できる。

ゆりかもめに振動、騒音が少ないのは、車輪に**ゴムタイヤ**を使用しているためだ。一般のゴムタイヤとは構造が違い、内部に**中子**と呼ばれるアルミニウムの車輪があるため、万一タイヤがパンクしても走行を続けられるようになっている（図1-3）。

全自動無人運転を実現させた総合管理システム

ゆりかもめは、全自動無人運転によって、運転開始以来すでに3億人以上の乗客を安全に輸送している。運行を支えているのは、電力、信号保安、自動運転、通信の各設備及び、それを統括する**総合管理システム**である。

運行の際は、全列車の状態を監視するとともに、ダイヤ情報に基づき、列車に対して必要な制御指令を与える。中央指令所の運行管理卓からは、選択した列車、必要であれば全列車に一斉に制御指令を与えることも可能である。

通常運転時は、あらかじめ運行管理システムに設定された実施ダイヤに基づいている。輸送力の増強を行う必要が生じた場合には、必要な輸送力を確保できる時間帯のダイヤ（等時隔ダイヤ）をコンピュータが自動作成し、実施ダイヤとして使用することもできる。また、無人運転の際の異常時に対処するため、中央指令所では各種情報を表示し、必要な操作、指令を行うことができる。

 豆知識 ゆりかもめは、1日平均94,000人の乗客を全自動無人運転で運んでいる。

写真提供：株式会社ゆりかもめ

フジテレビ付近を走るゆりかもめ。都心と臨海副都心を結ぶ重要な路線だ

1-3　ゆりかもめのゴムタイヤ

内部に「中子」というアルミニウムの車輪があるため、万一パンクしても走行できる。ゴムタイヤは、鉄輪と比較して騒音、振動が小さく、ある程度の勾配を登ることができる

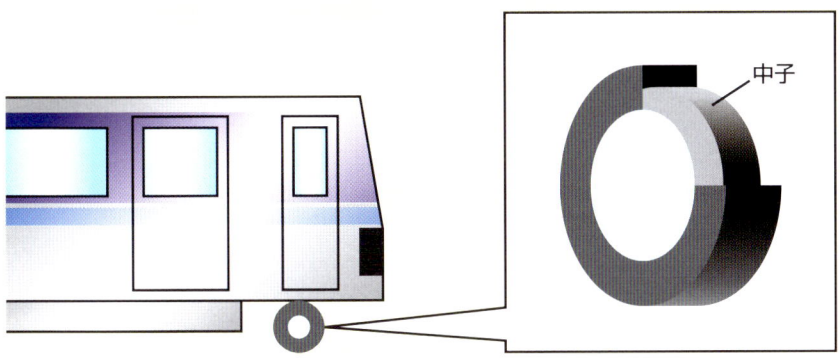

豆知識　ゆりかもめの車体はステンレス構造。各車両に4輪ゴムタイヤが装着されている。最高速度は時速60kmである。

電気自動車

> **Key word** エリーカ 従来の電気自動車にあった弱点を、リチウムイオン電池を採用することで克服した自動車。

環境に優しい電気自動車

　電気自動車は、地球温暖化や大気汚染などの環境問題を解決するための、具体的な答えの1つだ。ガソリンエンジンやディーゼルエンジンの自動車によるCO_2排出量は、全体の約20％に当たるため、普及の意味は大きい。

　以前から開発されていたタイプの電気自動車は、蓄えておける電気量が乏しく、航続距離（1回の充電で連続して走れる距離）が短いという欠点があった。だが、近年開発されている電気自動車は、めざましい進歩を遂げている。ここでは慶応大学が産学協同で研究・開発している「**エリーカ**」を紹介しよう。

エリーカは電気自動車の弱点を革命的に克服している

　エリーカの特徴は、家庭のコンセントから充電できるということだ。急速充電器を使えば、わずか30分で充電が行える。

　さらに大きな特徴は、従来の自動車の常識をはるかに超えた低燃費を実現していることである。従来は、ガソリン1ℓで走れる距離はせいぜい10数km。これに対してエリーカは、わずか100円分の電気料金で100kmもの走行が可能なのだ。その航続距離は、1回の充電で300km。つまり、東京から名古屋までの距離を、1回の充電で走行でき、燃料代は300円で済むということなのである。

　これは、**リチウムイオン電池**を充電池として搭載することで実現できた。同じ2次電池に分類されるニッカド電池やニッケル水素電池（P.58）と比較した場合、リチウムイオン電池には次のような優れた点がある。
① 電圧が高い、エネルギー密度、パワー密度が高い。
② メモリー効果がなく、サイクル寿命が長い。
③ 急速充電が可能。
④ 高出力が取り出せる。

　これらの特徴を最大限に活用したエリーカは、なんと370km／hもの最高速度を記録しているのだ。

低価格化などが今後の課題

　エリーカは、電気自動車の課題である電池スペースをどこに設けるかという問題を、シャーシーに搭載することで解決している。このため、車内に充分なスペースが確保された。ただ、大型リチウムイオン電池がたいへん高価で、現時点でのエリーカ1台分は2,000万円もする。今後、この価格をどのように下げていくかが、市販への大きな課題だといえるだろう。

 豆知識 電気自動車には、車体への空気抵抗と、タイヤの転がり摩擦くらいしかエネルギーロスがない。

近未来的なスタイルを持つエリーカ。定員は5名で、広々とした車内スペースが確保されている

1-4 エリーカのシャーシー（骨組）

エリーカではシャーシーを電池ケースと兼ねることで、車内スペースの確保、低車高・低重心化を可能にしている。また、8つあるすべての車輪にモーター、減速ギア、ブレーキを組み込んでいるため、走行ロスの低減、車体構造の単純化、利用可能空間を拡大している

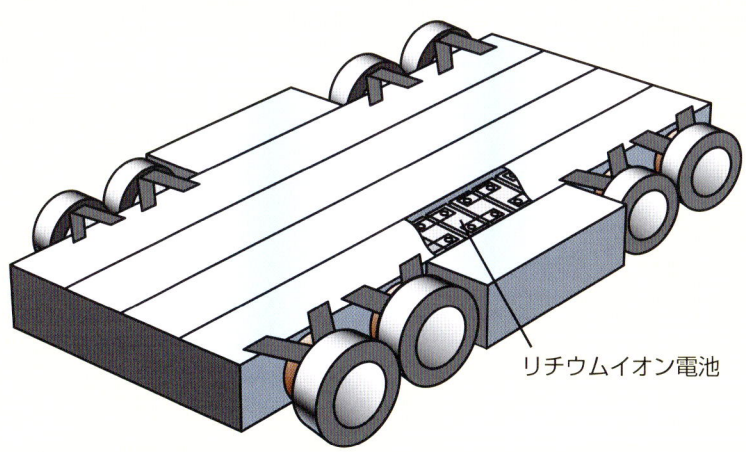

リチウムイオン電池

豆知識　現在、燃料電池や超電導モーターを動力源とした電気自動車も、研究・開発されている。

# NEトレイン

> **Key word** シリーズハイブリッド方式　ディーゼルエンジンと発電機を組み合わせ、省エネや環境問題を考慮した新しい駆動方式。

現状で実現可能な最善の方式＝NEトレイン

　NEトレイン（New Energy Train）とは、JR東日本が省エネルギーのために開発している、新しいタイプの車両である。その大きな特徴は、**ハイブリッド**（雑種＝異なる方式を1つの組織の中に組み込むこと）であることだ。

　NEトレインには、ディーゼルエンジンで**発電機**（P72）を回し、発生した電気を**コンバーター**と**インバーター**（P126）で変換して**モーター**（P68）を動かすという、**シリーズハイブリッド方式**が取り入れられている。これは、機械的動力源（エンジン）と、電気的動力源（発電機）をシリーズ（直列）に組み合わせるというもの。つまり、エンジン及び発電機を、そのまま**燃料電池**（P90）に置き換えることを想定した、未来へ向けての橋渡し的な試みなのだ。

　2003年春から、岩手県や栃木県などで試験走行が行われており、従来の気動車（キハ110系）に比べると、約20％の省エネになることが実証されている。

NEトレインは環境問題にも着目している

　NEトレインは、現在普及しているハイブリッド自動車（ガソリンエンジンと電気エネルギーを組み合わせた自動車）に近い特性を持つ。NEトレインの動力制御は図1-5のようになっている。

　駅発車時は主回路用蓄電池（**蓄電池**＝P58）の電力のみでモーターを回転させて走り出し、原則的に時速25km以下ではエンジンを動かさない。加速時にはエンジンを起動し発電を開始することで、発電機と主回路用蓄電池の両方からの電力を使用する。そして減速時に、モーターを発電機として使用し、**回生電力**を補助電源装置に蓄積する。ホームへの進入、停車、発車時はエンジンを停止しているため、排気ガスや騒音は発生しない。

　また、発電用ディーゼルエンジンには最新の排ガス対策エンジンを採用し、排気中の窒素酸化物（NOx）、粒子状物質（PM）の半減が計られている。

NEトレインの展望

　JR東日本が所有する鉄道車両は、約1万3,200両。このうちディーゼル車両は539両で、その一部を順次NEトレインに置き換えていく計画である。東北地方などの電化されていないローカル線には、一刻も早い投入が待ち望まれる。

　NEトレインは、省エネのためになくてはならない存在なのである。

豆知識　NEトレインでは、車輪を駆動させるモーターの電源を、減速時に切って、惰性で回るモーターの力で発生する電力をブレーキに使う。この電力のことを回生電力という。

写真提供：株式会社JR東日本

仙台駅で一般公開されたNEトレイン（キヤE991系）。2004年2月、仙台～陸前山王駅間で試験走行が行われた

1-5　NEトレインの動力制御

エンジンを起動させるのは加速時のみ。将来的には、エンジンや発電機の動力源を燃料電池に置き換えられるように設計されている

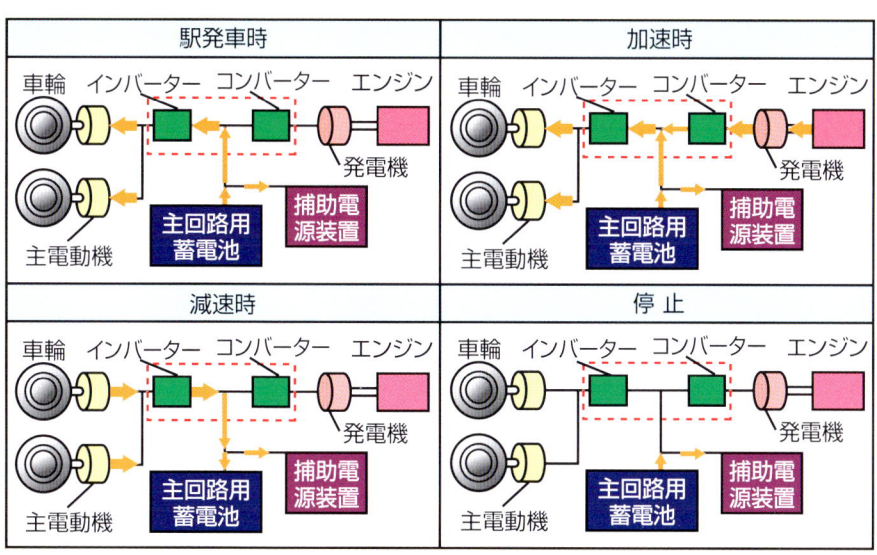

豆知識　NEトレインのロゴマークは、Nを表す赤は太陽、Eを表す緑は地球をイメージしている。

# ヒューマノイドロボット

> **Key word** **ISA** ヒューマノイドロボットの関節に装備される、モーター、ギア、コンピュータを1つにまとめた装置。

人間にかぎりなく近づくヒューマノイドロボット

　ロボットの語源は、「労働」を表すチェコ語「robota」であるといわれている。実存するロボットの多くも、工場などの生産ラインにおいて、人間では行えないような「労働」を担当していた。しかし近年では、従来の産業用ロボットとはまったく異なるコンセプトを持つ、**ヒューマノイドロボット**の開発が進んでいる。ヒューマノイドロボットのおもな目的は、人間とのコミュニケーションである。

　ソニーが以前開発した4足歩行ロボット「AIBO（アイボ）」は、人間とのコミュニケーションを可能にしたロボットとして、大ヒット商品となった。同社ではさらにテクノロジーを突き詰め、体長58cm、重量約7kgの大きさで、人間にかぎりなく近づいたロボット「**QRIO**（キュリオ）」を誕生させている。

QRIOの運動機能

　QRIOは人間と同じ2足歩行を実現させている。階段の上り下りをこなし、転倒しても自力で立ち上がる。走ることもでき、ダンスまで披露する。この優れた運動能力を支えているのは、**ISA**（Intelligent Servo Actuator）だ。ISAは、モーターとギア、コンピュータを1つにまとめた装置であり、各関節に装備されている。

　歩行時には、全身に設けられた各センサーの情報をもとに、その都度、自身の姿勢を認識して、バランスをとりながら目標位置へと関節を駆動させる。また、動く際に生じるISAにかかる負荷などが許容範囲を超えないように、各関節の状況を絶えず検知。その制御処理を短時間で実行しているのだ。これは、最新の**ICチップ**（P194）と高度なソフトウェア技術によって、実現されている。

QRIOのヒューマノイド機能

　また、両目に装備するカメラで映し出される画像を分析し、相手が誰であるかを見分けることができる。さらに、頭部に装備した7つの**マイクロフォン**（P128）によって、音声とその方向を認識。あらかじめ入力された約6万語の情報のもとに言葉を解析し、内容に対応した会話を展開することができる。相手の情報や、新しい言葉を記憶することも可能なのだ。

　かつて、「人間とロボットとの共存」というテーマは、ＳＦ小説やアニメの中だけの夢物語であった。しかし、テクノロジーの発展によって、そのテーマは現実へ向かって着実に歩を進めているのだ。

 豆知識　エンターテインメントロボット「QRIO」の名前の由来は、Quest for Curiosity"好奇心の追求"という意味が込められている。

7つのマイクロフォンを搭載し、どの方向から呼びかけても反応する

11万画素ステレオCCDカメラを2基内蔵している。これでとらえた情報を分析・解読する。また赤外線測距センサーで空間認識をするため、障害物などを避けながら歩行できる

人間と同じ5指を装備。ボールなどをつかんで投げることも可能だ

内蔵スピーカーで音声を出力

内蔵バッテリーはリチウムイオン電池を装備。最長で1時間程度の連続可動が可能だ

各関節にはISAを装備。人間のようななめらかな動きを実現する。また、全身各部に18個の挟み込みセンサーを装備し、人間が指などを挟んでもすぐに感知して、力を弱めるようになっている

ソニーが開発しているヒューマノイドロボットQRIO。ヒューマノイドとは、"人間そっくりの"という意味だ

写真提供：ソニー株式会社

豆知識 QRIOは空間を3次元的に認識する。よって目印をゴルフのグリーンに置けば、そこに向かってパッティングすることができる。

非接触ICカード／自動改札機

> **Key word** モバイルSuica　携帯電話端末と非接触ICカード技術の融合により、従来のカードの概念を一新する自動料金支払システム。

ICカードの性能をさらに昇華させる非接触ICカード

　ICカードは**集積回路**（P194）をカード内に組み込むことで、磁気カードの200倍以上もの情報記憶量を持っている。そして、ICカードの機能をそのままに、情報を遠隔伝送できるという利点が加えられたものが、**非接触ICカード**だ。

　カードの情報を遠隔伝送するため、定期券などに利用すればケースからの出し入れが不要となる。さらに、データを書き換えることで、カード自体を何度でも再利用できる。このため、社員証などのIDカード、電子マネー、**携帯電話**（P174、176）や腕時計への内臓など、さまざまな分野での使用が検討されている。

　非接触ICカードの原理は図1-6のようになっている。リーダライタとカードの両方に**コイル**（P64）が設けられている。リーダライタ側のコイルに**電流**（P40）が流れると、周囲に**磁界**（P62）が発生する。その範囲内にカードをかざせば、カード側のコイルが反応し、カード内に電流が発生する（**誘導起電力**＝P64）。これによって、カード内の**ICチップ**とリーダライタ間で情報のやり取りが可能となり、互いが本物と認識されると、ドアやゲートなどが開閉されるしくみだ。

　非接触ICカードの代表例として、ソニーが開発した「**FeliCa**（フェリカ）」が挙げられる。ここではその技術を採用し、鉄道改札口をスムーズに通過することを可能にした、ＪＲ東日本の「**Suica**（スイカ）」を紹介しよう。

SuicaからモバイルSuicaへ

　Suica（スイカ）とは、Super Urban Intelligent CArdの略称。自動改札ゲートの通過は、カードを受信部にかざすだけ。センサー部分に軽く触れ、読み取りランプの点灯、または信号音を確認してから通過すると、より確実だ。

　Suicaは、改札口で切符が不要になるのはもちろん、事前にカードに入金（チャージ、最大20,000円）できる。ショッピングカードやクレジットカードとしての機能を果すことも可能だ。

　さらに、2006年1月には、携帯電話端末を受信部にかざす、**モバイルSuica**が実用化される（右写真）。ＮＴＴドコモやソニーとの提携によって、携帯ディスプレイでチャージ残金を確認でき、入金がいつでもどこでも可能になるなど、さらに便利なサービスが開始されるのだ。

　近い将来、モバイルSuicaの市場拡大によって、財布を持ち歩く必要性がなくなるかもしれない。

豆知識　非接触ICカードの認識範囲内は、おおむね約60cm。

写真提供:株式会社JR東日本

携帯電話をかざすだけで改札を通過できるモバイルSuica。2006年1月からの実用化が発表されている

1-6 非接触ICカードの原理

リーダライタ側のコイルに電流を流し、磁界を発生させる。その範囲内にカードが入ると、カード側のコイルに電流が流れ、相互認証が行われる

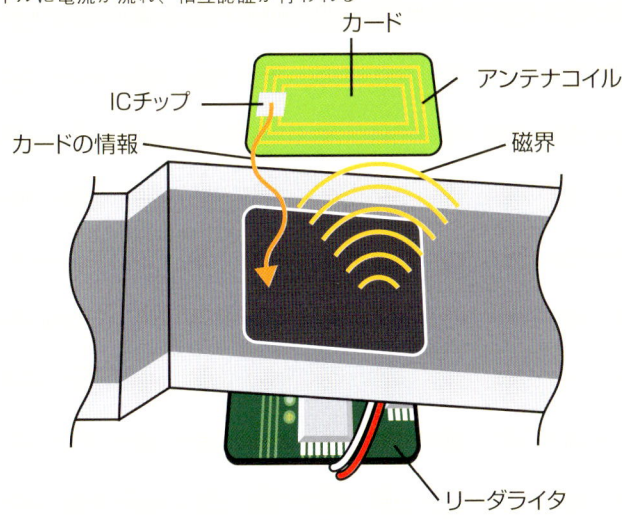

豆知識 モバイルSuicaは、携帯電話端末にFeliCaチップ（ICチップ）を挿入して起動させるしくみだ。

QRコード

> **Key word** 　**2次元コード**　バーコードの情報量の数十倍から数百倍のデータ表現が可能なコード。

QRコードは2次元のバーコード

　QRコードは、1994年に日本のデンソーによって開発された**2次元コード**だ。QRとはQuick Response（すばやい反応）の略で、その名のとおり高速読み取りが重視されている。

　従来のバーコードは、1方向だけにしか情報がなかった（1次元コード）。これに対して2次元コードはタテ、ヨコの2方向に情報を持っている。この面積効率が、バーコードの数十倍から数百倍のデータ表現を生み、すばやい情報処理能力を獲得しているのである（図1-8）。

QRコードの構成

　QRコードは、数字なら最大で7,089文字、アルファベットなら4,296文字、漢字なら1,817文字を表すことが可能だ。しかも、同じ情報量であれば、バーコードの約1／10の面積しか必要としない。

　QRコードの左上、右上、左下にある四角い部分は**切り出しシンボル**と呼ばれるもので、これによって360度、どの方向からでも読み取りができる（図1-9）。**マイクロQRコード**に切り出しシンボルが1つしかないのは、さらなる省スペース化と高速化のためだが、表現できる情報量はQRコードよりも少ない。

　情報は**セル**と呼ばれる小さな正方形の集まりで表現される。標準的な1セルの大きさは0.17mm〜0.50mmほどだ。

　また、QRコードの大きな特徴に、誤り訂正機能がある。コードの一部が破損したり汚れたりした場合に、あらかじめ記録されたコードによってデータを復元できるのだ。復元可能な面積はコードによって異なるが、最高レベルであれば、30パーセントの損傷があっても、データを訂正することが可能となっている。

カメラ付携帯電話との連携で利便性が広がるQRコード

　最近では、**携帯電話**（P174、176）とQRコードの組み合わせでできる、便利なサービスが登場してきている。QRコードが解読可能なカメラ付携帯電話であれば、印刷物などに表示されているQRコードを撮影することによって、簡単に情報を読み取ることができるのだ。名刺に印刷されているQRコード（右写真）を撮影して携帯電話内の電話帳に登録したり、**URL**（P206）を入力せずに、携帯サイトへアクセスしたりすることができる。さらに、ダウンロードしたQRコードを使って、携帯電話料金を請求書なしで支払えるサービスも開始されている。

豆知識　自分の情報を簡単にQRコード化できる携帯サイトもある。

QR部部長
電気 若郎

株式会社 電気のしくみ
〒123-4567
電流県電圧市抵抗1-2-3
Tel 12-3456-7890　Fax 12-3456-7891

QRコードがプリントされている名刺が増えている。受け取った相手は撮影するだけで電話帳に登録できる

1-7　バーコード
バーコードは1方向にしか情報を持たない

1-8　QRコード
QRコードはタテ、ヨコの2方向に情報を持つ

1-9　QRコードとマイクロQRコード
QRコード内のまだらに見える部分は、セルと呼ばれる正方形の集合体だ。ここに、基本情報と誤り訂正コードなどが表現されている

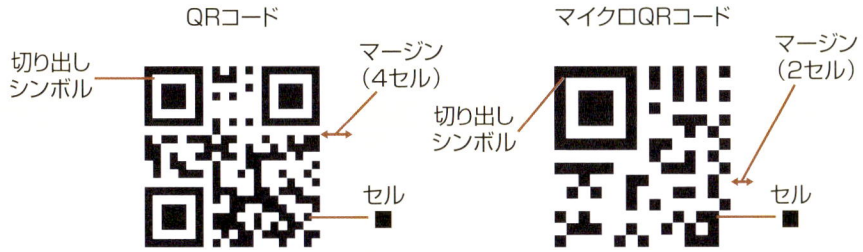

豆知識　QRコードは、携帯電話の着信メロディなども、コード化することができる。

電子ペーパー

Key word **電気泳動方式** リライタブルシステムの方式の1つ。マイクロカプセル内に白粒子と黒粒子を入れ、2つの電極により文字などを表示する

小説約20冊分のデータが保存可能

電子ペーパーとは、どこでも手軽に読めるポケットブックとして開発された製品である。**リライタブルシステム**という技術が用いられているため、1つの画面からページをめくる要領で次々と新しい情報（ページ）を画面に映し出すことができる。

すでにサービスは開始されており、出版社などがデータとして保存・管理している書籍の内容を、読者がパソコン（P196）でダウンロードして「購入」するシステムが確立されている。

ソニーが開発した製品**リブリエ**（右写真）は、約250ページ程度の小説データなら20冊分の保存が可能。さらにメモリースティックを併用すれば、最大で500冊分もの作品を持ち出せる。データなので、読む本の整理や処分の面倒がない。

電気泳動方式の原理

電子ペーパーの大きな特徴である書き換え＝**リライタブルシステム**は、おもにマイクロカプセルを用いた**電気泳動方式**が採用されている。

図1-10のように、透明な**マイクロカプセル**の内部に、酸化チタンの白粒子と、カーボンブラックの黒粒子が多数入れられている。そこに**背面電極**と**透明電極**から電圧をかけ**帯電**（P38）させ、白と黒の粒子を移動させて、文字やグラフィックを表示・消去させるしくみだ。

電気泳動方式は、蛍光灯（P106）や太陽光などの光を反射させて画面を表示させている。液晶（P162）を用いる透過型ディスプレイには、日光下では画面が見えにくいという問題があった。これに対して電気泳動方式は、使用する場所が明るければ明るいほど、画面が明確に見えるのだ。

フォトクロミック技術を採用することでフルカラーを実現

また、電子ペーパーの技術を生かし、**フォトクロミック技術**を取り入れることで、**フルカラー化**を実現させる研究が進んでいる。フォトクロミック化合物は、紫外線（P144）を当てると発色し、その化合物が吸収する特定の波長の光を当てると色が消えるという性質を持つ。それを利用し、色の3原色、C（シアン）、M（マゼンタ）、Y（イエロー）に発色する化合物を用いてフルカラーを表現する。

近い将来、電子ペーパーのフルカラー化が実現すれば、"紙"という媒体がなくなり、すべての情報を電子ペーパーによって入手する時代が来るかもしれない。

豆知識 電子ペーパーの電源は乾電池などで充分足り、電源を切っても一定期間表示内容を維持することができる。

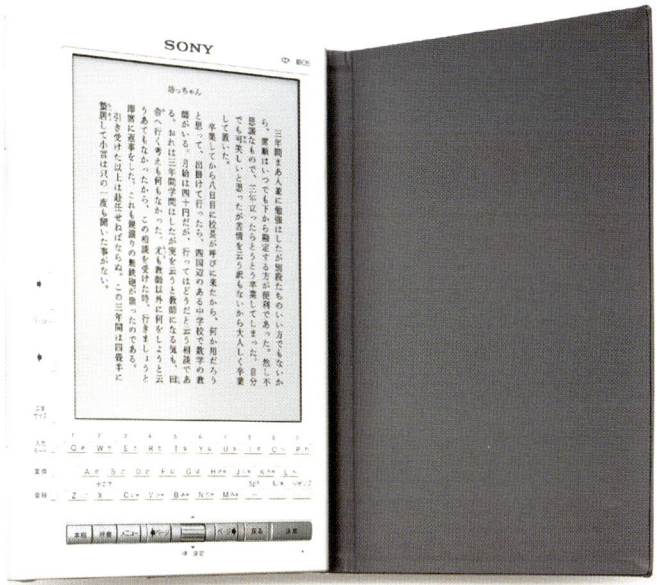

写真提供：ソニーマーケティング株式会社

電子ペーパーで読むことのできる書籍を、電子書籍という。新刊などでも、おおむね一般書籍より安く購入できる

1-10 電気泳動ディスプレイの原理

マイクロカプセル内に、帯電した白粒子、黒粒子が入れられている。それらに電圧をかけることで画面に文字やグラフィックを表示させる

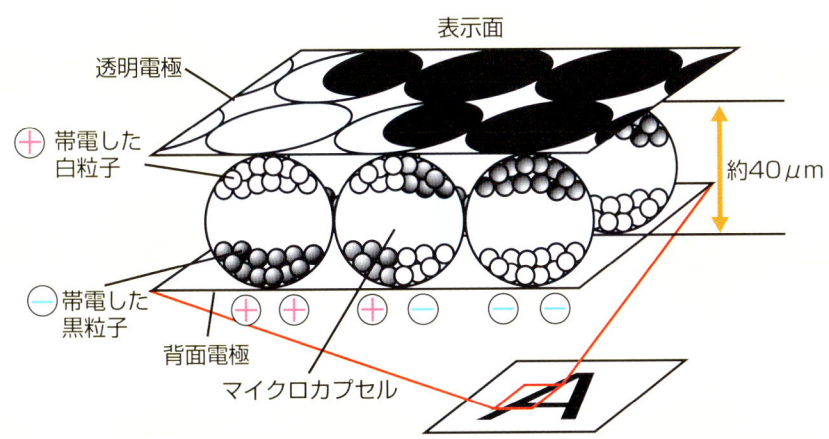

豆知識　フォトクロミック化合物は、光が当たる時間や強さによっても色彩の違いを見せる。電子ペーパーに採用する場合、色をどのくらいの間維持できるかがポイントになる。

バイオメトリクス（指紋認証／虹彩認証／静脈認証）

Key word　バイオメトリクス　「生物測定学」と訳される。他人と異なる、自分だけの特徴によって、本人だと証明する技術。

個人を特定する究極のセキュリティ法

バイオメトリクス（Biometrics）とは、biology（生物学）とmetrics（測定）の合成語で、「生物測定学」と訳される。1個人の、他人と異なる特徴によって、本人だということを証明・認証する技術だ。

個人の特徴として、いちばんわかりやすいのは「顔」だ。しかし、体格の変化や加齢によって顔つきは変化し、整形手術によってまったく別の顔になることも可能である。

そのため、バイオメトリクスを活用した新たなる認証技術が開発されている。ここでは、その代表格である、指紋、虹彩、静脈を使った最新技術を紹介しよう。

鍵の代わりとして普及する指紋認証

指紋は個人特有のもので、年月を経ても変化しない。指紋には図1-11のように、隆線、谷線、端点、分岐点などの特徴（**マニューシャ**）があるのだ。**指紋認証**は、センサーによってコンデンサーの**静電容量**（P60）の変化を感知し、マニューシャの位置情報を照合するシステムが、最も普及している（図1-12）。この方法は、おもにドアの開閉、つまり、鍵の代わりとして使われることが多い。

精度の高さを誇る虹彩認証

人間の瞳の黒目の内側には、虹彩と呼ばれる部分がある。カメラでいえば、絞りに相当する部分だ。虹彩は生後約2年で形成されてから以降は変化せず、その形状は個人固有のパターンとなる。この虹彩パターンを照合するのが、**虹彩認証**だ。虹彩を8層に分割し、データ化したものを、あらかじめ登録された本人のデータと比較照合する（図1-14）。精度は高く、誤差は計算上120万分の1しかない。

ATMで実用化された静脈認証

手や指の静脈は、医学的に同じものはなく、当人の右手と左手とでも異なっている。静脈の形状は、大きさ以外は生涯変わらないのだ。この静脈によって認証を行うのが**静脈認証**である。

静脈認証は、**赤外線CCDカメラ**（CCD＝P212）で手のひらを撮影し画像データを取得、そのデータは静脈の分岐点、角度、さらに血管の血流量まで入力され、入力データと照合・認証させるというしくみだ（右写真）。静脈認証は、すでに一部の銀行のATMなどに使われはじめている。

豆知識　バイオメトリクスとはいえないが、古代バビロニアのクレイ・タブレットと呼ばれる粘土板遺跡には、識別マークと考えられる拇印の跡が確認されている。

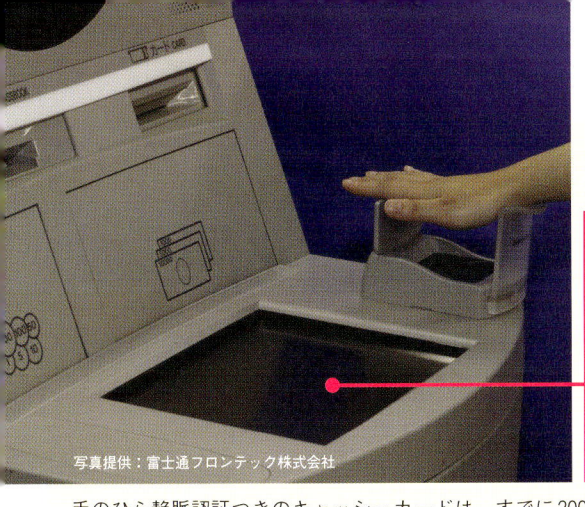
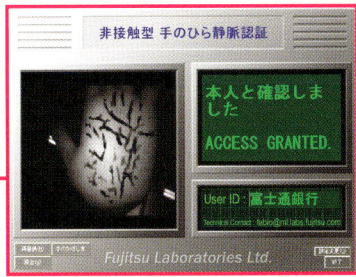

写真提供：富士通フロンテック株式会社

手のひら静脈認証つきのキャッシュカードは、すでに2004年10月より発行が開始されている

1-11 マニューシャ

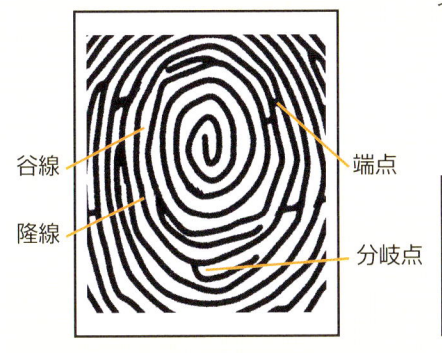

谷線
隆線
端点
分岐点

1-12 静電式センサーシステム

指紋の凹凸により発生する、コンデンサー電極センサーの静電容量の変化を検知する

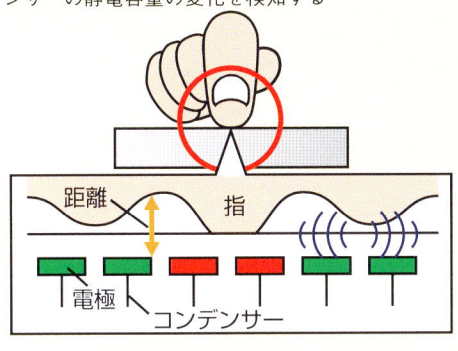

距離　指
電極　コンデンサー

1-13 虹彩認証システム

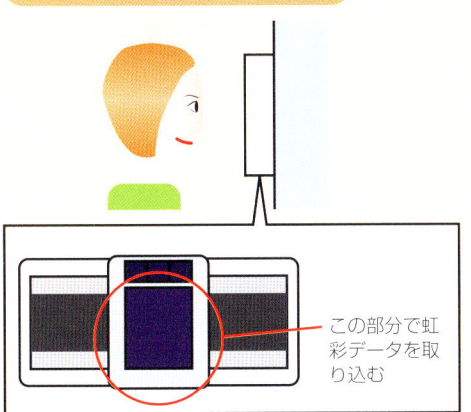

この部分で虹彩データを取り込む

1-14 虹彩の解析

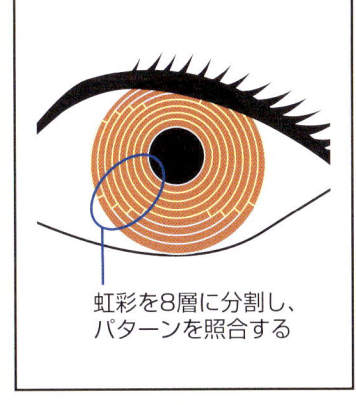

虹彩を8層に分割し、パターンを照合する

豆知識 バイオメトリクスには顔認証という顔の特徴を認識するシステムもあり、虹彩認証と併用して2005年に日本の空港に導入される計画がある。

超電導

> **Key word** 　**高温超電導モーター**　高温超電導物質をコイルに使用したモーター。従来のものに比べ、より大きなトルクを発生する。

超電導は電気抵抗をゼロにする

　超電導とは、**超電導物質**（水銀、アルミなど約1,000種類ある）をある温度以下（**臨界温度**）に冷やすと、その物質の**電気抵抗**（P44）がゼロになる現象のことだ。臨界温度に冷やされた物質内では、電流（P40）を流しても**熱振動**が発生しないため、この現象が起こる（図1-15）。

　臨界温度は物質によって異なり、**低温超電導**と**高温超電導**とに分けられる。「高温」といっても、その臨界温度は－173℃付近。だが、最初に発見された低温超電導は、絶対零度（－273℃）に近かった（－269℃）ため、高温超電導物質発見の功績は大きかった。1986年に高温超電導物質を発見したIBMチューリッヒ研究所は、ノーベル賞を受賞している。

　この発見によって、超電導の研究は加速した。超電導による損失のないエネルギー伝達、損失のないエネルギーの貯蔵、瞬間的なエネルギーの供給など、その分野はさまざまである。また、超電導現象は、**超電導リニア**（P8）、**MRI**（P30）、タービンを必要としない新たなる発電方法などの最先端技術に利用されている。

　ここでは、石川島播磨重工（IHI）らのグループが研究・開発している**高温超電導モーター**を搭載した、**船舶用ポッド型推進システム**を紹介しよう。

実用化に向かうポッド型推進装置

　船舶用ポッド型推進システムには、高温超電導モーターが搭載されている（右写真）。

　高温超電導モーターの大きさは幅0.8m×長さ2m。従来型の5,000キロワット級モーターと比較すると、容積で1／10、重量では1／5の軽量・小型化に成功している。**モーター**（P68）のコイルには、高温超電導物質であるbi2223（ビスマス、鉛、ストロンチウム、カルシウム、銅の酸化物、銀による合金）が線材として使われる。これを－207℃の**液体窒素**で冷やし、超電導状態にして、大量の電気を流せるようにする。そして、推進プロペラを毎分0～100回転の範囲で正回転・逆回転させるのだ。

　この高温超電導モーターを、ポッド（インゲン豆のさやの意）に収納し、丸ごと船外に出して装着する。この形状のため、モーター自体を360℃回転させることが可能になり、舵が不要となるのである。

　2005年度内の実用化が発表されたこのシステムの出力は400kW。2007年度には1万kWの製品化が計画されている。高温超電導モーターは、2010年には300億円規模の事業となる見通しだ。

　豆知識　超電導は1911年、オランダのカメリン・オンネスにより発見された。

IHI
住友電工
HITACHI

写真提供：石川島播磨重工業株式会社

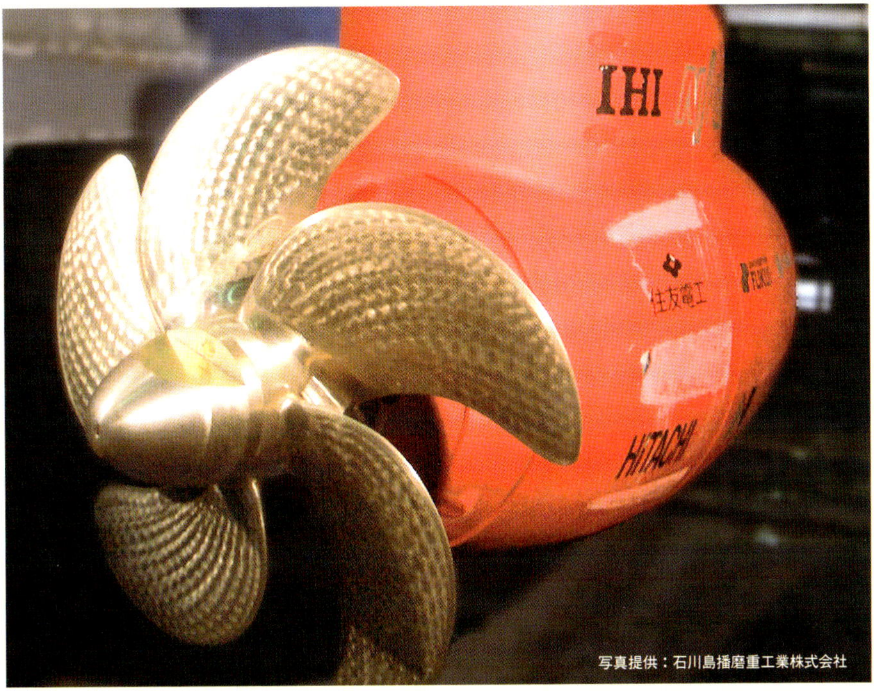

超電導モーターを搭載した、船舶用ポッド型推進システム。IHI、福井大学（杉本英彦教授）などが共同開発に成功した

1-15　導線内の超電導現象

導線の温度を
下げていくと……

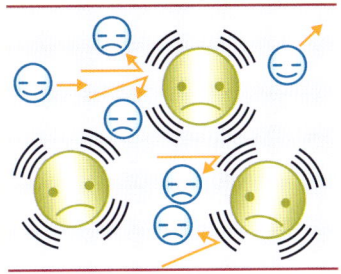

常温の状態で、導線内に電流を流すと、原子核が熱振動を起こし、電子にとって抵抗となる

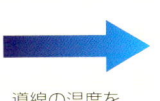

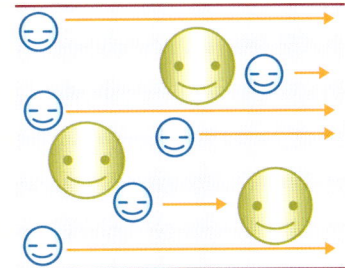

超電導物質が臨界温度に達すると原子核の振動が停止する。よって電子にとって抵抗がなくなり、自由に流れるようになる

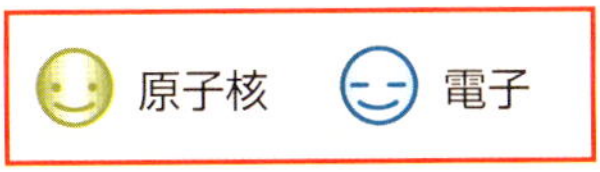

原子核
電子

豆知識 2005年3月、古川電工らのグループは、世界最長500mの高温超電導ケーブルによる送電実験に成功した。

# レーダー／スピードガン

Key word　マイクロ波　波長0.3mm〜30cmで、もっとも短い波長域を持つ電波。

日本全域をカバーする20機の気象レーダー

　レーダーは電波（P144）を使った探知機である。動く・動かないにかかわらず、電波を反射する物体であれば、その大きさや位置、速度などが計測できる。

　アンテナ（P154）からパルス状の電波を放射して、その電波が目標に反射し、戻ってくるまでの時間を測り、目標までの距離や時間を計算する。そして、アンテナの向きから目標の位置を求めている。レーダーに使われる電波はマイクロ波（P146）と呼ばれるもので、30ギガヘルツ前後の超高周波である。

　身近なレーダーとしては、毎日の天気予報に利用されている気象レーダーがある（右写真＝静岡県・牧之原レーダー観測所）。

　気象レーダーは、マイクロ波をアンテナから放射し、空中の雨や雪の量、その強さを計測する。そして、雨や雪までの距離を測り、天気を予想するのだ。

　気象庁は現在、20機の気象レーダーを全国各地に配置させている。1964年に観測を開始した富士山レーダーは、気象衛星や新型気象レーダーなどの発展によって、1999年に観測業務から引退している。

ドップラー効果を利用したスピードガン

　野球のTV中継でお馴染みのスピードガン（スピードレーダー）は、ドップラー効果を応用している。近づいてくる救急車などのサイレンの音は次第に高くなり、遠ざかれば低くなっていく（ドップラー効果）。これは、進行方向への音波は、波長（P54）が短く（周波数が高く）

なるためである。スピードガンはこの現象を応用し、向かってくる対象物に向けた発射波と返ってきた反射波との周波数の違いから、スピードを計測している（図1-16）。対象物が動かなければ、発射時と反射時の周波数は同じだが、動くことによって周波数に変化が生じるわけだ。

レーダーに捕捉されないステルス機の開発

　レーダーの歴史は、軍事的な用途と切り離すことはできない。特に米ソ間による冷戦時代は、両陣営はレーダーの性能向上が死活問題であった。そして、レーダーの発展にともなって開発されたのが、ステルス技術である。ステルスとは、敵

のレーダーに映りづらい機体のことだ。レーダーに捕捉されるのは、機体が電波を反射するからである。ステルス機は、機体に電波を吸収する素材を塗り、形状を複雑にしてレーダーからの電波を乱反射させることを基本としている。

豆知識　世界初の本格的なステルス機は、1981年にアメリカで開発されたF-117である。

静岡県・牧之原レーダー観測所。地上30mの鉄塔の上に直径約4mの球体が乗せられ、その中に気象レーダーが設置されている

1-16　スピードガンのしくみ

ホーンアンテナから対象物に発射した発射波と、反射波との周波数の違いをドップラーセンサーが計測する

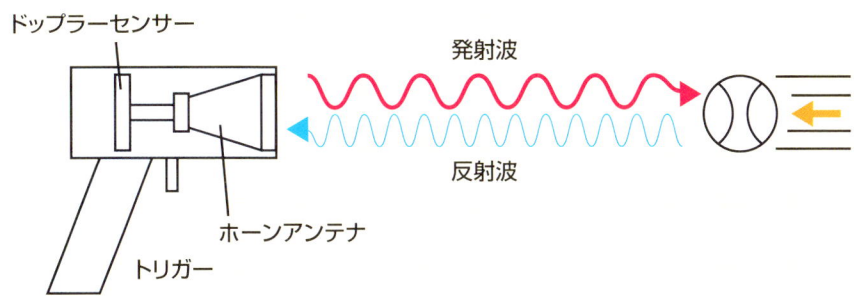

豆知識　レーダーは、イギリス軍が殺人光線を開発しようとしたところに端を発している。

CTスキャナ／MRI

> **Key word** 核磁気共鳴現象　体内に存在する水素原子の原子核を共鳴させること。MRIはそこから得られた電磁波を検出する。

CTスキャナは全身の内部を見ることが可能

　CTスキャナは、1972年にイギリスで開発された画期的な医療機器である。CTとはComputerized Tomography（コンピュータ断層撮影）の略。従来のX線写真では、脳内の構造や病変部を映し出すことは不可能だった。それが、CTスキャナの登場によって、頭蓋骨を切らずに脳の内部を見ることができるようになった。CTスキャナは、人体組織の放射線の吸収度の違いをコンピュータで分析することによって、全身の構造を細かく断面として映し出すことができるのだ。

　CTスキャナの原理は、図1-17のようになっている。ドーナツ状の撮影機の中に人体を入れ、X線管球から照射されたX線を検出器で捉えながら、体の周囲を回転させ断層像を撮影する。臓器ごとのX線吸収率の差をコンピュータで解析し、画像を再構成することにより断面を映像化するのだ。

　CTスキャナは、体の中を切り開くことなく腫瘍などの疾患を描出できる。しかし、放射線を使用するため、むやみに回数を重ねることは避けたい。

MRIは放射線による被曝がない

　MRI（Magnetic Resonance Imaging＝核磁気共鳴装置）は、強力な**磁界**（P62）の中に人体を入れて、体内の異常を発見する装置だ。体内に存在する水素原子の**原子核**（P36）に**核磁気共鳴現象**を起こさせ、そこから得られる電磁波を検出して画像化する。X線を使って画像を得るCTスキャナとは異なり、大きな磁石による強い磁界と電磁波を使って画像を得るため、放射線による被曝がない。よって、小さな子どもでも安心して検査を受けることができる。

　さらに、診断を行うために適した断面を、あらゆる方向から自由に撮影できる。骨や空気による画像への悪影響がまったくないため、頭蓋骨に囲まれた脳や、脊髄などの診断に適している。最新のCTスキャナであれば、身体を輪切りにした画像だけでなく、縦切りの画像を得ることもできるが、任意断面の撮影自由度はMRIのほうが優れている。加えて、造影剤などの薬を使わなくても血管の画像が簡単に得られる、などの特長がある。

　MRIは、自覚症状が出ない（発病していない）段階で、クモ膜下出血の原因となる脳動脈瘤や血管異常の発見、脳卒中や痴呆に深いかかわりのある動脈硬化の発見、脳梗塞や脳腫瘍など脳の病気の早期発見などに、有用な医療設備なのである。

　豆知識　MRIの本格的な応用は1977年頃にイギリスで行われ、20年余の変遷により現在に至る。

> **1-17 CTスキャナの構造**
>
> X線と検出器がそれぞれ1回転したときに、人体の1断面の画像データが検出される

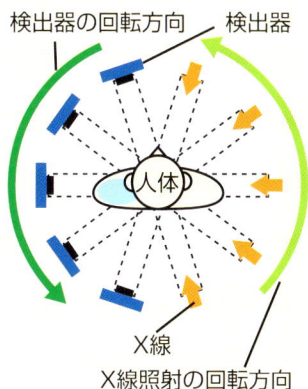

最新型CTスキャナ装置『Aquilion』

> **1-18 MRIの構造**
>
> コイルから放射されるパルスが体内を通過すると、体内の水素原子核が共鳴して電磁波が発生し、その情報を画像化する

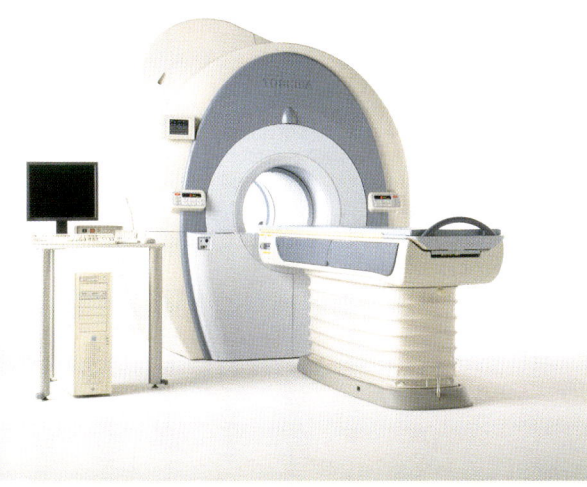

最新型MRI装置『EXCELART Vantage』

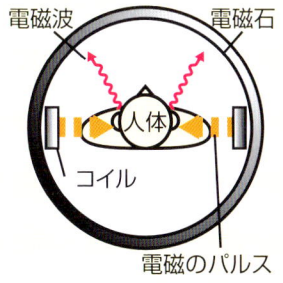

写真提供：東芝メディカルシステムズ株式会社

豆知識 MRIは、日本では核磁気共鳴CT検査と呼ばれていたが、「核」という文字への抵抗が強かったため、MRIという呼称になった。

電子顕微鏡

> **Key word** **透過型電子顕微鏡** 光の波長より短い電子ビームを使用し、おもに試料の内部構造を調べるのに用いられる顕微鏡。

ミクロの世界を追求する電子顕微鏡

電子顕微鏡は、従来の光学顕微鏡が観察したい対象（試料）に光を当てて拡大することに対して、**電子線**（電子ビーム）を当てて拡大する顕微鏡である。

人間の目は、0.1mm程度の大きさまでしか見分けることができない。だが、光学顕微鏡なら1万分の1mmまで、さらに電子顕微鏡なら0.1nm（**ナノメートル**＝10億分の1m）まで見ることが可能だ。

光学顕微鏡の場合、**分解能**（微細な2つの物体を顕微鏡で見たときに、はっきり見分けられる能力）が低いため、拡大しすぎると、どうしても像がボヤけてしまう。そこで、より鮮明な像を得るために、高い分解能を持つ電子顕微鏡が必要となるのだ。

一般に、試料の大きさより、当てる光の**波長**（P54）が小さければ、試料の微細な構造が認識できることがわかっている。したがって380～810nm程度の波長を持つ光では、その波長以下の物体の識別ができない。しかし、電子ビームは、光よりはるかに波長が短いため、数億分の1mという原子レベルの識別が可能なのだ。

電子顕微鏡には、大きく分けて**透過型**と**走査型**の2種類がある。透過型は、おもに試料の内部構造を見るのに用いられる。上部にある電子銃から電子ビームを物体に当て、透過する電子を捕えて像を拡大させる（図1-19）。

一方の走査型は、おもに試料の外観を立体的に見る場合に使われている。走査型は、絞り込まれた電子ビームを、試料の表面上でなぞり（**走査**）、試料から反射してくるビームを検出器でとらえる。そして、最初に走査したビームと同期させたデータをブラウン管に表示させ、試料の外観を映し出すしくみだ（図1-20）。

世界最高峰の電子顕微鏡

大阪大学が日立製作所と共同で開発した透過型の**超高圧電子顕微鏡 H-3000型**（右写真）は、従来型では得られなかった高い分解能を実現させた。また、試料が厚い場合の観察も可能だ。

300万V（ボルト＝P40）という超高圧電子ビームにより、強力な**X線**（P144）を発生させるため、遠隔操作システムが取り入れられている。この方式は、コンピュータを介した装置制御、自動化、データ記録、画像の処理や伝送などの機能を、1ヵ所で制御できるようになっている。

電子光学素子に関する多くのデータや制御表は、遠隔操作所に蓄えられ、必要に応じて修正されるため、高度であり精密な条件制御が可能となっているのだ。

豆知識　電子顕微鏡の応用分野として、半導体やLSIの超微細加工などでも威力を発揮している。

地上9m、地下4.5mの透過型電子顕微鏡 H-3000
写真提供：大阪大学超高圧電子顕微鏡センター

1-19 透過型電子顕微鏡

透過型は、生物の細胞膜など、透過できるものを見る場合に適している

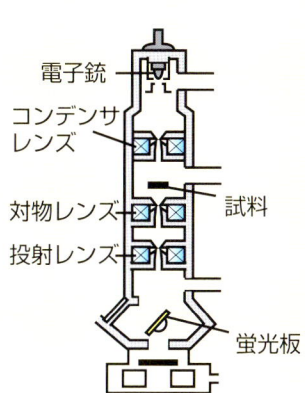

試料に電子ビームを当て、それを透過してきた電子を拡大して観察する。構造や構成成分の違いによって電子線の透過量が変わることを利用して顕微鏡像を作る

1-20 走査型電子顕微鏡

走査型は、おもに物体の表面を見る場合に使われる

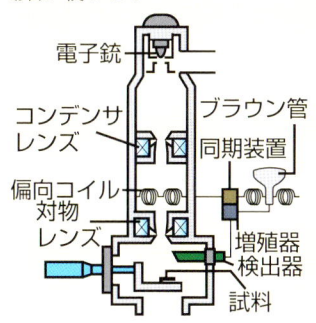

試料に当てた電子ビームと、反射したビームから得られるデータを同期させて像を観察する。試料に当てるビームを少しずつずらして「走査」しながら顕微鏡像を作る

豆知識 走査型透過電子顕微鏡という顕微鏡も開発されている。物質を構成する原子1つひとつを、解析することが期待されている。

Column

ナノテクノロジーには無限の可能性がある

「ナノ」とは「小さい人」という意味

　ナノテクノロジーという言葉を耳にすることが多くなった。「ナノ」とは「小さい人」を意味するギリシャ語。ナノメートル（nm）とは、1メートルの10億分の1を示す単位だ。10億分の1といわれてもわかりづらいが、たとえば地球の大きさの10億分の1は、ビー玉ほどの大きさとなる。

　電子顕微鏡（P32）でしかとらえることのできない超ミクロな世界。ナノテクノロジーには、どんな可能性があるのだろうか？

　アメリカのクリントン元大統領が2001年に提唱した「国家ナノテクノロジー戦略」には、次のような目標が掲げられている。

・連邦議会図書館のすべての情報を、角砂糖1個ほどのメモリーに収める。
・鉄の10倍以上の強度を持った軽量金属を開発する。
・コンピュータの計算速度を100万倍以上に高める。
・がん細胞を検知し、治療できるナノロボットを開発する。
・空気中、水中のごく微量な有害物質を有効に取り除く。
・太陽電池（P82）のエネルギー効率を2倍にする。

　現在、これらの技術は実現に向かって大きく進歩しているのだ。

ナノテクノロジーの現在と未来

　現在のナノテクノロジーでは、物質の原子や分子をある程度まで制御・操作することが可能となっている。

　国家ナノテクノロジー戦略の4項目にあるナノロボットの開発も進行中だ。原子や電子、分子の構造をもとに、nm単位で歯車などの部品を形成する。それらを組み合わせ、特定のはたらきを持たせるのだ。数nm以内（バクテリアほどの微小さ）のナノロボットを作り、それを人体内で機能させることが可能になれば、がんやエイズといった難病の治療に革命的な効果を発揮するだろう。

　また、あらゆる物質を原子レベルで操作できるようになれば、ダイヤモンドなどの希少な物質や、これまでになかったまったく新しい物質を誕生させる可能性が広がる。さらに、放射性廃棄物などの有害物質を操作して、無害化することも考えられる。

　これらのナノテクノロジーが実現されれば、社会の構造を根底からくつがえすことになるだろう。

第2章
電気の基礎知識

# 電気とは？

> **Key word** **自由電子** 外部からの熱や光などの影響を受け、原子の構造から飛び出してしまった価電子。

電気（electrics）の語源は、ギリシャ語の「琥珀（elektron）」

　電気の持つ「不思議な力」がはじめて文献に記されたのは、紀元前600年頃のギリシャ時代にまで遡る。数学者タレス（紀元前624～547）が、装飾品として愛用していた「琥珀」（ギリシャ語で"electron"）をこすり合わせたところ、琥珀が周囲のチリなどを引き寄せた。もちろん、なぜそんな現象が起こるのか当時は知る由もなく、これが**静電気**（P48）によるものだと解明されたのは、実に2000年以上たった1600年頃のことであった。

　「不思議な力」の正体を突き止めたイギリスの科学者W・ギルバート（1540～1603）は、それを「琥珀」にちなんでelectrics＝電気と命名した。電気の語源は琥珀なのである。

すべての物質には電子が存在する

　電気とはいったい何か？　それを理解するためには、まず物質の成り立ちを知る必要がある。地球上のすべての物質は、細分化していくと最後は**原子**という単位になる。たとえば、酸素の原子は図2-1のようになっている。

　すべての原子は、中心にある**原子核**と、そのまわりを回っている**電子**からできており、原子核の中には**中性子**と**陽子**が存在している。そして、中性子は電気的に中性、陽子はプラス、電子はマイナスの性質を持っているのだ。通常は原子内に陽子と電子が同数存在（酸素の場合はそれぞれ8個）するため、全体では電気的に中性になっており、この状態では電気は生まれない。ところが、この原子に外部から熱や光などの力を加えると、一部の電子が**自由電子**となって外部に飛び出すことがある。そこではじめて、電気が発生するのである。

なぜ銅は電気を通すのか？

　電気とは、ひと言でいえば自由電子が動く現象のことを指す。電子は、太陽を周回する惑星のように原子核を中心に軌道を描いて回っている。自由電子になりうるのは、原子核から最も遠い軌道（最外殻）を回っている電子であり、これを**荷電子**と呼ぶ（図2-2）。

　銅の電子は全部で29個あるが、荷電子が1個しかないために、外部から与えられたエネルギーが1ヵ所に集中する。そのため、自由電子になりやすく、結果として電気をよく通すというわけだ。電気をよく通す、通さないという違いは、原子内の価電子の数によって生じるのである。

 豆知識 原子の中の電子の数は、その物質により異なるが、原子核と電子は電気的には中性を保っている。

2-1 酸素の原子

酸素の原子は、原子核のまわりを8個の電子が回っている。原子核の中の陽子と、電子が同じ数だけ存在するため、電気的に中性を保っている

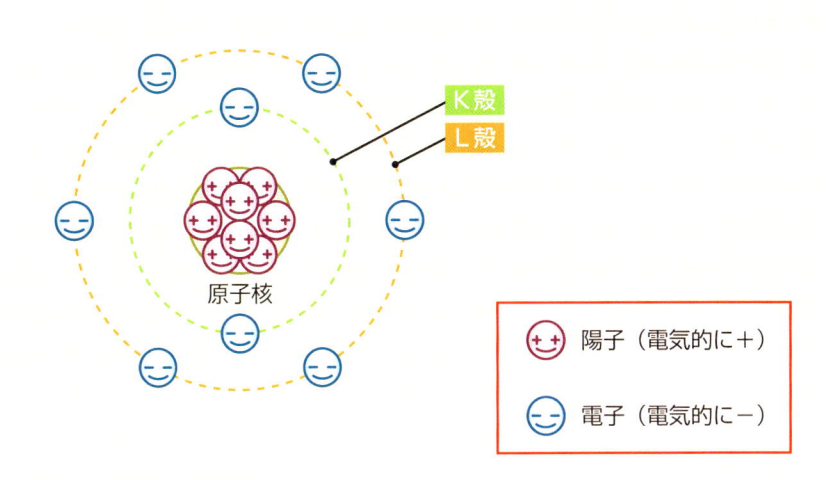

2-2 電気が発生する様子

銅の原子は、原子核のまわりを29個の電子が回っている。最外殻であるN殻の軌道には電子が1個しかなく、外部からのエネルギーがそこに集中するため自由電子になりやすい

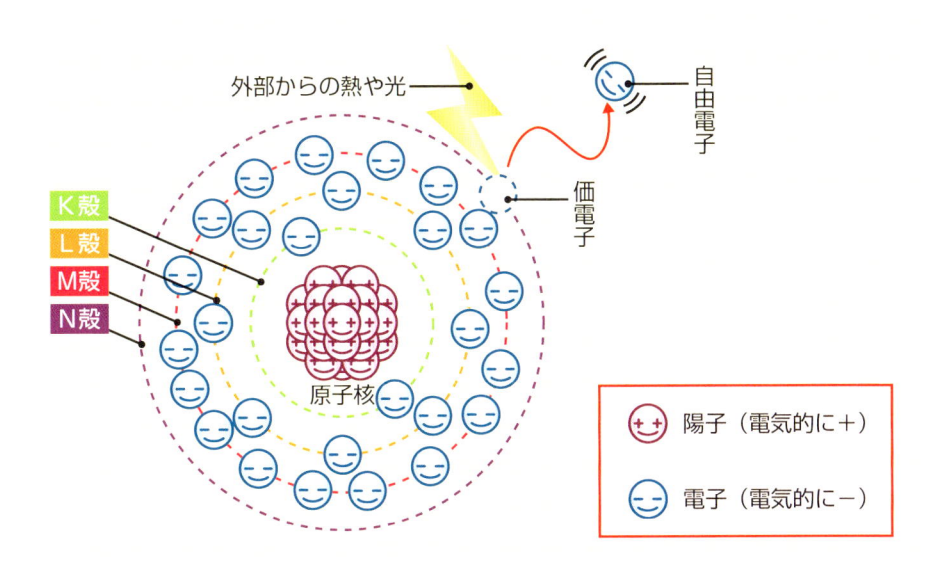

豆知識 重さが最も軽い水素の原子には電子が1つしかないが、ウランの電子には92個もある。

イオン／クーロンの法則

> **Key word**　**イオン**　原子から自由電子が飛び出すことにより、プラスかマイナスに帯電した原子、または分子。

自由電子の移動によって、原子に電気的な性質が生じる

　電気的にマイナスの性質を持った電子とプラスの性質を持った陽子とが、原子内に同数存在する状態では、原子が中性を保っているために外部に向けた電気の力は発生しない。だが、自由電子が飛び出してしまった原子は、プラス・マイナスのバランス状態が崩れ、電気的にプラスになる。一方、飛び出した自由電子はほかの原子に飛び込んでいき、飛び込まれた原子はやはりバランスを失い、電気的にマイナスになるのだ。

　このように、中性だった原子がプラス、あるいはマイナスになる（電気的な性質を持つ）ことを**帯電**といい、電気的な性質そのものを**電荷**と呼ぶ。この電荷こそが、すべての電気現象の大もとである。

イオンとは帯電した原子のことである

　イオンとは、自由電子の移動によって帯電した原子のことである。電子が飛び出してプラスに帯電した原子をプラスイオン、電子が増えてマイナスに帯電した原子のことをマイナスイオンという。

　物質にはイオンになりやすい（電子を失いやすい）ものと、なりにくい（電子を失いにくい）ものがあり、それを**イオン化傾向**という。

　電池（P56）はこの違いを利用している。2つの異なる金属を電解液に浸し、科学反応によりイオン化させ、導線内を電荷が移動することによって電気を発生させるというものだ。原子が溶け込んでいる水溶液は、電気を通しやすい性質を持っている。たとえば食塩水は、ナトリウム原子が溶け込んでいるために通電しやすくなるのである。

クーロン力とクーロンの法則

　電荷は、「異極は引き合い、同極は反発し合う」という性質を持っている（図2-4）。これは磁石にも共通する性質であり、電気と磁気（P62）の緊密な関係を示している。

　電荷が反発したり、引き合ったりする力を**クーロン力**といい、静電気力、あるいは単に電気力ともいう。クーロン力は、電荷間の距離が遠ざかれば遠ざかるほど弱まり、近づけば近づくほど強まる。これを「電荷間の距離の2乗に反比例し、2つの電荷の電気量の積に比例する」と定義づけたものが、**クーロンの法則**である。電気量とは1つの電荷が持つ電気量のことで、**クーロン（C）**という単位で表す。1アンペア（P40）の電流が1秒間に運ぶ電荷が、1Cである。

豆知識　イオン（ION）の語源はギリシャ語の「行く」という意味で、イギリスの物理学者ファラデーが名づけた。

2-3　原子のイオン化

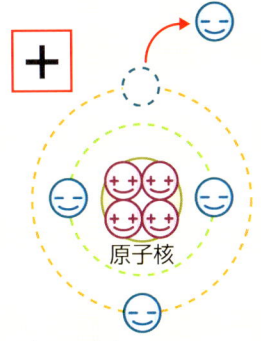

＋

プラスイオン
自由電子が飛び出して、原子全体がプラスの性質をもつ

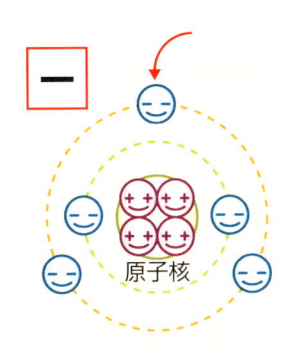

－

マイナスイオン
外部から自由電子が飛び込み、原子全体がマイナスの性質をもつ

- 陽子（電気的に＋）
- 電子（電気的に－）

2-4　クーロン力

電子が飛び出したことによってプラスの電荷となった原子と、電子を取り入れてマイナスになった原子は、引き合う性質を持っている。また、プラスとプラス、マイナスとマイナスは反発し合う

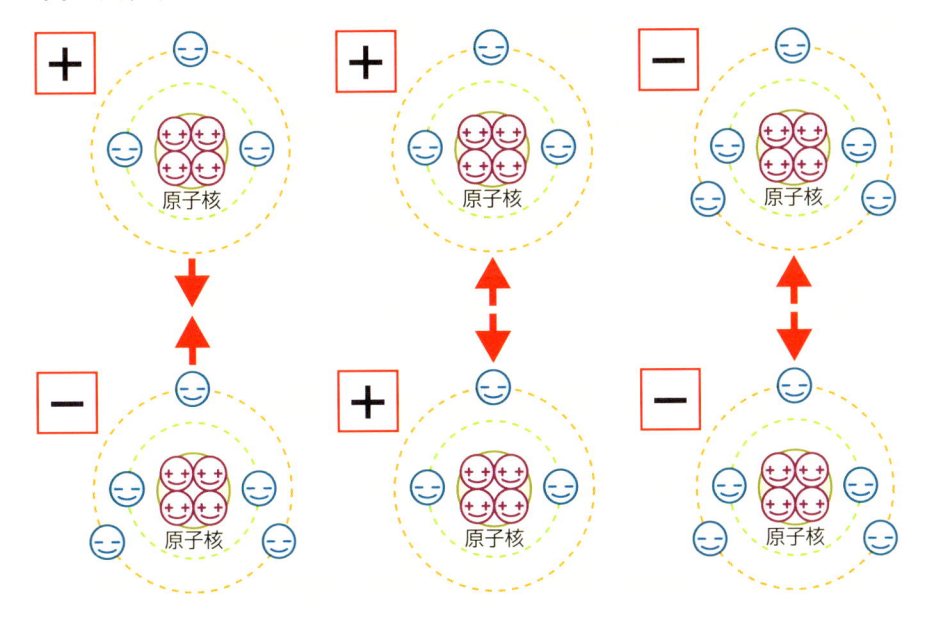

豆知識　空気中のプラスイオンが増えるとストレスの原因に、マイナスイオンが増えるとリラックスできるといわれている。

電流と電圧

> **Key word** **電流の流れ** 歴史的経緯から＋→−と決められたが、電子の移動方向とは逆。ただし電気現象の説明などに支障はない。

電流とは自由電子の移動である

　電気的にマイナスの性質を持っている電子は、クーロン力によってプラス極に引き寄せられる。この電子の移動を**電流**という。電流とは、「電子（自由電子＝P36）が**導体**（P46）の中を連続的に移動していく現象」のことなのである。

　図2-5のように、乾電池（P56）のプラス極とマイナス極に導線をつないで、豆電球を点灯させてみよう。豆電球が点灯するのは、導線内の自由電子がマイナス極側からプラス極側に向かって流れ出ているからであり、その電子の流れが電流なのだ。電子がマイナスからプラスへ移動するにもかかわらず、電気はプラスからマイナスへ流れるとされている。これは、電流の正体が自由電子の移動であることが解明される以前、時の科学者によって決められてしまったからである。後の研究によってこの矛盾が明らかになったが、電気現象の説明や計算などに問題が生じることはないため、そのまま現在に至っている。

　電流の単位の**アンペア（A）**とは、1秒間に流れる電荷（クーロン）の量であり、1Aは1C/秒。つまり、1秒間に1Cの電荷が流れる状態が1Aであり、電流は、電荷を時間で割ることによって計ることができるのである。

電圧は電流を生むパワー

　電圧とは「電流を流そうとする力」のことである。乾電池のマイナス極からプラス極へと電子が移動するのは、マイナス極の電子の量がプラス極を上回っているためであり、これを**電位差**という。そして、この電位差こそが電圧である。

　図2-6aのように、異なる水量の2つのタンクを1本の管でつなぐと、水位の高いほうから低いほうへと水が流れる。これは、水位が高いほうにより大きな水圧がかかるためで、この水位が電位差である。また水位が同じときでも、あるいは低いほうから高いほうへでも、ポンプという動力を使えば水を移動させることができる。ここでいうポンプとは、豆電球を点灯させる乾電池のことであり、その役割を果たしているものが電圧なのだ（図2-6b）。

　電圧は**E**、単位は**ボルト（V）**で表す。1Vとは、1Aあたり1W（**ワット**＝電力、P42）を出すエネルギーであり、1Aあたり1Wの電力が消費されるときの電圧が1Vと定義できる。

　1Vの乾電池は、プラス極とマイナス極に1Vの電位差を生み出すということで、豆電球が点灯しなくなるのは、消耗によって電位差がなくなるからである。

豆知識 1Aの電流ということは、1秒間に6.24×10の18乗個もの電子が流れていることになる。

2-5 電流とは電子の移動

下図の回路では、導線内の電子が乾電池の電圧によりマイナス極からプラス極へ移動している

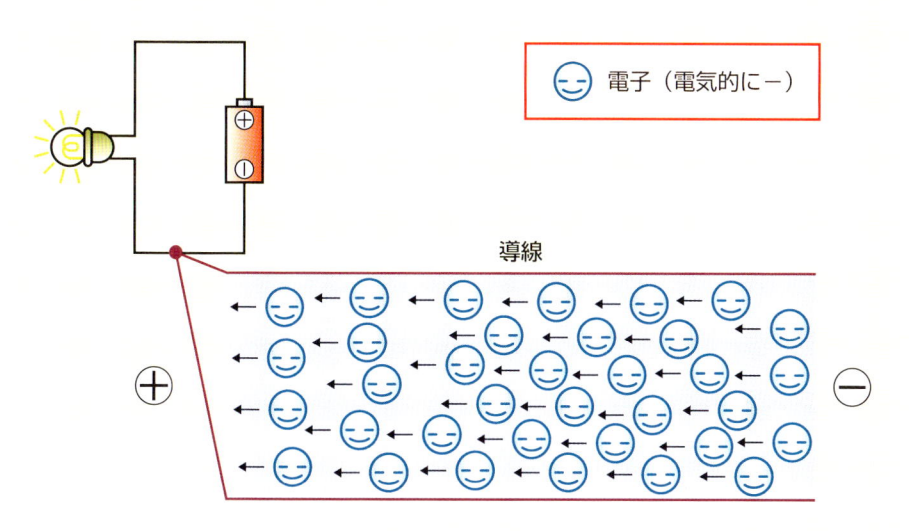

電子（電気的に−）

導線

2-6 水流・水位差と電流・電位差との相関図

下図aでは水位差（電圧）により左のタンクから右へと水流（電流）が発生している。bでは、通常なら右から左への流れを、ポンプ（乾電池）で逆の流れを発生させている

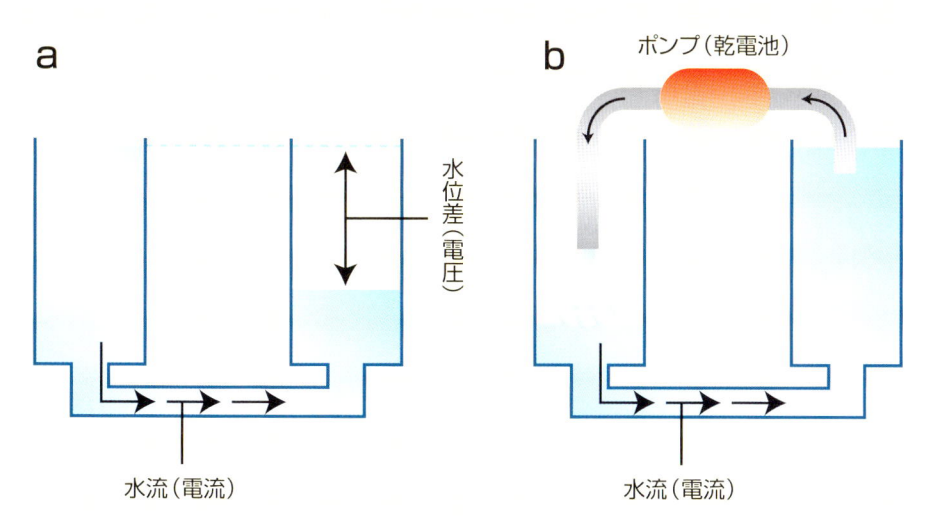

a

水位差（電圧）

水流（電流）

b

ポンプ（乾電池）

水流（電流）

豆知識 感電の危険度は電圧でなく電流の大きさによって変わる。5ミリアンペアで痛みを感じ、100ミリアンペアでは感電死してしまう。

電力と電力量

> **Key word** 電力の計算方法 電力（W）＝電流（A）×電圧（V）。電力量（Wh）は、これに時間（h）を掛けたものである。

電流が大きいほど、電気のパワーがアップ

　単位時間（1秒）あたりの"電気の仕事量"を意味するのが**電力**である。電力は**P**、単位は**ワット（W）**で表され、「電流と電圧（P40）の掛け算」で計算することができる。つまり、

　電力（W）＝電流（A）×電圧（V）

ということになり、「電圧が高いほど、そして流れる電流が多いほど、より多くの仕事をする」ことがわかる。

　この関係を水鉄砲にたとえたのが、図2-7である。棒を押し込むことで勢いよく水が噴射され、的が倒れる。この棒の押し込みによって生じる水圧を電圧、噴射される水量を電流、的を倒す力を電力と考えてみよう。

　棒を押す力を強めれば強めるほど、水圧が上がって的を倒すパワーがアップする。同時に、同じ水圧でも水鉄砲の口径を広げてたくさんの水を噴射させるほうが、多くの的を倒せるだろう。電力でも、これとまったく同じことがいえるのである。

ワットとワット時

　1Wとは、「1Vの電圧で1Aの電流が1秒間にする電気の仕事量」のことである。1Wの電力を1時間使ったときの電力量は1**ワット時**といい、**Wh**で表す。電化製品には、このW数＝**消費電力**が必ず表示されている。

　たとえば、消費電力800Wと表示されている電気ストーブを1時間使用すれば、使った電気量は800Whとなる。

　家庭で、電化製品を使いすぎてブレーカー（P98）が落ちてしまうことがあるが、使う製品のW数と家庭の電気許容量を頭に入れておけば、未然に防ぐことができる。

　電力会社との契約電流が30Aだとすると、通常一般家庭に送られている電圧は100Vなので、30A×100Vと計算すれば、許容量が3,000Wだということがわかる。したがって、各電化製品の消費電力表示を確認し、総使用量がこれを超えないようにすればよいのだ。ただし、総使用量を超えていなくても、同じ部屋から多量の電力を消費する場合、安全ブレーカーが落ちてしまう場合があるので気をつけよう。

　Whを知ることで、電気料金の目安をつけることもできる。たとえば600Wのエアコン（P124）を6時間使用した場合の電力量は600W×6h＝3,600Wh。この要領で、1ヵ月に使用するすべての電化製品のWhを合計し、その数字に1Whあたりの電気料金をかければ、料金が算出できるのである。

豆知識 電力の単位にその名を残すワットは、画期的な蒸気機関を発明した機械技術者であった。

2-7　電圧・電流・電力の相関図

下図では、水鉄砲の棒を押し込む力が電流、水圧がかかって勢いよく押し出される水が電流、その水によって的を倒す力が電力だ

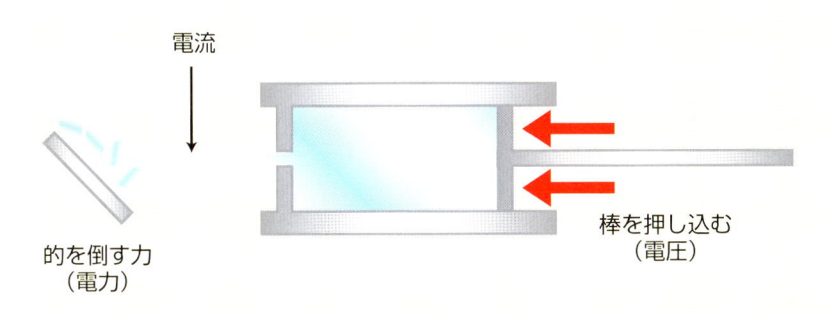

電流

的を倒す力
（電力）

棒を押し込む
（電圧）

2-8　800Wの電気ストーブ

下図で800Wの電気ストーブが作動しているのは、100Vの電圧で8Aの電流が流れているため。ストーブを1時間使用したときの値は800Whとなる

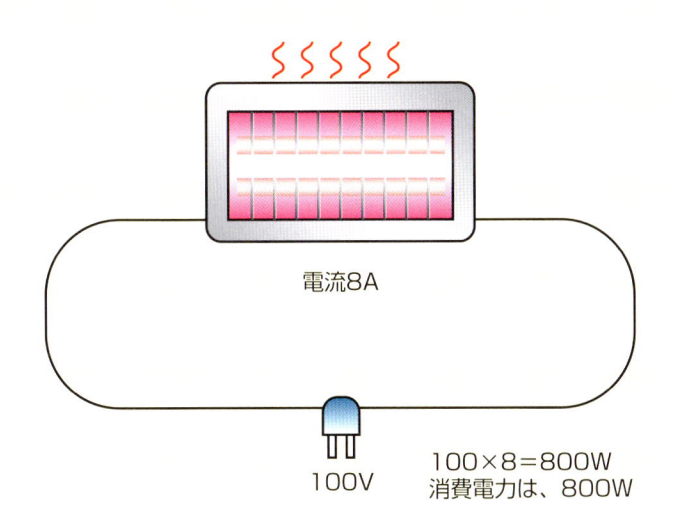

電流8A

100V

100×8＝800W
消費電力は、800W

豆知識 オール電気化住宅の普及にともない家庭の総電力量数を上げるため、電流値（A）を上げるほかに、電圧値（V）を200に上げる傾向が出てきている。

オームの法則／ジュールの法則

> **Key word** **抵抗** 自由電子の流れを妨げる働き。導体の金属原子の構造や、与えられる熱エネルギー量で変動する。

自由電子の流れを妨げる性質＝抵抗

マイナス極からプラス極に向かって自由電子（P36）が移動するとき、一気に大量の電子が移動したら、すぐに電位差がなくなり（すなわち電圧が下がり）、電流が流れなくなってしまうだろう。しかし、実際にはそんなことは起こらない。導線は自由電子を流すが、同時に"原子によってその流れを妨げる"という性質を持っているからだ。これを**電気抵抗**（**抵抗**）という。

導線内の原子の構造により、**抵抗値**（電流の通しにくさ）には違いがあり、この抵抗値を比較して物質は導体、半導体、不導体（絶縁体）に区別されている（P46）。

抵抗には、「電流の大きさは抵抗の大きさに反比例する」という法則があり、発見者の名を取って**オームの法則**という。抵抗は**R**、単位は**オーム**（**Ω**）で表わされ、「電流」「電圧」「抵抗」には、図2-9のような関係が成り立っている。

図2-10は、導線を流れる電流Aと、電圧を生む乾電池V、抵抗である豆電球Ωの回路である。この図における豆電球のように、回路内を通る電気製品なども、すべてが抵抗である。bのように電圧をaの2倍にすれば、豆電球は2倍の明るさになる。そしてcのように抵抗を2倍にすれば、反対に豆電球の明るさはaの1／2になるのだ。

抵抗により発生する熱が「ジュール熱」である

抵抗は、導線内を通る自由電子が導線の金属原子とぶつかる現象である。金属は、種類によって独自の結晶構造を持っており、その違いが抵抗値の差を生む。自由電子が金属原子とぶつかると、熱エネルギーが発生し、金属原子が振動（**熱振動**）し始め、自由電子の動きを妨げることになる。その熱エネルギーが大きければ、すなわち温度が高ければ、それだけ原子は振動しやすくなり、抵抗はより大きくなる。この自由電子と金属原子が衝突して発生する摩擦・振動熱を**ジュール熱**といい、単位は**ジュール＝J**で表す。

ジュール熱は、

発熱量＝電圧×電流×時間（秒）

という**ジュールの法則**で求められる。

さらにオームの法則により、電圧は電流×抵抗に置き換えられるので、

発熱量＝電流^2×抵抗×時間

という公式が成り立つことがわかる。

発熱量1Jは、1Wを1秒間使用したときの電熱量であり、消費電力量（P42）とは「1Wh＝3,600J」という関係にある。アイロン（P108）、ドライヤー、ホットプレートなどは、ジュール熱を利用した電気製品だ。

豆知識 電球に使われているフィラメントは、抵抗値の高い導線であり、高温になることで発光している。

2-9　電流・電圧・抵抗の関係式

$$電流(A) = 電圧 \div 抵抗$$
$$電圧(V) = 電流 \times 抵抗$$
$$抵抗(\Omega) = 電圧 \div 電流$$

2-10　豆電球の回路図

下図aを基準とすると、bはaの2倍の乾電池（電圧）のため豆電球の明るさが2倍、cは2倍の豆電球（抵抗）のためその明るさは1／2になる

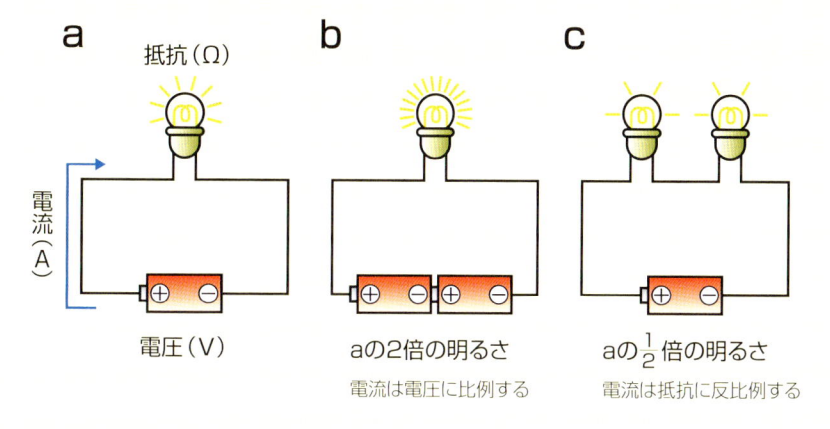

a
抵抗(Ω)
電流(A)
電圧(V)

b
aの2倍の明るさ
電流は電圧に比例する

c
aの$\frac{1}{2}$倍の明るさ
電流は抵抗に反比例する

2-11　導線内のジュール熱

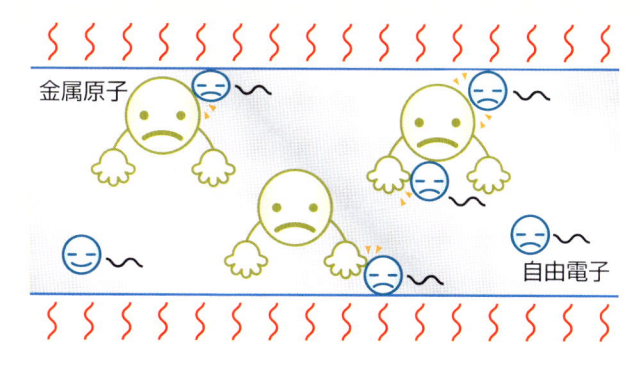

金属原子　　自由電子

自由電子と金属原子の衝突により、熱が生まれる

豆知識　ジュール熱は、熱エネルギーとしては100％活用できるが、白熱電球のように光エネルギーとして利用できるのは7〜8％にすぎない。

導体／不導体（絶縁体）

> **Key word**　**導体**　原子内の電子が移動しやすいために、結果として電気を通す物質。原子の結晶構造によって、電子の流れ方に差が生じる。

電気の通りやすさを決めるもの①＝自由電子

　物質に「電流が流れる」「電気が通る」という現象は、その物質内部を電子（P36）が移動していることを意味する。ただし、電気の通りやすさは物質により違いがあり、電気をほとんど通さない物質もある。

　このうち、電子が移動しやすい物質を**導体**、ほとんど移動できない物質を**不導体（絶縁体）**、両者の中間的な性質を持つ物質を**半導体**（P190）と呼んで区別している。金、銀、銅、アルミニウム、鉄などの金属は導体、シリコン、ゲルマニウム、セレンなどの物質は半導体、ゴム、ガラスなどは不導体に分類される。

　この電子の移動のしやすさは、熱などのエネルギーが加わったときに"原子の中の電子が**自由電子**になりやすい構造をしているか否か"（P36）で決まる。

　導体である金属の原子に存在する電子は、ほぼ自由に泳ぎ回っている。金属原子内の原子核と電子との結合がゆるいため、電子が自由電子になりやすく、電気をよく通すというわけだ。

　これに対して、不導体のダイヤモンドの原子構造は、図2-12bのように原子核と電子が固く結束されている。そのため電子が自由電子になりえないので、電気を通すことはできないのだ。

電気の通りやすさを決めるもの②＝抵抗

　電気の通りやすさは、**抵抗値**（P44）の大小で表現することができる。抵抗値の小さな物質が、すなわち導体なのだ。

　抵抗は、導体の原子と移動中の電子がぶつかる現象。ただし、物質によってぶつかり方には違いがある。その違いを生むのが、その物質の原子の**結晶構造**であり、高密度なほど高い抵抗を生むことになる。同じ金属でも電気の流れ方に差があるのはこのためだ（図2-13）。

　こうした性質は、さまざまな電気関連製品に活用されている。導体であり電気をよく通す銅は、より効率的に電気を運ぶ電線などに使われている。一方、アイロンの熱源には、大きな抵抗を生みジュール熱（P44）を多く発生させるニクロム線などが利用される。

　半導体は特殊な原子構造をしており、導体内で移動する電子とは異なる動きで電子を運ぶ。また条件を加えることにより電子制御ができるため、現在のエレクトロニクス産業には欠かせないものとなっている。

　不導体であるゴムやプラスチックなどは、「絶縁材料」として非常に重要な物質である。

豆知識　黒鉛は導体でダイヤモンドは絶縁体。しかし、どちらも同じ炭素原子の結晶なのだ。

2-12 原子構造の違い

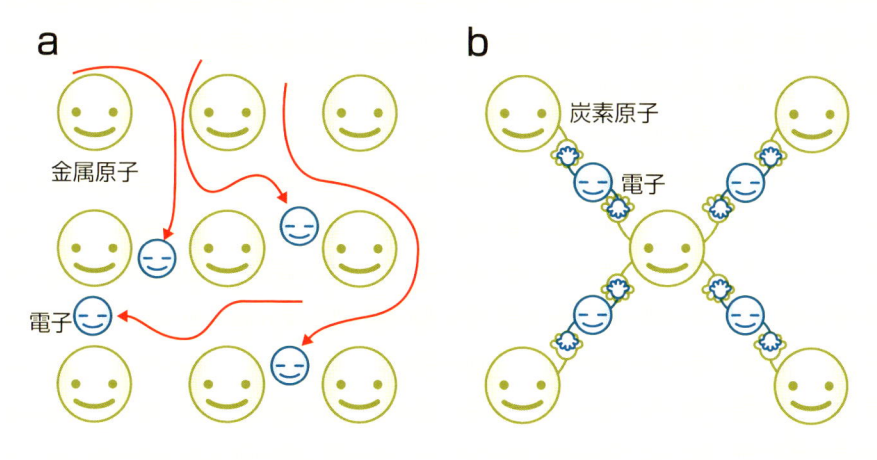

a

金属原子

電子

金属原子の間を電子が泳ぎ回っている。この電子が電気をよく伝える

b

炭素原子

電子

炭素原子は電子を固く束縛しているため、電気を通さない

2-13 結晶構造の違い

鉄などの結晶構造は亜鉛などに比べて粗い。よって電子の移動に対する抵抗が弱く、電気が流れやすいのだ

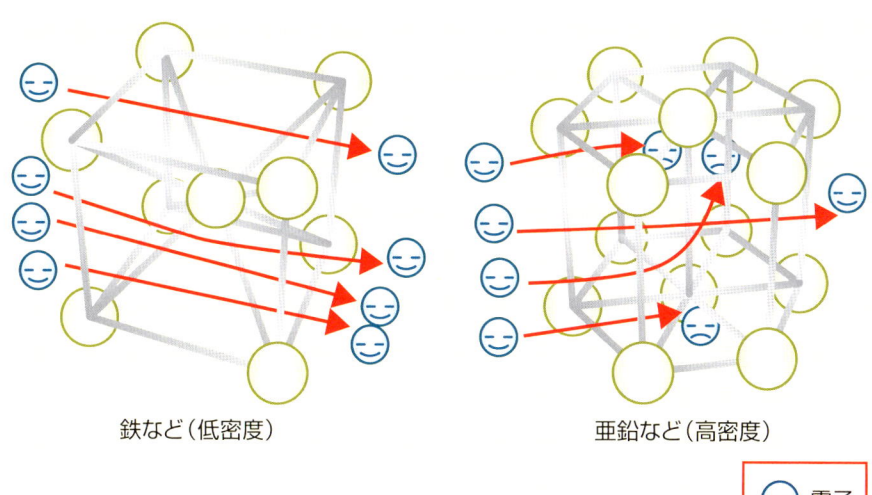

鉄など（低密度）

亜鉛など（高密度）

😐 電子

豆知識 よく水は電気を通しやすいというが、それはほとんどの水に不純物が含まれているためで、純粋な真水ならば絶縁体だ。

静電気

> **Key word** **静電誘導** 帯電した物質が他の物質に近づくと、その物質とは逆の電荷が生じて互いに引き合うようになる現象。

静電気は不導体に発生する

プラスチック製の下敷きを頭の上でこすると、髪の毛が下敷きに吸いつく。互いに電気を通さないはずの不導体だが、この現象は電気が起こしている。どういうことなのだろうか？

下敷きと髪の毛をこすり合わせると、そこに**摩擦エネルギー**が発生し、髪の毛の原子内にある**自由電子**（P36）が、下敷きの原子へ移動をはじめる。髪の毛は自由電子がなくなったのでプラスに、下敷きは自由電子が増えたのでマイナスに帯電し、それぞれが電荷となる。ここに**クーロン力**（P38）がはたらいて、互いに引き合うという**静電気（摩擦電気）**現象が起こるのである（図2-14）。

プラスとマイナス、どちらの電荷を帯びるのかは、その物質の性質によって決まる。物質どうしをこすり合わせたとき、より電子が移動しやすい物質のほうがプラスに帯電するのだ。

導体（P46）どうしの場合は、こすり合わせても電気をよく通すため、自由電子がマイナス側にとどまることができない。そのため電気的な偏り（帯電）が生まれにくく、静電気は発生しない（発生したとしても、すぐに流れてしまう）。髪の毛とプラスチックはともに不導体だからこそ、帯電したままとどまっていられるのである。

引き合っていた髪の毛と下敷きが自然に離れるのは、互いの電荷が打ち消しあい、帯電する前の元の状態に戻ったからである。

金属のドアノブでビリッとくるのはなぜか

静電気は、摩擦がなくても発生する場合があり、これを**静電誘導**という。

真冬に握手をしようとして、指先に静電気を感じることがある。導体である人体どうしでも静電気が起こるのは、人間の体は常に帯電しているからなのだ。通常は空気中の水分が電気を逃がしてくれているが、乾燥した冬場はイオン（P38）がとどまることがあり、それがあの「ビリッ！」を引き起こすのだ。静電誘導は「静電気を帯びた（帯電した）物質が別の物質に近づくと、その物質に帯電側と反対の電荷が生じ、互いが引き合うようになる現象」と定義できる（図2-15）。

髪の毛と引き合った状態の下敷きを他人の頭に近づけると、摩擦がなくても髪の毛が立ち上がるのはこのためである。

空気が乾燥した状態で、自動車のドアや金属のドアノブなどの導体に触ろうとするとビリッとくることがあるが、これも静電誘導によるものなのだ。

豆知識 冬場の静電気を防ぐには、あらかじめ近くの壁などに触っておくとよい。

2-14 摩擦電気序列

下敷きで髪をこする

下敷きがマイナス、髪の毛がプラスに帯電する。

髪の毛が下敷きに引き付けられる

2-15 静電誘導現象

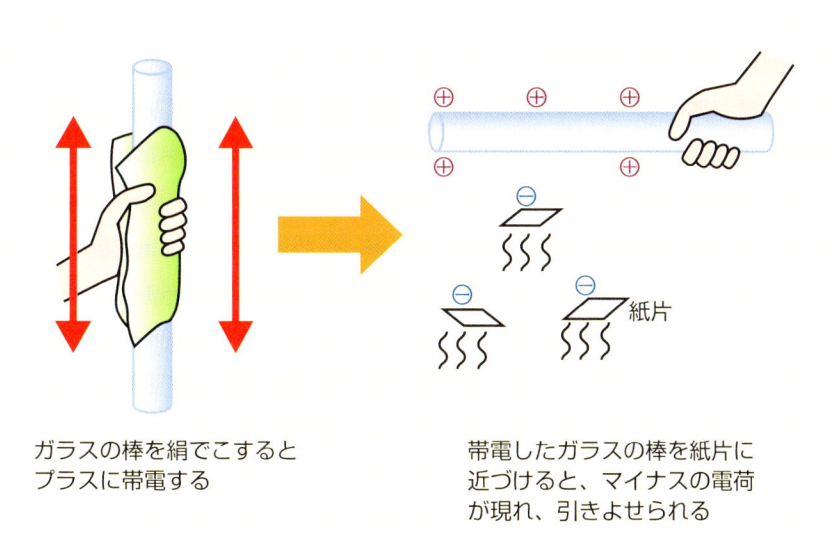

ガラスの棒を絹でこするとプラスに帯電する

帯電したガラスの棒を紙片に近づけると、マイナスの電荷が現れ、引きよせられる

紙片

豆知識 やっかいな静電気だが、コピー機や空気清浄機は静電誘導が巧みに利用されている。

雷

> **Key word** 　**気体放電**　静電誘導により、空気という絶縁体を破って電気が流れる現象。蛍光灯などに応用されている。

雷も放電の一種

　真っ黒な雲に覆われたと思ったら、耳をつんざくばかりの雷鳴と稲光。そして激しい雨や、時には雹を伴う雷。実はあの落雷も、**静電誘導**現象（P48）の1つだ。

　雷のように大気中を電気が流れる現象を、**気体放電**という。ちなみに乾電池（P56）やコンデンサー（P60）などが蓄えていた電気を流すのも**放電**である。雷は、気体放電の代表的なものであるが、現在の科学では雷の実体すべてが解明されているわけではない。「雷雲内で水滴の分裂、氷粒の衝突などにより電荷（P38）が発生し、上昇気流や重力によって分極、蓄積していく。その電荷が地表の物体に静電誘導を起こし、空気という絶縁体の壁を破って、一気に莫大な量の電気を放電する」という説明が、現在の到達点なのだ。

　この大気中で起こる放電現象に伴って発する光を稲妻、発する音を雷鳴といい、これらの総称が雷である。

雷雲の中に電荷が存在する

　空気は絶縁体（P46）にもかかわらず、雷は時として10億Wもの電気を気体中に放電する。そのパワーはどこからくるのだろうか？　それは、雷雲の中に存在するプラスとマイナスの電荷が地表上の物体と静電誘導をひき起こし、雷雲の電荷と地表上の物体との間で放電が起こるためである。

　雷雲の内部に発生している電荷を調べると、図2-16のように雲の底部分がマイナスに、雲頂部分がプラスに帯電（P38）していることがわかっている。

　プラスとマイナスの電荷が同じ雲の中で分極するのは、プラスに帯電した雲粒（空気中に浮かぶ水滴や氷粒）が激しい上昇気流で上部に吹き上げられる一方、マイナスに帯電し結晶化した雹は、重力で地表側に引き寄せられるためだと考えられている。だが、なぜ雲粒がプラスで雹がマイナスの電荷となるのかが証明されていないために、これらの過程は電荷分離に必要ないとする説も残っている。

雷は放電を繰り返している

　「落雷」という言葉があるように、雷は雷雲から地上への一方通行と考えられがちだが、実際は雷雲から地上へ放電が起こった直後、今度は地上から雷雲への放電が起こり、それが数回繰り返されている。しかし、1,000分の数秒という短時間に行われるため、肉眼では1本の稲光にしか見えないのだ。

豆知識　気体放電は、蛍光灯のグロー管や水銀灯などに利用されている。

2-16 雷発生のメカニズム

雲底にマイナスの電荷が蓄積されると、静電誘導によって地面にはプラス電荷が蓄積される。この2つの電位差が大きくなるとその間の空気が一部イオン化し、そこを通って放電が起きる

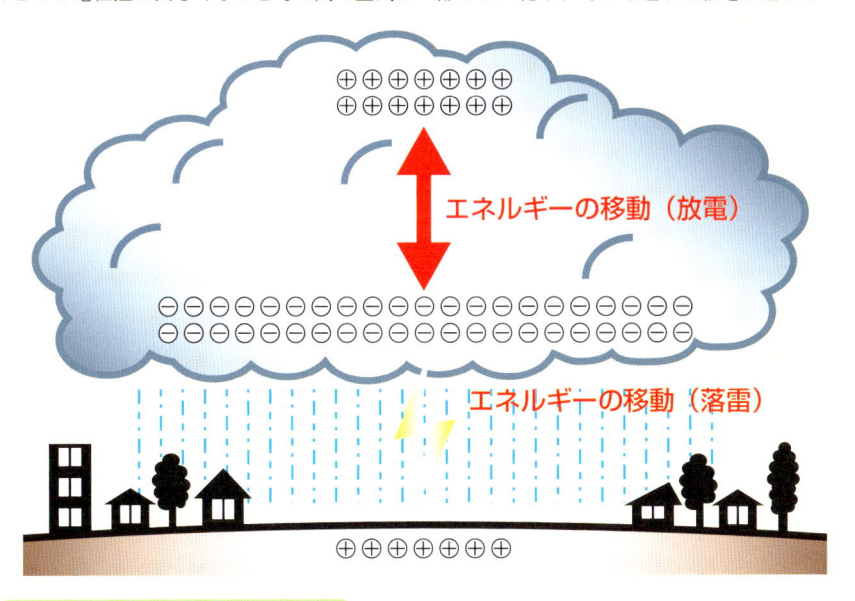

エネルギーの移動（放電）

エネルギーの移動（落雷）

2-17 雷発生の気象的条件

①上昇気流、強風などによって、空気の移動速度が速い
②空気中に多量の水蒸気が含まれている
③上空の温度が－10℃～－20℃程度

豆知識　フランクリンが、凧揚げ実験で雷が気体放電だと証明したのは1752年である。

直流／交流

Key word 　**家庭用電源**　発電・送電に都合のいい交流を採用。電気機器には直流に変換して利用する製品も多い。

電流が一方向か、入れ替わるかの違い

　電流には**直流**（**DC**＝ダイレクト・カレント）と**交流**（**AC**＝オルタネイティング・カレント）があり、それぞれ適材適所で使い分けられている。

　直流とは「導線の回路内を一定の方向に流れる電流」のことである。図2-18に示した乾電池の回路では、**電子**（P36）はマイナス極から出て、回路を通過しプラス極に戻っている。このように、電子が決して反対方向に流れない回路が直流である。

　これに対して「流れる方向が周期的に入れ替わる電流」が交流だ。交流の代表的なものに家庭用コンセント（P100）がある。コンセントから送られる電気は、図2-19のように電流の向きが右回りと左回りに交互に入れ替わる。

　直流である自動車のバッテリーが上がってしまったとき、ジャンピング・ケーブル（バッテリー間をつなぐ導線）のプラス・マイナスを誤ってつなげてしまったら、すぐさまバッテリーがショートし、電気回路を破壊してしまう可能性がある。一定方向にしか流れることのできない直流電流が、その流れをせき止められてしまうからである。

　もし家庭用の電気が直流だとしたら、常にプラグのプラス・マイナスを意識してコンセントに差し込まなくてはならない。その必要がないのは、周期的に方向を変える交流だからである。

用途などで2種類の電流を使い分け

　直流の利点は、電流を化学エネルギーに変えて蓄えることが可能で、電池（バッテリー）がこれに当たる。瞬時に大きな電力を必要とする場合に都合がよく、自動車のセルモーターや電車のモーターには直流電流が使われている。

　直流は、向きも電圧も常に一定であるため、カセットテープレコーダー（P130）などの1方向に安定した電流が求められる機器に向き、それらは内部で交流が直流に変換されている。

　交流は電流の向きを変えられることに加え、電圧の大きさも自由に変えやすいのが最大のメリット。**周波数**（P54）があるから、それが可能なのだ。電波（P144）や音と同じように波形があるので、一定の電力ではないが、周波数を操作することでモーターの動き（回転の強弱や速度）を調節することができる。インバーター（P126）などはそれを利用している。また、**変圧器**（P92）によって電圧を変化させることが容易であり、効率的に送電できるため、発電所で発電される電気には交流が採用されている。

豆知識　家庭用電源はおもに100Vだが、直流に換算された電圧で平均値が算出されるため、その最大値は141Vに達している。

2-18 直流

一方向に、一定の電圧が流れ続ける電流が直流。代表的な単1～単3の乾電池は、1.5 V だ

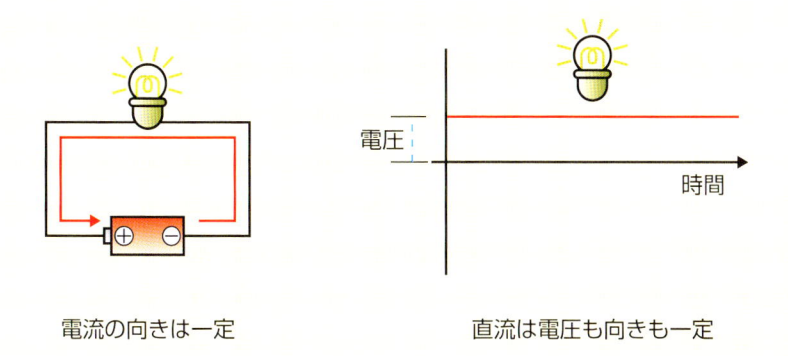

電流の向きは一定

直流は電圧も向きも一定

2-19 交流

一定の周期で、電圧と流れる方向が入れ替わる電流が交流。代表的な家庭用電源は、100 V だ

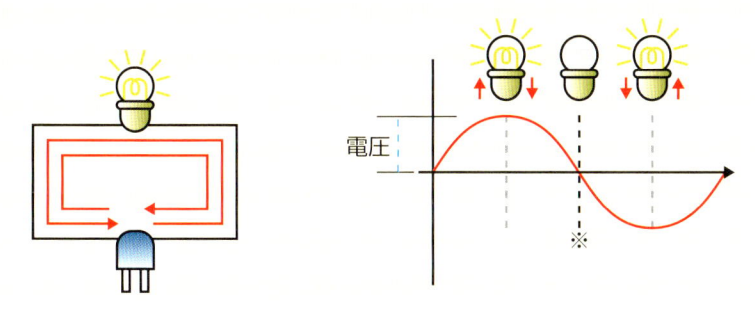

電流の向きが入れ替わる

交流は電圧が周期的に変化し、※のところで向きが変わる

豆知識 交流（AC）のAは、alternatingの略で、交互の、または交替するという意味である。

周波数

> **Key word** 波長　電波や交流電流の波の、山から山・谷から谷の長さ。時間に対して短いほど「周波数が高い」状態を意味する。

周波数＝1秒間に振動する回数

　交流電流（P52）には、電波（P144）や音と同様に**周波数**がある。周波数とは「振動体が1秒間に振動する回数」のことで、単位は**ヘルツ（Hz）**で表す。

　電波は目には見えないが電気的に表すと図2-20のような波形をしており、aのようになだらかな波であれば「周波数が低い」、bのように振動が激しければ「周波数が高い」といわれる。

　交流電流では、電流がプラス・マイナスに向きを変えながら1秒間に5回振動して流れたとすれば（図2-20a）電流の周波数は5Hz、1秒間に10回振動すれば（図2-20b）周波数は10Hzとなる。

　波長とはこの波1つ分の長さのことで、波の頂点から頂点、底から底、あるいは中心（0）から中心までのどこの長さも同じである。1波長のことを1周期、または1サイクルとも呼ぶ。

　周波数と波長との関係は

$$波長（m）＝\frac{伝わる速度}{周波数}$$

という公式で表すことができ、電波の伝わる速度とは光速と同じ、1秒間に約30万kmである。たとえば、NHK総合放送の周波数は90MHz（9,000万Hz）なので、30万km÷90Mと計算すれば、その波長が3.3mであるとわかるのだ。

東は50Hz、西は60Hzの謎

　各家庭に送られてくる交流電流。日本では、静岡の富士川と新潟の糸魚川を結ぶラインあたりを境に東は「50Hz」、西は「60Hz」と周波数に違いがある（図2-21）。

　これは、明治時代に発電機を輸入し電気の供給をはじめた際、東京ではドイツ製（50Hz）の発電機、大阪ではアメリカ製（60Hz）の発電機を使ったという単純な理由によるものである。その後、それぞれに対応した電気製品が普及したため、統一が困難になってしまい現在に至っている。

　適合しない周波数で電気製品を使用すれば故障や事故のもとになる。最近ではほとんどの電気製品が許容範囲を広げたり、交流を直流に変換することで双方の周波数で使えるようになっている。けれども、念のため「50／60Hz共用」の表示があるかどうかを確かめよう。その表示がない場合は、使用の際に部品交換などの必要がある。

　また外国の場合、日本と同じ50Hz、60Hzであっても国によって電圧がさまざまに異なり、コンセントの形状も違うので、各国で使用できるように設計されている特殊な製品でなければ使用できない。

豆知識　周波数の単位にその名を残すヘルツは、電波の存在を実証したことでも知られている。

2-20 交流の周波数

交流は時間とともに大きさと向きが変化する。プラスとマイナスの電流が1回ずつ流れたときで1周期とする。振幅の山から山、谷から谷までが波長だ

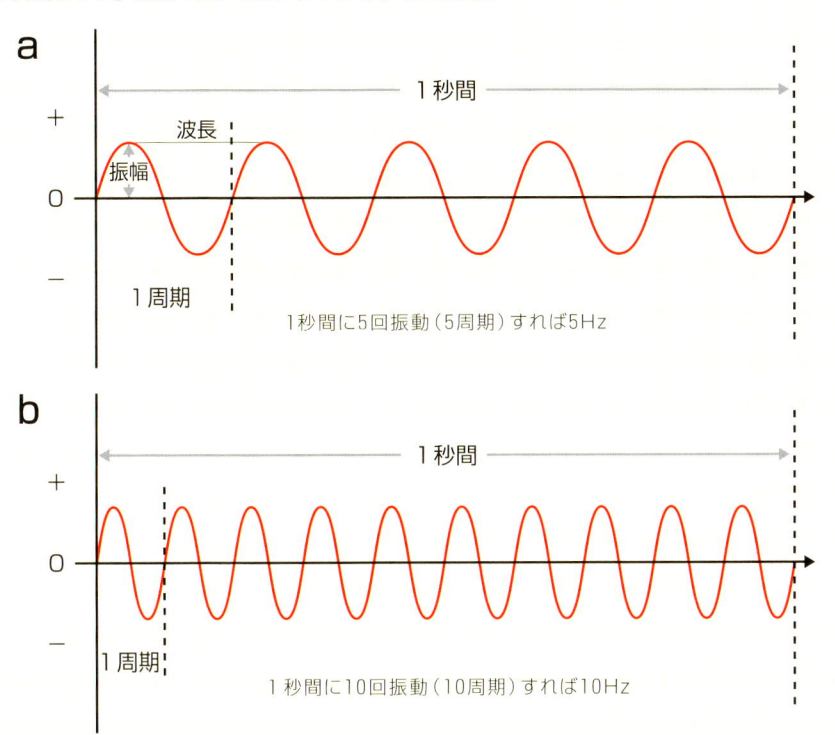

a

1秒間

波長
振幅
1周期

1秒間に5回振動（5周期）すれば5Hz

b

1秒間

1周期

1秒間に10回振動（10周期）すれば10Hz

2-21 周波数の境界線

糸魚川
関西 60Hz
関東 50Hz
富士川

豆知識　電流や電波の伝わる距離は周波数に関係なく1秒間に30万キロメートル。光の速さと同じである。

電池・乾電池（1次電池）

> **Key word** **ボルタの電池** 亜鉛板と銅板を希硫酸に浸すことで電気を生み出し、化学電池の原理となった。

電池という概念を生んだ「ボルタの電池」

　電池を大きく分けると、金属化合物の化学反応を利用している**化学電池**と、太陽電池（P82）などの**物理電池**の2種類となる。化学電池には、電気を蓄えておくことができ、容量がなくなったら"寿命"が尽きる**1次電池**（乾電池）、充電して繰り返し使える**2次電池**（P58）、**燃料電池**（P90）などがある。

　化学電池の原理を発明したのは、イタリアの科学者ボルタで、**ボルタの電池**では、銅板がプラス極、亜鉛板がマイナス極となり、**電解液**である希硫酸に銅板と亜鉛板が浸されている。ボルタの電池の原理は次のとおりである。

① 亜鉛板が化学反応を起こし、亜鉛イオン（プラスの電荷を持つプラスイオン＝P38）が希硫酸に溶け出す。
② 希硫酸内に溶け出した亜鉛イオンが、希硫酸中の水素イオンに反発して銅板に集まる。
③ プラスに**帯電**（P38）した銅板へ向かって、亜鉛板に残されたマイナスの電子が導線を通って引き寄せられる。

　だが、ボルタの電池には1つの問題があった。銅板に流れてきた電子が希硫酸中の水素イオン（プラスイオン）と反応して水素ガスが発生、電極を覆ってしまう。そのため、しだいに電流が流れにくくなってしまうことだ。これを**減極**という。そこで、水素ガスを酸化させて水にする過酸化水素水（**減極剤**）を電解液に混ぜることで、その問題に対処した。

持ち運べる1次電池＝乾電池

　電解液をペースト状にして、持ち運びを容易にしたのが**乾電池**だ。

　一般的によく使用される**マンガン電池**の構造は図2-23のようになっている。その製造過程は次のようなものだ。

① 筒型の亜鉛缶を作る。亜鉛缶は容器でもあり、マイナス極の材料でもある。
② 亜鉛缶の内側にセパレーターを挿入する。セパレーターは、マイナスとプラスのショートを防ぐためのものである。
③ セパレーターの内側に、プラス極の材料となる合剤を充填する。合剤には、二酸化マンガンや電解液などが混ぜ合わされている。
④ 電気を集める炭素棒を中心に挿入し、密封する。
⑤ 外側をメタルジャケット、メタルボトムなどで包み込む。

　乾電池の基本的なしくみは、ボルタの電池と同じである。マイナス極とプラス極の電位差を生み出すことによって、電子がマイナスからプラスへと移動しているのだ。

豆知識 現在の円筒形で密閉型の乾電池は、1891年、日本人の屋井先蔵によってはじめて作られた。

2-22 ボルタの電池のしくみ

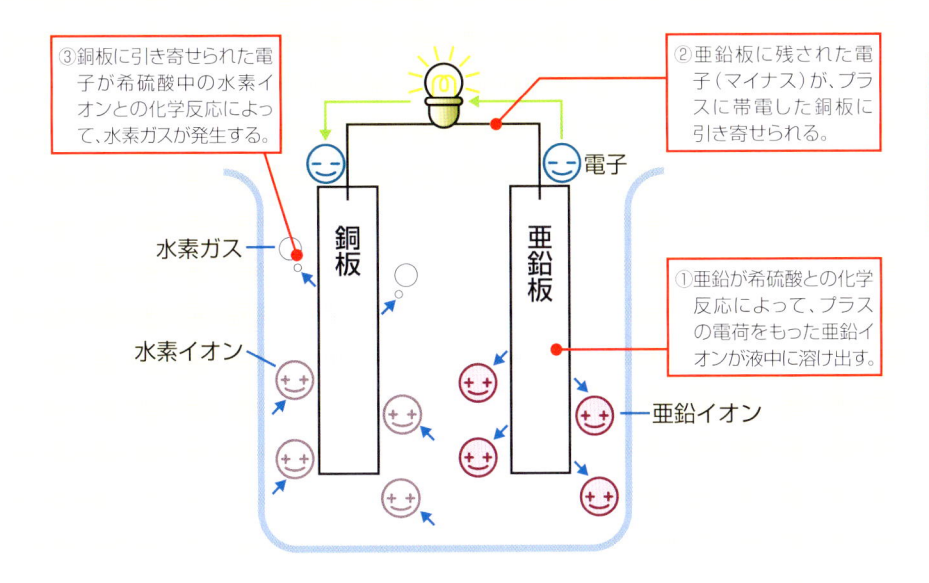

③銅板に引き寄せられた電子が希硫酸中の水素イオンとの化学反応によって、水素ガスが発生する。

②亜鉛板に残された電子（マイナス）が、プラスに帯電した銅板に引き寄せられる。

電子

銅板

亜鉛板

水素ガス

水素イオン

①亜鉛が希硫酸との化学反応によって、プラスの電荷をもった亜鉛イオンが液中に溶け出す。

亜鉛イオン

2-23 マンガン電池の構造

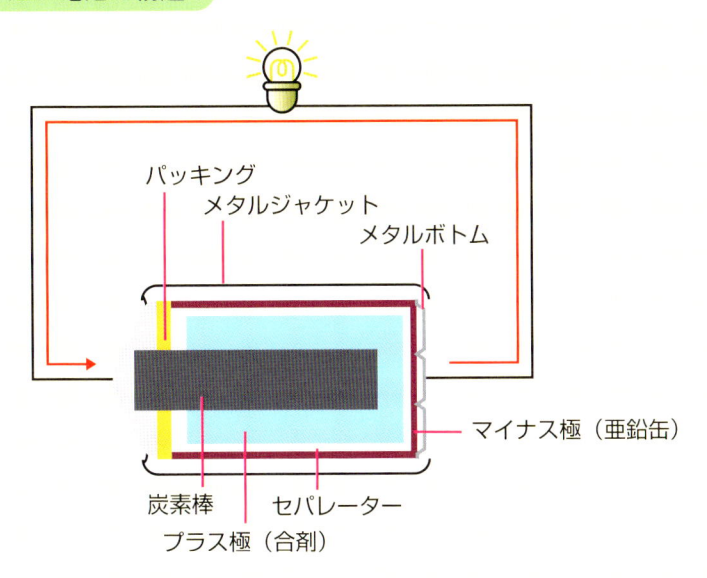

パッキング
メタルジャケット
メタルボトム

マイナス極（亜鉛缶）

炭素棒
セパレーター
プラス極（合剤）

豆知識 中東の遺跡から、古代の電池ではないかと思われるものが発掘されているが、それが作られたのは紀元前2世紀頃と推測されている。

蓄電池（2次電池）

> **Key word**　**リチウムイオン電池**　プラス極にリチウム酸化物、マイナス極に特殊炭素素材を使った、メモリー効果のない2次電池。

鉛蓄電池のしくみ

　充電することで繰り返し何度も使うことができる電池を、**蓄電池（2次電池）**という。

　充電とは、「化学反応が終わった状態の電池に、外部の電源からプラス・マイナス逆向きの電流を流す」ことを意味する。つまり、化学電池の中で電流を発生させていたときと正反対の化学反応を起こさせ、電池をもとの状態に戻すことをいう。

　自動車のバッテリーは**鉛蓄電池**といい、おもにプラス極に過酸化鉛、マイナス極に純鉛、電解液（P56）に希硫酸が使用されている。両極を電解液に浸すと、1次電池と同じ原理で純鉛が希硫酸と化学反応を起こし、硫酸鉛と水素イオン（プラスイオン＝P38）が希硫酸に溶け出し、マイナス極に残った電子はプラス極側に流れる。プラス極に到達した電子は過酸化鉛と化学反応を起こし、硫酸鉛と水を発生させる。

　この反応が進むにつれ、硫酸鉛がプラス・マイナスの両極に付着し、同時にプラス極から発生する水が電解液を薄めて、電流が流れにくくなる。しかし、この状態で充電を行うと、プラス極の硫酸鉛は水と結合して二酸化鉛に戻り、マイナス極の硫酸鉛は電子と結合して鉛に戻るという、今までとは正反対の化学反応が起こって、電池にパワーを復活させるのだ。

泣き所は「メモリー効果」

　プラス極にニッケル酸化物、マイナス極にカドミウムを使い、アルカリ電解液を用いた**ニッカド（ニッケルカドミウム）電池**は、電気かみそりなどの小型の電気製品に使われている。**ニッケル水素電池**は、プラス極にニッケル酸化物、マイナス極に水酸化カリウム水溶液を使っていて、電圧変化のないのが特徴だ。ノートパソコンをはじめ、幅広い製品に使われるようになった。

　ところで、ニッカド電池は使い切ってから充電するべきだ。残ったままの状態で充電すると、その充電された量がなくなった時点で化学反応が終わり、結果的に電池の容量が少なくなってしまう。これを**メモリー効果**という。

　メモリー効果のない2次電池も開発されている。プラス極にリチウム酸化物、マイナス極に特殊炭素素材を使った**リチウムイオン電池**がそれで、**携帯電話**（P174）などに使われている。ただし、充電・放電（P50）を繰り返すうちに電池内部が痛むため、できるだけ充電回数を抑えるのが長持ちのコツである。

豆知識　ニッカド電池に含まれるカドミウムは、イタイイタイ病の原因となった有害物質である。

2-24 バッテリー充電のしくみ

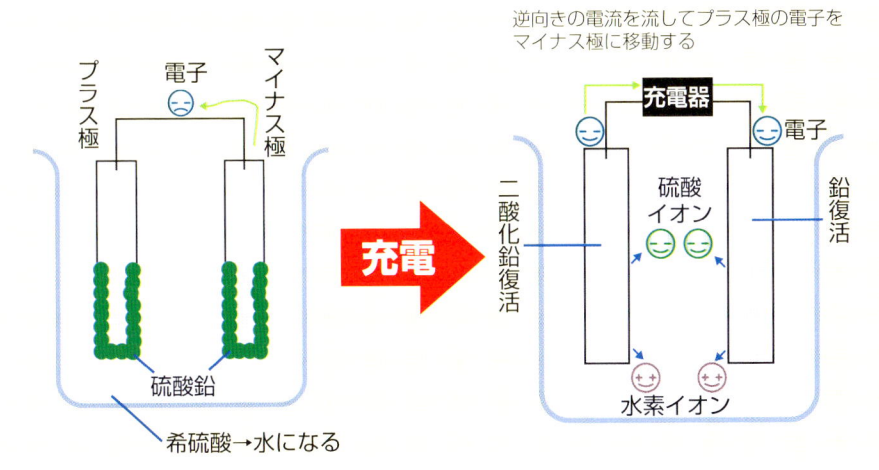

充電

長く使っていると、プラス極とマイナス極に硫酸鉛が付着して電子が流れにくくなる

希硫酸に硫酸イオンと水素イオンが溶けだし、はじめの状態に戻る

（図中ラベル：プラス極、電子、マイナス極、硫酸鉛、希硫酸→水になる、逆向きの電流を流してプラス極の電子をマイナス極に移動する、充電器、電子、二酸化鉛復活、硫酸イオン、鉛復活、水素イオン）

2-25 ニッカド電池のメモリー効果

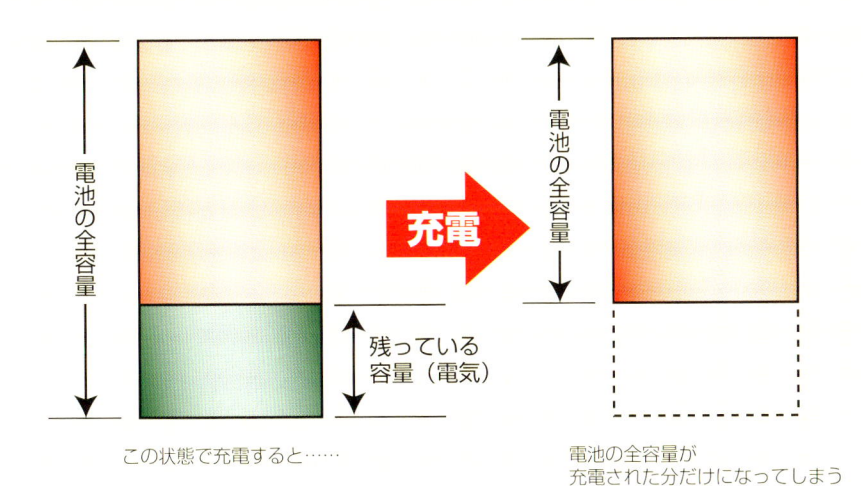

充電

（図中ラベル：電池の全容量、残っている容量（電気）、電池の全容量）

この状態で充電すると……

電池の全容量が充電された分だけになってしまう

豆知識 バッテリーの語源は、「一組」あるいは「複数の組み合わせで効果を発揮するもの」である。野球のピッチャーとキャッチャーもこう呼ばれている。

コンデンサー

> **Key word　誘導分極**　プラス・マイナスに帯電した電荷が、互いに引き合いその場に残ること。

コンデンサーの構造は驚くほど単純

　エレクトロニクス全盛の現代において、欠かすことのできない**コンデンサー**は、もともと電気を蓄えておくために発明された。だが、そのしくみは電池（P56）とはまったく異なる。一般的なコンデンサーの構造は、向かい合った2枚の**電極**（金属板）と、その間にはさめられた**絶縁体**（P46）だけからなっている。

直流電流によるコンデンサーの充電（蓄電）

　電気的な中性を保っている2枚の電極板（図2-26a）に、スイッチを入れ直流電流を流すと、電極板Aにあったマイナスの電荷が電源のプラス極に吸い寄せられ、プラスに帯電する。一方電極板Bは、電極板Aにあったマイナスの電荷をとりいれてマイナスに帯電する（図2-26b）。

　Aにあったマイナスの電荷がすべてBへ移動すると電子の流れが終わり、電極板の間で互いに引き合っている電荷がコンデンサーに残り続けるという現象が起こる。これを**誘導分極**という（図2-26c）。

　コンデンサーは、こうして電気を蓄えているのだ。蓄えておける電気量を**静電容量**といい、単位は**ファラド**（F）で表す。

　蓄えられた電気を流すには、回路の電源を外して、新たな導線をつなげばよい（図2-26d）。すると電極板Bから電極板Aへ向かって、充電時とは逆の電子の流れが起こる。これがコンデンサーによる**放電**（P50）であり、新たな導線をつないだ瞬間、2枚の電極板が電気的に中性になろうとする力がはたらくために起こる現象である。

交流を流すと充電と放電を繰り返す

　コンデンサーに交流電流（P52）を流した場合、充電・放電を繰り返し続け、直流のように電流が止まることはない。交流電流は、周期的に向きを変えるからである。

　電極板に帯電された電荷に対し逆向きの電流が流れると、電荷はいったん放電され平衡状態になり、その向きの電荷を蓄える。再び向きが変わった電流が流れてくるので、すぐさま放電し、帯電する。つまり目まぐるしく充電・放電を繰り返すことになり、電流が流れ続けているのと同じことになるのだ。

　これらの直流・交流に対するコンデンサーの性質を利用すれば、電気回路内で送りたい場所にだけ電気を送るという、線路でいえばポイントのような役割を果たすこともできる。

豆知識　1F（ファラド）とは、1Vの電圧をかけたとき、1Cの電気量が充電される容量である。

2-26　コンデンサーのしくみ（直流）

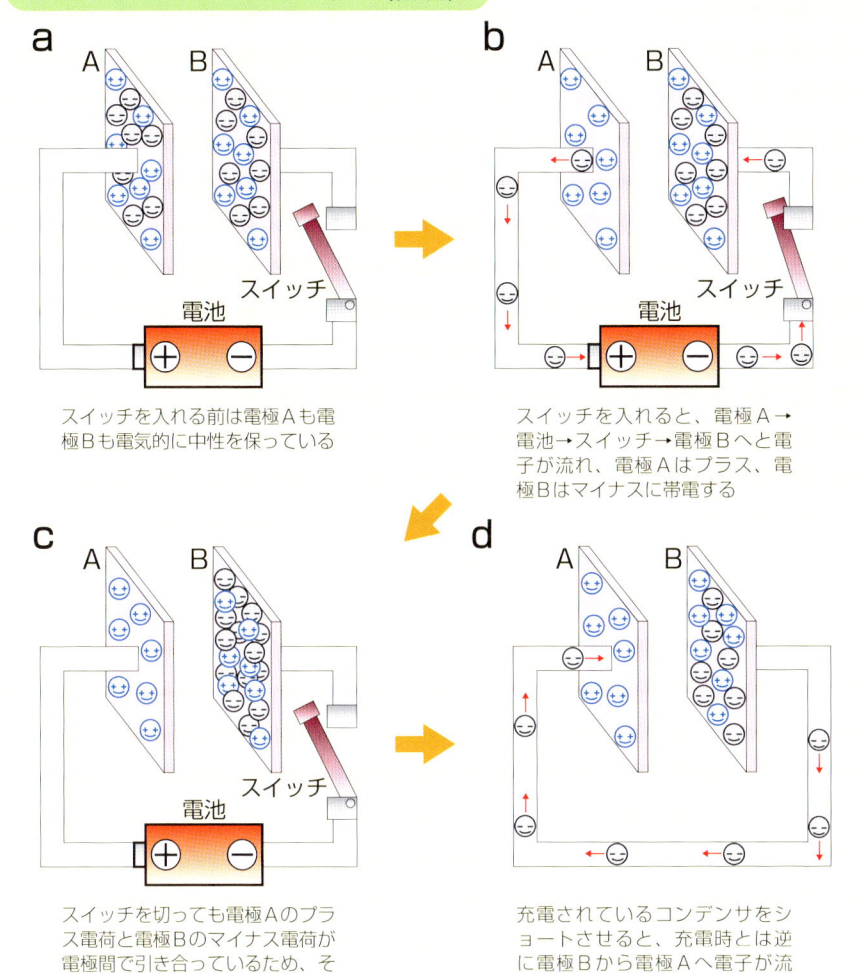

a　A　B　スイッチ　電池

スイッチを入れる前は電極Aも電極Bも電気的に中性を保っている

b　A　B　スイッチ　電池

スイッチを入れると、電極A→電池→スイッチ→電極Bへと電子が流れ、電極Aはプラス、電極Bはマイナスに帯電する

c　A　B　スイッチ　電池

スイッチを切っても電極Aのプラス電荷と電極Bのマイナス電荷が電極間で引き合っているため、その状態を保ち続ける

d　A　B

充電されているコンデンサをショートさせると、充電時とは逆に電極Bから電極Aへ電子が流れる（放電）

2-27　コンデンサーのしくみ（交流）

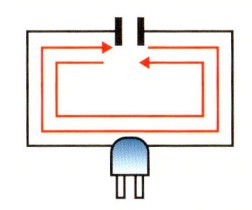

交流は、矢印のように電流の向きが周期的に変わるため、充電・放電を繰り返す

豆知識　コンデンサーは日本語で蓄電器というが、英語圏では容量を意味するキャパシタと呼ばれている。

電気と磁気

> **Key word** **電流の磁気作用** 電流が流れることで磁界が発生する現象。1820年にエルステッドが発見した。

電気と磁気の密接な関係とその違い

　電気と**磁気**とは非常に密接な関係を持っている。電気にプラス極とマイナス極があるように、磁気にはN極とS極があり、同極どうしは反発し合い、異極どうしでは引き合う性質を持っているのだ（**クーロンの法則**＝P38）。さらに、静電誘導（P48）によって電気が紙片を引きつけるように、磁気は磁気誘導によって鉄を引きつけることができるのである。

　電気と磁気の大きな違い、それは電気ではプラスとマイナスが単独で存在することに対して、磁気ではN極とS極が単独では存在しない点にある。磁石は、いくら細かく切り刻んでも、永遠に片方だけの極を持つ磁石にはならないのだ。

　その理由は、磁石を細分化した最小単位である電子にN極とS極が存在しているからである。そして、その電子は量子力学に基づいて自転（スピン）を繰り返している（図2-28）。この回転運動こそが、磁気の源なのである。

　外部からの影響によって生まれる電気と、自らの回転によって生まれている磁気。両者には、このような根源的な違いがあったのだ。

電流が磁気を生むことを証明したエルステッド

　デンマークの科学者エルステッドは、1820年に電気と磁気の密接な関係をはじめて明らかにした。彼は、導線に電流を流し、その近くに方位磁針を置くと、その針が振れることを発見した。これは電流の通った導線には磁石と同じ力がはたらくことを示すものであり、「電気が磁気を生む」ことを証明するものであった。この現象を**電流の磁気作用**という。

電気と磁気は似ている

　磁石の上に紙を置いて砂鉄をふりまくと、N極からS極へ向かってきれいな模様を描く（図2-29）。この模様を描く流れを**磁力線**、磁力線の及ぶ範囲を**磁界（磁場）**、磁力線を定量化したものを**磁束**という。

　同様に電気にも、影響を及ぼす範囲がある。たとえば、帯電（P38）した下敷きを頭に近づけたとき、髪の毛が引き寄せられる範囲が**電界（電場）**だ。

　これらの電気と磁気の似ている関係をふまえて、モーター（P68）や発電機（P72）という大発明が生まれ、またマイク（P128）、磁気テープ（P130）、通信機器などが開発されていったのである。

> **豆知識** 磁石をいくら分割しても、N極・S極を単独で取り出すことができないという問題を「モノポールの問題」という。

2-28 電子のスピンが磁気を作る

電子が単体でスピンし続け、この自転効果が強い磁力線を発生させる

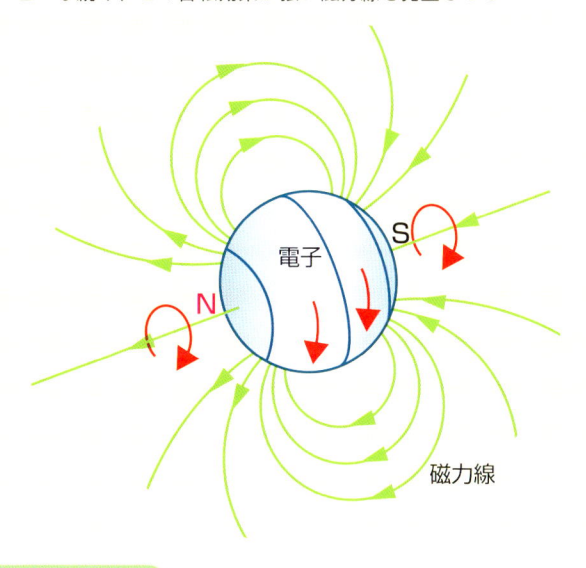

2-29 棒磁石の磁界

砂鉄により放射状に現れる線を磁力線といい、その及ぶ範囲が磁界だ。下図のA点とB点を比較すると、A点のほうが磁力線の数が多い。よってA点のほうが強い磁束を発生しているのがわかる

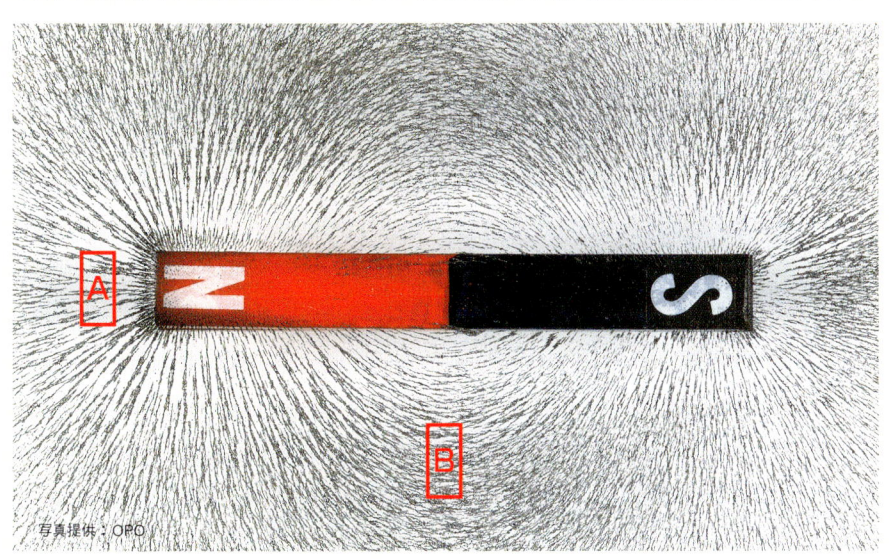

豆知識　鉄やコバルトが磁石になりやすいのは、ペアにならずに単体の電子があるためだ。

右ねじの法則／電磁誘導の法則

> **Key word** 電磁誘導　コイルを通る磁束の変化によってコイルに起電力が誘起される現象。

電流を流すと、右回りに磁界が発生する＝右ねじの法則

　電流の単位・**アンペア**（P40）に名を残したアンペールは、1820年、「導線に電流を流すと、流れる方向に対して右回りに磁界・磁力線（P62）が生じる」ことを発見した。この動きは、ちょうどねじを締め込んでいく動きと同じであるため、**右ねじの法則**という（図2-30）。またアンペールは、「直流電流が発生する磁界の強さは電流に比例し、電流からの距離に反比例する」という**アンペアの法則**を定義した。

コイルによる磁束の発生

　図2-31aのような導線に電流を流すと、導線には右回りに磁界が発生し、**磁束**（P62）の流れが生まれ、磁力が発生する。さらに導線をらせん状に巻いていくと、磁束はどんどん大きくなり、磁力は強力なものとなる（図2-31b）。導線をらせん状に巻いたものを**コイル**という。コイルに電流を流すと、両端にN極とS極が生じ、磁石と同じはたらきをするようになり、電流を切れば磁力は失われる（**電磁石**）。玄関のチャイムや鉄スクラップ運搬用機械などには、この性質が利用されている。

磁気から電気を発生させる＝電磁誘導の法則

　イギリスのファラデーは、「電気から磁気が発生するならば、磁気から電気ができないだろうか？」と考えていた。そして、1831年、コイルの中で磁石を動かすとコイルに電流が流れることを証明した（磁石を固定してコイルを動かしても同じことが起こる）。この「コイルを通る磁束の変化によってコイルに**起電力**が誘起される」現象を**電磁誘導の法則**といい、流れる電流を**誘導電流**、そして発生する起電力を**誘導起電力**という。

　電磁誘導は次の2つの法則に従う。
① 誘導起電力の大きさは、コイルを通る磁束の時間当たりの変化量に比例する。
② 誘導起電力は、コイルを通る磁束の変化を妨げる向きに誘起される。

②は**レンツの法則**と呼ばれるもので、1834年に発見された。

　図2-32aのように、コイルに磁石を出し入れすると、入れるときと出すときの電流の向きは逆になる。つまり、電磁誘導によって発生するのは交流電流（P52）なのだ。そして、出し入れの速度が速くなるほど周波数（P54）は高くなり、誘導起電力も増す（図2-32b）。

　磁気が電気を生むことは、電磁誘導によって証明されたのである。これが発電機（P72）の原理となった。

> **豆知識**　アンペールは「座っていてはいい考えが浮かばない」というのが持論で、いつも部屋中を歩き回って考えごとをしていた。

2-30 右ねじの法則

ねじを締めるために回す方向と、電流に対し発生する磁力線の方向が同じであることから、右ねじの法則と呼ばれるようになった

ねじが締まる方向
ねじを回す方向

電流の方向
磁力の方向

2-31 コイルにより強い磁束が発生する

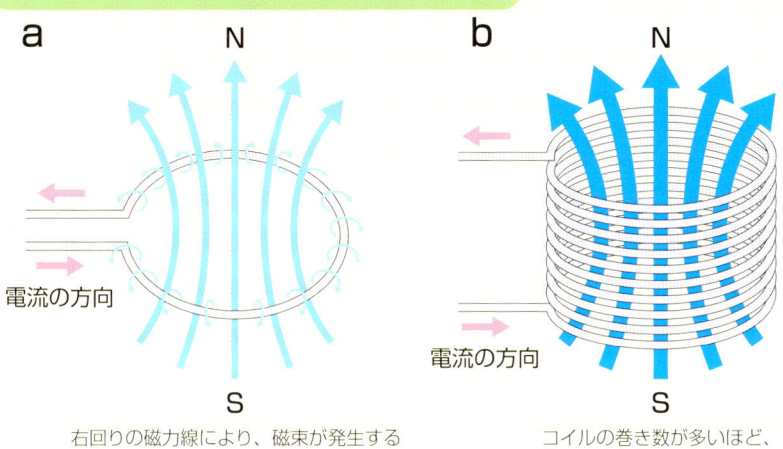

a 右回りの磁力線により、磁束が発生する

電流の方向

b コイルの巻き数が多いほど、磁束はより強大になる

電流の方向

2-32 電磁誘導の性質

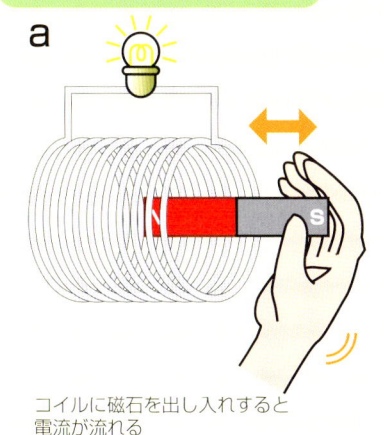

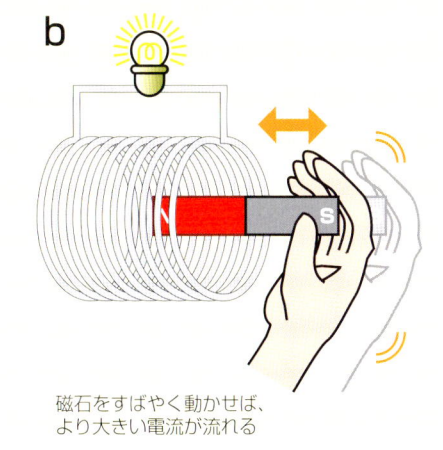

a コイルに磁石を出し入れすると電流が流れる

b 磁石をすばやく動かせば、より大きい電流が流れる

豆知識 ファラデーは電磁誘導の法則のほかにも、1833年に電気分解の法則も発見した。

フレミング右手・左手の法則

> **Key word** **フレミングの法則** 電流・磁界・力の向きを3本の指で示し、右手は発電機、左手ではモーターの原理を理解することができる。

電流の流れる方向を示す「右手の法則」

「電磁誘導によって生じる誘導起電力は、磁力線の変化を妨げる方向に生じる」という**レンツの法則**と、『**右ねじの法則／電磁誘導の法則**』（P64）を発展させたのが**フレミングの法則**だ。**電流**（P40）**の方向、磁界・磁力線**（P62）**の方向、導線が動く方向**について法則化している。

右手の法則は「磁界の中で導線を動かしたときに、電流はどの方向に流れるのか」について右手で表現するものだ。

図2-33aの場合、磁力線（磁力の方向）はN極からS極に向かっている。その方向に右手の人差し指の先端を向け、中指、親指もそれぞれ同図の方向へ向けてみよう。この状態で親指の先端が指す方向（上）に向かって導線を動かすと、人差し指の先端が指す方向に**誘導起電力**（P64）が生まれ、導線に電流が流れる。

この右手のかたちを維持しながら人差し指を真上、親指を真左、中指が正面前方を指すように向けてほしい。その方向から見た図がbだ。導線を親指の方向（左）に動かし磁力線が妨げられると、右回りの磁界が導線に発生し、正面奥に向かって電流が流れる。逆に、右に導線を動かせば、左回りの磁界が発生する。つまり正面奥から手前に向かって導線に電流が流れることになるのだ。

導線が受ける力の方向を示す「左手の法則」

左手の法則は「磁界の中にある導線に電気を流すと、導線はどのように動くのか」を説明するものだ。

図2-34aでは、左手の人差し指はN極からS極へ向かう磁力線の方向を指し、親指は上を指している。このとき中指が指す方向へ電流を流してみる。するとN極とS極による磁束の中で、導線に電流が流れることにより磁界が生じるため、電流の向きに応じた導線を動かす力が上に向かって生まれるのだ。この力を**ローレンツ力**という。

図2-34bは左手の人差し指を真上、親指を真右、中指を正面前方へ向けた方向から見ている。導線に生じる磁界は電流の方向に対して右回りだから（右ねじの法則）、導線の右側に生じる磁界は磁石の磁力線と打ち消し合い、左側では同じ向きにはたらくため強まる。よって、導線は右に動くのである。電流が正面奥から手前に向かって流れれば、導線は左に動くことになる。

フレミングの法則は、右手で**発電機**（P72）、左手で**モーター**（P68）の原理をわかりやすく説明している。

豆知識 フレミングは、ロンドン大学初の電気工学教授である。

2-33　フレミング右手の法則

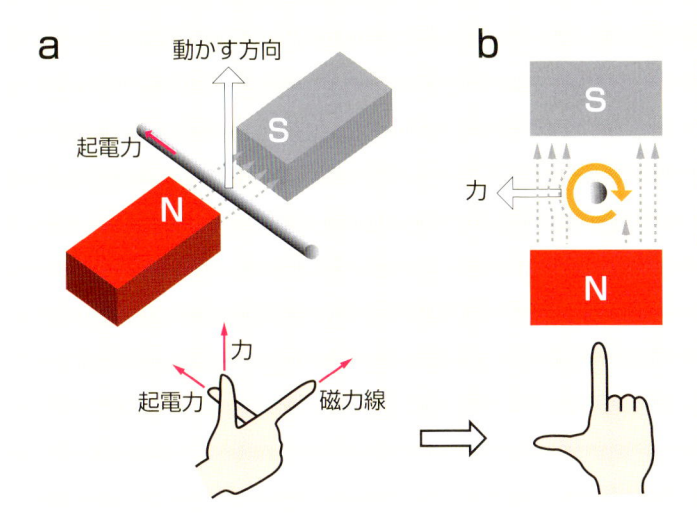

a
動かす方向
起電力
S
N

力
起電力　磁力線

b
S
力
N

磁力線を妨げる方向に起電力が発生する。
左に導線を動かせば、磁力線の向きが下から上なので、導線に右回りの磁界が発生＝電流が正面奥へ向かって流れる

2-34　フレミング左手の法則

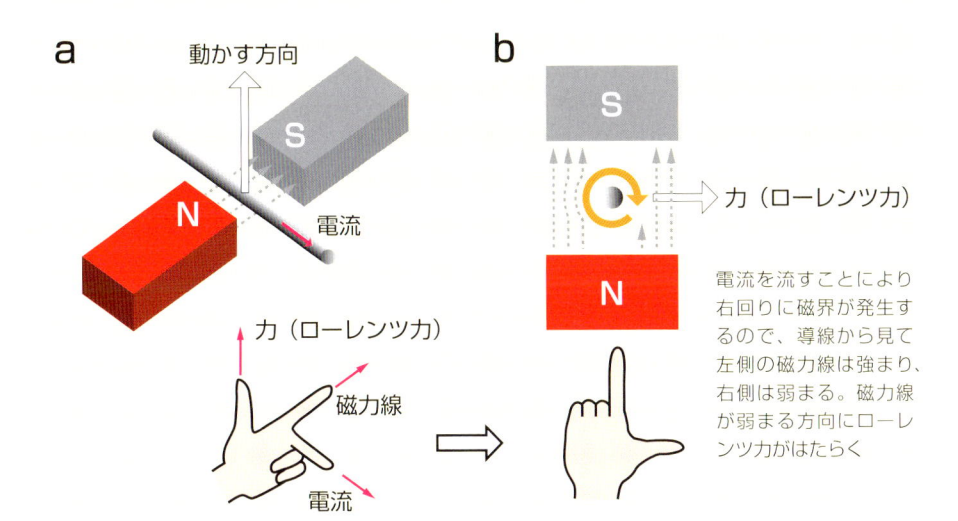

a
動かす方向
S
N
電流

力（ローレンツ力）
磁力線
電流

b
S
N
力（ローレンツ力）

電流を流すことにより右回りに磁界が発生するので、導線から見て左側の磁力線は強まり、右側は弱まる。磁力線が弱まる方向にローレンツ力がはたらく

豆知識　フレミングは1904年、二極真空管という革命的な発明をしている。

モーター

> **Key word** 整流子　直流モーターの電源とコイルの接触を一瞬切り、コイルが回転し続けるようにする部品。交流モーターには不要。

整流子が不可欠な直流モーター

　モーターはローレンツ力（P66）を活用して、電気エネルギーを回転という運動エネルギーに変換する装置だ。

　直流モーターの基本構造は図2-35のようになっており、磁石の磁界の中に、回転軸に固定されたコイル状の導線およびブラシ、整流子（P72）が設けられている。整流子は電源とコイルの接触・非接触を切り替える部品で、ブラシは整流子を電源に接触させる役割を持っている。

　コイルに直流電流（P52）を流すと、電流の向きに従ってローレンツ力がはたらくため、図の矢印の方向にコイルが回転を始める。ところが、コイルが180度回転して左右が逆になると、そのままでは回転が止まってしまう。

　そこで整流子が必要となる。整流子はコイルが90度回転したところで、コイルと電源の接触をいったんストップさせる。この状態では理論上、コイルは惰性で回転を続ける。再び整流子が触れると、コイル自体は左右が入れ替わったにもかかわらず、磁石の磁力線とコイルの磁界の関係は最初と同じ状態に戻り、コイルは回転を続けるというわけだ（図2-35）。

　実際のモーターでは、整流子が切れているところで電源を落としてしまうと、再び電源を入れるときに回すことができない。そのため、コイルの数を増やしてどこからでも回転するように設計されている。

3つの交流の力を巧みに利用する3相誘導モーター

　直流モーターにブラシや整流子を設けるのは、もともと交流だったものを直流で作動させるためである。したがって、交流モーターの場合は周期的に電流の方向が変わるため、ブラシや整流子は必要ないのだ。

　交流モーターは構造が簡単なため、一般的に直流モーターよりも長寿命であるといわれている。しかし、同じ電圧であればパワーは当然ながら直流に劣ってしまう。そこで、3相交流（P94）を利用して強大なパワーを生み出す3相誘導モーターが考案された。

　構造は図2-36のようになっている。コイルを回転させるのではなく、固定されたコイルに電流を順番に流し、その中の回転子導体を回転させるしくみだ。図2-37のa、b、c、dの順番でコイルに電流を流すと、コイルの内側にある回転子導体にローレンツ力がはたらいてちょうど1回転する。3相誘導モーターは、3つの交流の力で1つの回転子を回すため、大型工作機械などに適した大きなパワーが得られるのだ。

豆知識　誘導モーターは洗濯機や扇風機、電力量計などに利用されている。

2-34 直流モーター

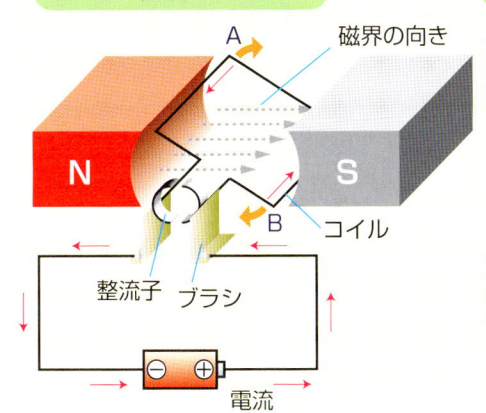

磁界の向き
A
N
S
B
コイル
整流子
ブラシ
電流

2-35 コイルが回転する様子

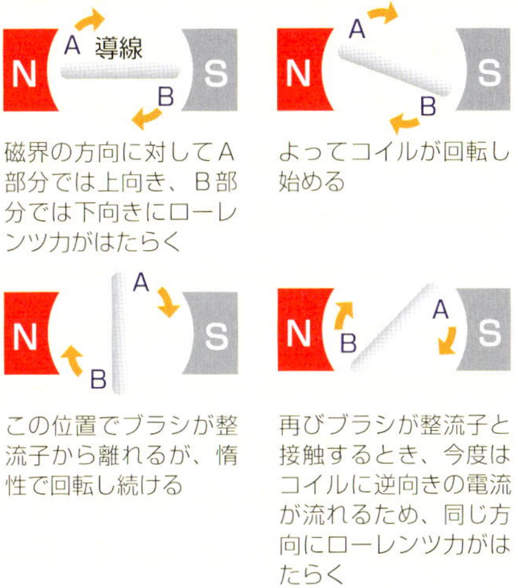

N 導線 S
A
B

磁界の方向に対してA部分では上向き、B部分では下向きにローレンツ力がはたらく

N S
A
B

よってコイルが回転し始める

N S
A
B

この位置でブラシが整流子から離れるが、惰性で回転し続ける

N S
A
B

再びブラシが整流子と接触するとき、今度はコイルに逆向きの電流が流れるため、同じ方向にローレンツ力がはたらく

2-36 3相誘導モーターの構造

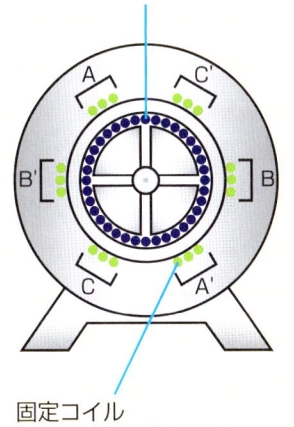

回転子導体
外周に円筒形の導体が並べられている

A
C' C
B' B
C   C'
A'

固定コイル
回転子導体の周囲に60度ずつずらして配置される

2-37 3相交流を流すと回転子導体が回転する

a、b、c、dの順番で3相交流を流すと、回転するように磁束が発生する。そこにローレンツ力がはたらくため、回転子導体が回転をはじめる

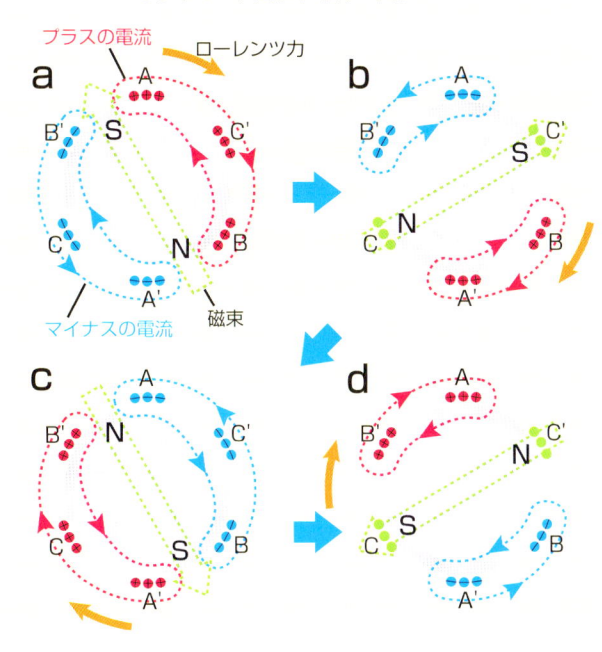

プラスの電流
ローレンツ力

a
A
B' S C'
C N B
A'
マイナスの電流
磁束

b
A
B'   C'
   S
   N
C   B
A'

c
A
B' N C'
C S B
A'

d
A
B'   C'
   N
   S
C   B
A'

豆知識 モーターと発電機の構造は非常に似ている。3相誘導モーターの回転子導体を、外部からの力で回転させれば、固定コイルに発生する電流は3相交流となる。

Column

電流の認識はカエルの脚からはじまった

「静電気」の時代

「電流」の発見は、1800年の「ボルタの電池（P56）」によるところが大きい。それ以前に人間が「電気」を操っていたのは、摩擦起電機による「静電気」程度であった。

静電気を起こす摩擦起電機とは、摩擦で発生させた静電気を蓄電器に溜めておき、そこから電気を一気に放電する装置だ。しかし、放電では一瞬にして電気が消えてしまうため、発生する火花の観察や、物質に与える電気ショック程度が関の山だった。つまり「電流」という概念がなかったため、現在の電気製品に見られるような、電気の活用手段を見出せなかったのである。

「ボルタの電池」を発明した物理学者ボルタ（イタリア：1745～1827）にヒントを与えたのは、彼の知人の解剖学者ガルバーニ（イタリア：1737～1798）だった。

動物電気から金属電気へ

ガルバーニは、カエルの脚を用いて電流の存在を探求した。なぜカエルを実験に使ったのかには諸説あるが、スープ用のカエルの脚が、摩擦起電機のそばで動いたためだといわれている。

1780年の実験では、各部を露出させたカエルの下股に、摩擦起電機からの静電気を、導線を介して脊髄や神経に接触させた。そのときカエルの脚が激しくけいれんしたため、彼はさまざまな研究を続ける。そして1791年に論文を発表。ガルバーニの出した答えは「動物電気」であった。

論文では「動物の神経は、導線のようなものであり、動物電気は脳における血液中に発生し、神経を通じて筋肉の中核に伝わる」と説明された。

彼は、カエルの脚が電解液の役割を果たしたていたことに気づかずに、カエルそのものが電気を生むと解釈したのだ。カエルの足に発生する電気は、電極となる2つの金属を変えると値が異なることまで気づいていただけに、実に惜しい。

後にガルバーニは、ナポレオンのイタリア支配を拒んだため、研究していた大学を追われ、1798年に失意のままに亡くなった。

その2年後、彼の論文を読んだボルタは研究を重ね、銅と亜鉛を電極に用いた電池を発明する。それは「電流」という概念を立証した大発明であり、「金属電気」と名づけられ、今日の電気の発展へとつながっていったのだ。

第3章
電気をつくる 送る

発電機

> **Key word　脈流**　直流発電機によって生み出される電流。電流の向きも一定にするため、瞬間的に電流を分断している。

電磁誘導で交流電流を生み出す

　モーター（P68）は、ローレンツ力（P66）により電気エネルギーを運動エネルギーに変える装置だ。その反対に**発電機**は、運動エネルギーを電気エネルギーに変換する装置である。

　図3-1の磁石の、N極とS極の間にあるコイルを何らかの力で回転させると、磁石の磁束とコイルの間で**電磁誘導**（P64）が起こる。そして、**起電力**によって**誘導電流**が発生する。これをコイルの両端に取りつけられたスリップリングにつながった、プラス極（R1）とマイナス極（R2）のブラシ（P68）によって取り入れる、というのが発電機の構造だ。

　磁束の間で回転するコイルは、**フレミング右手の法則**（P66）に則って電気を発生させており、これを真横から見たものが図3-2である。

　N極からS極に向かう磁束の中をコイルが回転しているということは、磁束の中で導線を上下に動かすのと同じことになる。だが、コイルAが12時のポイントから6時に向かって回るときと、6時から12時に戻るときでは、磁束に対するコイルの向きが上から下、下から上へと変わる。そのため、起電力もプラス、マイナスへと方向を変えるのだ。そして、3時ではS極、9時ではN極に最も近づくために、起電力は最大となる。

　周期的に向きを変える電流——。そう、このタイプの発電機からは、**交流電流**（P52）が生み出されるのである。

整流子を使って直流電流を生み出す

　直流電流（P52）を生み出すためには**整流子**（P68）を使う。スリップリングを半円形の整流子に変えれば、回転するコイルが上下の頂点に達した時点で接点が切り替わり、常に一定方向の電流が流れることになる。ただし、流れる向きを一定にするので、瞬間的にではあるが電流は分断される。そのため、正確には直流ではなく**脈流**と呼ばれる電流だ（図3-4）。

　このような、発電機とモーターの関係をうまく活用した代表例が、駆動モーターに電流を流し、発生した運動エネルギーで電車を動かす電車である。動き出したモーターは、電車が一定速度に達して電流を遮断しても、慣性で回り続ける。この状態でのモーターは、コイルを力ずくで回しているのと同じことなので、電気を生み出す（回生電力）。その電気は、ブレーキの電源などに使用され、効率がよい。最近の電車は、ブレーキ時に発生するエネルギーも電気に変え、パンタグラフを通して電線に「返す」ことができる。

豆知識　発電機が実用化された1800年代後期、アメリカのエジソンは直流供給システムを確立したが、交流は変圧しやすいなどの理由から、交流推進派に押されるかたちで衰退していった。

3-1 交流発電機

コイルを回転させると誘導電流が発生し、2つのスリップリングから取り入れられる電流は完全に等しいものとなる

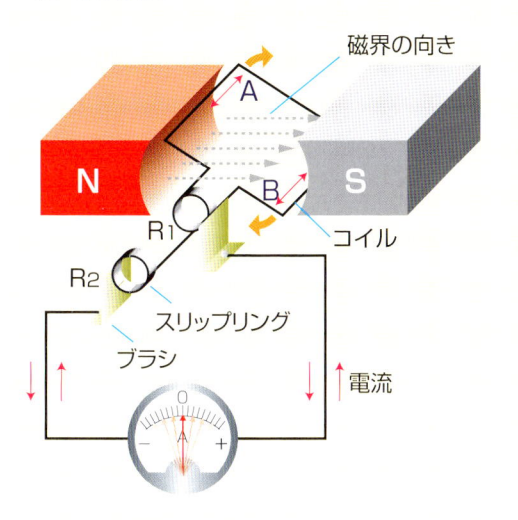

磁界の向き
コイル
R1
R2
スリップリング
ブラシ
電流

3-2 交流発電機の断面図

コイルA部分、、B部分がそれぞれ12時、6時のポイントを通るときに電流の向きが変わる

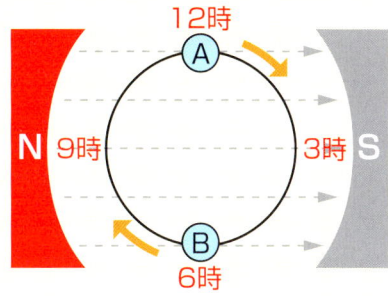

12時
9時
3時
6時

第3章

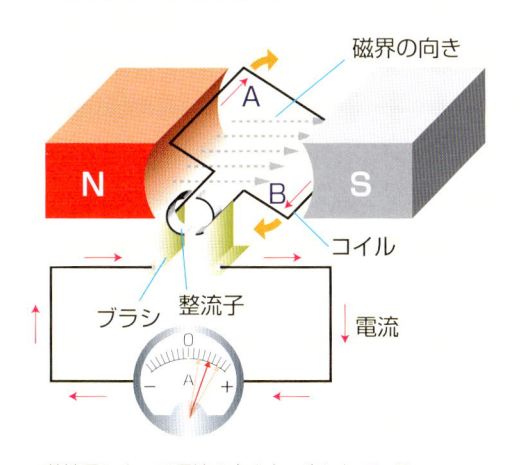

3-3 直流発電機

磁界の向き
コイル
ブラシ
整流子
電流

整流子によって電流の向きを一定にしている

3-4 脈流電流

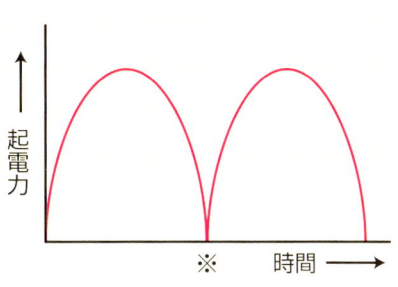

起電力
※
時間

※点が整流子の切れるポイントだ

豆知識 発電機は、英語のMotor Generatorを略してMGと標記される。

水力発電

> **Key word** 揚水式水力発電　電力に余裕があり料金も安い夜間に、火力や原子力で作った電気で水を汲み上げ、昼間のピーク時に使う。

輸入に頼らないエネルギー源

我々の生活や産業活動に欠かせない電気エネルギー。その電気は、主として水力・火力・原子力発電によって作られている。日本におけるその割合は、およそ水力10％、火力54％、原子力が34％となっている（2003年度発電電力量）。

水力発電は、水の**位置エネルギー**を利用して発電するものである。せき止めた河川の水などを高いところから低いところへ「落下」させ、その流れ落ちる勢いで発電機（P72）に直結した**タービン**（水車）を回している（図3-5）。水量が多く、流れ落ちるエネルギーが大きいほど（すなわち落差が大きいほど）、大きな電気を生み出すことになる。

水力発電は、山間地が多いため河川の流れが急であり、雨が多いという日本の風土に適した発電方式である。そのため、早くから商用発電方式に採用され、長い間発電の主流を担ってきた。

現在我が国のエネルギー自給率はわずか4％に過ぎないが、そのほとんどは水力発電によるものだ。火力や原子力と違って、資源を輸入に頼ることのない水力発電は、たいへん貴重な存在だといえるだろう。

電力需要の変動に対応できる

水力発電は、発電の開始／停止や発電量の増減が、他の発電方式に比べると容易に行えるので、電力需要の変動に合わせて調整役の役割を果たしている。

水力発電にはいくつかの種類がある。**水路式**は、河川の上流から発電に必要な落差が得られる地点まで水路で水を導き、水圧管を通して発電する。大規模なダムに貯水し、その水圧で発電する**ダム式**は、初期コストは高めだが耐用期間などを考えると経済性に優れた発電方式だ。流量が多く勾配が緩やかな河川に向いている。水路式とダム式をミックスした**ダム水路式**は、間に貯水池を設けてより細かい水量の調節を可能にしている。

揚水式は、電力に余裕がある夜間などに水を高い場所に汲み上げておき、昼間のピーク時にその水を利用して発電する（図3-6）。基本的に貯めることができない電気を、位置エネルギーのかたちで蓄えているのだ。現在、揚水式は水力発電全体の約70％を占めている。

水力発電は、発電時にCO_2や有害ガスなどを発生させないクリーンな方法である。しかし、ダム建設などによる環境問題、河川の生態系への影響などの問題もあり、水力発電のウェイトをこれ以上高めるのは困難だといわれている。

豆知識　1891年に建設された京都の蹴上発電所は、日本初の商用水力発電所だ。

写真提供：東京電力

1939年11月に運転が開始された東京電力信濃川発電所（水路式）。発電機は5台、最大出力は177,000kWだ

3-5 水力発電の原理

水の落差を利用して水車を回し、その力でタービンを回転させて発電する

3-6 揚水式水力発電

電力需要が少ない夜間は昼間にためておいた電気やほかの発電所の電気を利用して、水を上部貯水池に揚げて昼間に備える

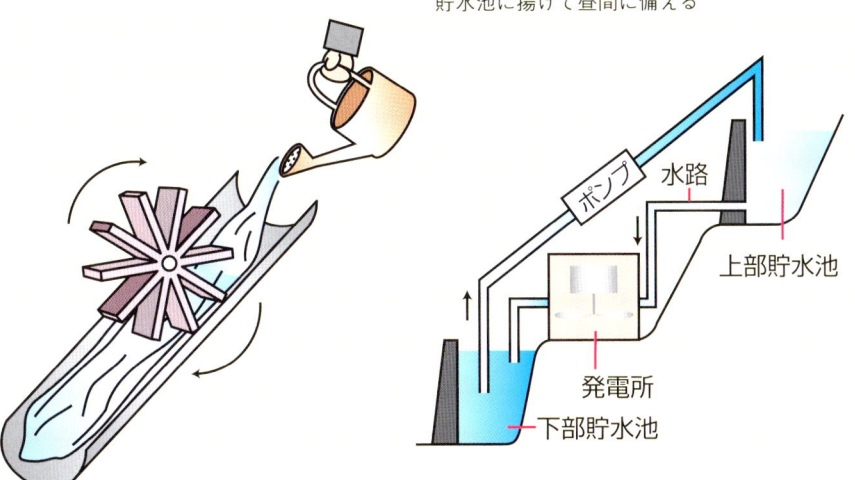

ポンプ　水路　上部貯水池　発電所　下部貯水池

豆知識 湖や川などの水力エネルギーを、技術的・経済的に開発可能なエネルギーに換算したものを包蔵水力という。日本の年間の包蔵水力を原油に換算すると、原油輸入量の約12%に相当する。

火力発電

> **Key word** **LNG（液化天然ガス）** 硫黄分を含まないクリーンなエネルギーとして、世界各国で注目されている。

蒸気の力でタービンを回す

　火力発電は、石炭、石油、LNG（液化天然ガス）などの燃料を**ボイラー**で燃やし、発生した水蒸気の力で**タービン**を回して発電を行う方法である（図3-7）。タービンを回した水蒸気は、**復水器**と呼ばれる機関で冷却され、再び水としてボイラーに供給される（図3-8）。

　火力発電は、大出力で発電できることに加え、燃料を増減させることで電力需要に合わせた出力の調整も比較的容易である。そのため、現在の発電の中心的な役割を担っている（P74）。

　我が国の火力発電に使われる燃料として最も比率の高かったのは、長年にわたって石油であった。しかし、1994年の石油ショック以降、その比率は急速に変化している。1995年に、水力・原子力を含む総発電電力量の62％を占めていた**石油火力**は、2002年には9％にまで減った。変わって**LNG火力**が5％から27％に増加、**石炭火力**も4％から22％に増えている。石油ショックにより原油価格が高騰し、供給も不安定になったため、LNG、石炭へのシフトが一気に進んだ結果である。

　LNGは石油や石炭に比べてクリーンであり、世界各国に分布する石炭は、LNGや石油に比べて低価格である。

環境対策が大きなテーマに

　火力発電は、他の発電方式に比べ発電所の建設が比較的容易で、技術の向上によって安全性も確立されている。そのため、大都市の近くに建設することが可能であり、送電ロスを抑えられるメリットがある。しかし燃料を燃やすことから、光化学スモッグや酸性雨の原因となる硫黄酸化物（SO_x）や窒素酸化物（NO_x）、地球温暖化の主犯だといわれる二酸化炭素（CO_2）を排出する。それらへの対策が最大の問題だ。現在の技術でかなり抑えることができるようになってはいるが、やはり排出をゼロにすることは不可能である。また、21世紀中には、石炭、石油、LNGなどの化石燃料がなくなってしまうともいわれる。

　近年、日本や韓国では、中国大陸から飛来する「黄砂」が大きな問題になっている。その原因の1つとして、酸性雨によって内陸部の森林が破壊され、砂漠化が進行したことが考えられている。電力需要の急増により発電所の大増設が進む中国だが、火力発電所では充分な脱硫処理などが行われていない。世界一ともいわれる日本の技術を輸出し、被害の拡大を未然に防ぐべきである。

豆知識 水力発電のタービン回転数は毎分120〜750回転なのに対し、火力発電のものは毎分3600回転もしている。

3-7 水蒸気で羽車を回す

水が沸騰することにより発生する水蒸気で羽車（タービン）を回す。他の発電方式にもこの原理は採用されている

3-8 火力発電

石油、石炭、LNGなどの燃料を燃やし、その熱で水を沸騰させ、発生する水蒸気でタービンを回し発電する

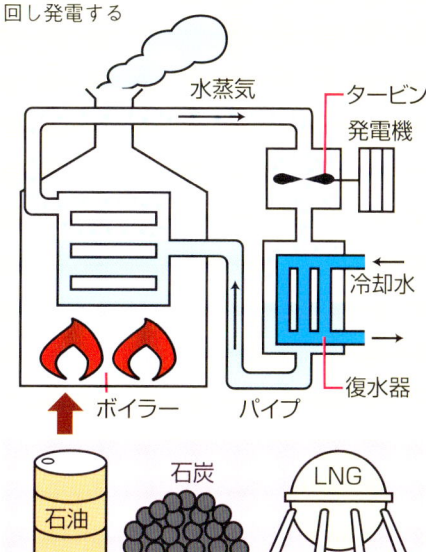

南横浜火力発電所。世界初のLNG専燃火力発電所として、年間56億kWhを発電している

写真提供：東京電力

豆知識 火力発電の環境対策として、排煙脱硫装置や、粒子状物質を低減する電気集塵機などが開発されている。

原子力発電

> **Key word** **核分裂** ウランやプルトニウムなどの原子核に陽子や中性子がぶつかり、2つの原子核に分裂する現象。

火力同様、蒸気でタービンを回す原子力発電

原子力発電は、火力発電（P76）同様、熱エネルギーを利用して水蒸気を作り、**タービン**を回すことで電気を生み出している。しかし、熱エネルギーの作り方が根本的に異なっているのだ。

原子力発電の燃料は、**ウラン**という地球上で最も重い原子である。現在の原子力発電に使われているのは、**ウラン235**と呼ばれる物質だ。これに**中性子**（P36）を衝突させると、**原子核**（P36）が2つに分裂する（**核分裂**）。そのとき2〜3個の中性子が放出されて、熱エネルギーが生まれる（図3-9）。数が増えた中性子は次々にウラン235に衝突し、新たな核分裂を誘発させる。この**核分裂の連鎖反応**により、1gのウラン235の核分裂は、石油なら2,000ℓ、石炭では3t分に相当するすさまじいエネルギーを発生するのだ。

原子力発電では、**原子炉**で起こる核分裂を制御するため、中性子を吸収する**制御棒**と中性子の速度を落とす**減速材**などが使われている。中性子の数をコントロールして、原子炉の出力調整を行うのだ。

最も一般的な原子炉は**軽水炉**で、減速材と冷却水に普通の水が使われる。日本の原子炉はすべてこのタイプである。軽水炉には、発生した水蒸気を直接タービンに送る**沸騰水型軽水炉**（図3-10）と、熱湯を蒸気発生器に送り、別系統の水を水蒸気に変える**加圧水型軽水炉**（図3-11）の2種類がある。

大規模発電が可能で、発電時には有害ガスやCO_2をまったく発生させないことなどが、原子力発電の特長といえるだろう。

ベストミックスの追求が必要

強大なエネルギーを生み、クリーンな発電が可能な原子力発電だが、問題点もある。原子炉内で人体に有害な**放射線**が発生するため、絶対に外部に漏れ出さないようにする対策が必須条件となる。また使用済みの燃料からも放射線が出ており、これをどう処理するかも大きな問題となっている。しかし、総発電量の35％近くを占める原子力発電は、電気需要量の大小にかかわらず同じ出力を保つ"ベース電源"として、現状ではなくてはならない存在である。「脱原発」を掲げるドイツが、実は隣国フランスから、大量に"原子力発電で作られた電気"を買っている現実を直視しなければならない。

将来へ向けて、化石燃料の埋蔵量や環境負荷の問題などを考えると、さまざまな発電方式をどう組み合わせていくのかという、**ベストミックス**を追求していく姿勢が求められている。

豆知識 核分裂の連鎖反応を一瞬にして起こさせるのが、原子爆弾である。

写真提供：東京電力

福島県双葉郡の福島第一原子力発電所。1号機は1971年3月に運転を開始した

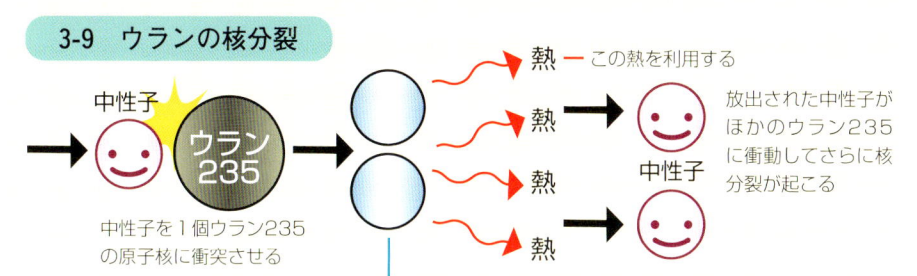

3-9 ウランの核分裂

中性子を1個ウラン235の原子核に衝突させる

核分裂が起こり、クリプトンやバリウムなどほかの物質に変わる

熱 — この熱を利用する

放出された中性子がほかのウラン235に衝動してさらに核分裂が起こる

3-10 沸騰水型軽水炉

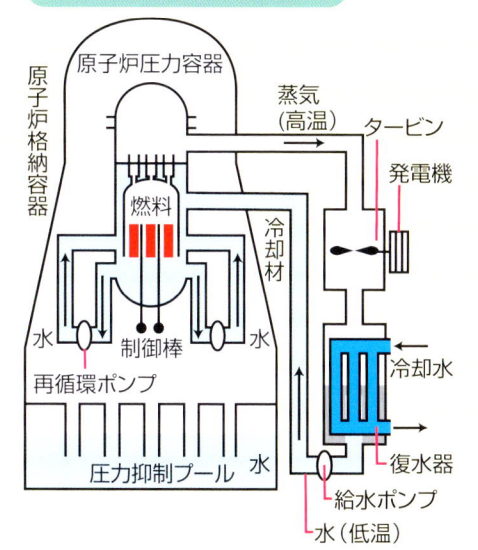

原子炉格納容器／原子炉圧力容器／燃料／制御棒／再循環ポンプ／圧力抑制プール／水／冷却材／蒸気（高温）／タービン／発電機／冷却水／復水器／給水ポンプ／水（低温）

原子炉で水を水蒸気にして、直接タービンに送る

3-11 加圧水型軽水炉

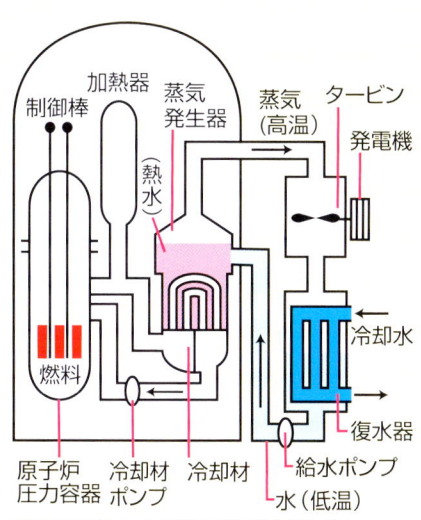

制御棒／加熱器／蒸気発生器／（熱水）／燃料／原子炉圧力容器／冷却材ポンプ／冷却材／蒸気（高温）／タービン／発電機／冷却水／復水器／給水ポンプ／水（低温）

原子炉で発生した熱湯を蒸気発生器に送り、冷却水を蒸気にしてタービンに送る

豆知識 原子力発電によって排出される放射性廃棄物が、自然に無害になるには1万年以上かかるといわれている。

高速増殖炉

> **Key word** プルサーマル　使用済核燃料から作ったプルトニウムを含むMOX燃料を使って、現在の軽水炉で発電すること。

ウラン燃料の95％は"未使用"

　原子力発電（P78）の燃料はウラン235だが、自然界で得られるウランに含まれるウラン235の含有量は0.7％に過ぎない。ウランの大半は**ウラン238**という物質で、99.2％を占めている。

　原子力発電所で使われるウラン原料も、ウラン235は全体の3〜5％、ウラン238が95〜97％という混合比率である。つまり貴重なウラン燃料の95％以上は、使われていないことになる。そこで、発電に使用したウラン燃料（**使用済核燃料**）を取り出し、再処理したうえでもう一度燃料として使う、**核燃料サイクル**が進んでいる。

　使用済核燃料は、ウラン238が93〜95％、ウラン235が1％、**プルトニウム239**が1％、核分裂によってできた核生成物が3〜5％という比率になる。この新たに生まれたプルトニウム239が**核分裂**（P78）を起こすため、核生成物を除いてリサイクルするのだ。

　再処理工場で、**MOX燃料**と呼ばれる新たな燃料に生まれ変わらせると、プルトニウムが4〜9％、ウラン238を中心とするウランが91〜96％の比率になる。これを現在稼働中の**軽水炉**（P78）でそのまま使うことを**プルサーマル**といい、今後が期待されている。

ウランの利用効率飛躍的に高める高速増殖炉

　プルサーマルの実施によって、ウランの利用効率は従来の約1.5倍向上する。同じMOX燃料を使って利用効率を100倍以上にアップさせる研究も実証段階に入っている。それが**高速増殖炉**だ。

　軽水炉では、核分裂の連鎖反応を制御するために減速材（P78）を使うが、高速増殖炉では使用しない。プルトニウム239の核分裂により発生した中性子を、高速のままウラン238に衝突させることで、新たなプルトニウム239を生み出させるのだ。「高速」中性子によって燃料の「増殖」を行うことから、高速増殖炉と呼ばれる。

　輸入原料をリサイクルする核燃料サイクルは、自給エネルギーとしての性格を持っている。資源の乏しい日本にとって、その実用化のメリットは大きい。ウラン資源の究極の利用法といえる高速増殖炉が使えるようになれば、社会に多大なインパクトをもたらすことだろう。ただし、高速増殖炉は発電所としての実証が未確認であることや、安全性に対しても一層の確証が求められる。そのため、このことから本格運転までにはまだ時間を要するものとみられている。

豆知識　プルサーマル発電は、すでにフランスやドイツで実施されている。

3-12 プルトニウムの増殖

高速中性子

中性子を高速のままウラン238に衝突させ、新たなプルトニウム239を増殖させる

3-13 高速増殖炉

原子炉格納容器
制御棒
中間熱交換器
蒸気発生器
蒸気
タービン
発電機
水
海水
放水口へ
復水器
給水ポンプ
液化ナトリウム

燃料はプルトニウムを使用し、周囲がウラン238で囲まれている

高速増殖炉は冷却材に水ではなく、液化ナトリウムを使用する

豆知識　プルトニウムは、ごく微量でも体内に入ると癌を発生させることが知られている。

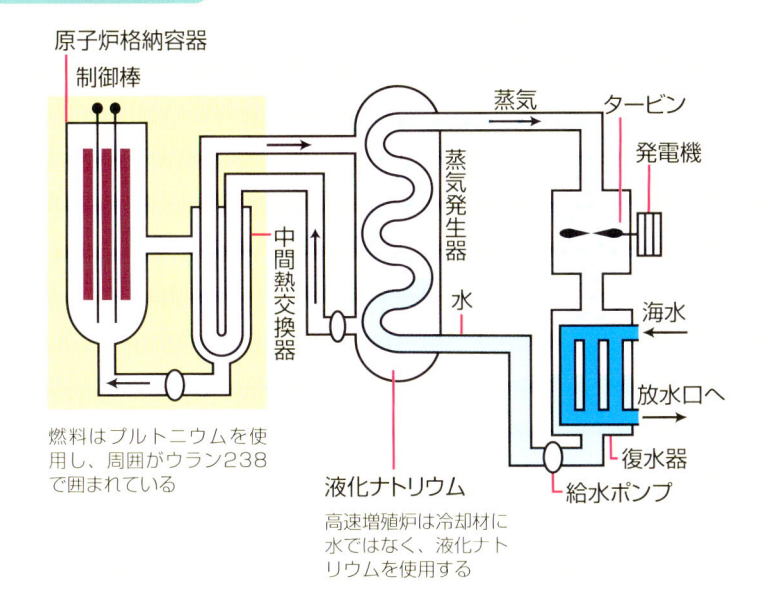

太陽光発電／太陽熱発電

> **Key word** **太陽電池** 主としてシリコンを原料とした半導体を使い、太陽光を電気エネルギーに変換する。

光エネルギーを電気エネルギーに変える太陽光発電

　住宅の屋根に太陽電池パネル（ソーラーパネル）が設置された光景は、決して珍しいものではなくなった。**太陽光発電**は、太陽電池を用いて降り注ぐ太陽の光を電気エネルギーに変換、それをいったん蓄電装置に貯めて供給するシステムだ。「燃料」である太陽光は無尽蔵であり、完璧なクリーンエネルギーであることから、有望な**自然エネルギー**として注目を集めている。

太陽電池は半導体の性質が利用される

　太陽電池は電気を貯めるものではなく、受ける光の量に従って、自ら発電を行っている。化学反応によって電気を貯める1次電池（P56）や2次電池（P58）に対して、**物理電池**と呼ばれることもある。

　太陽電池は、**半導体**（P190）で構成され、電気的な性質の異なるN型半導体とP型半導体の2種類が使用されている。P型半導体の原子にはホール（正孔）と呼ばれる"穴"が存在し、反対にN型半導体の原子には電子が余っている（図3-15）。両者を導線でつないで光を当てると、P型とN型の間に電位差（P40）が生まれ、P型の電子がN型のホールに向かって移動をはじめる（P190）。このとき、導線に流れる直流電流を蓄電装置に蓄え、実際に利用できる交流に変換して、家庭などに供給しているわけだ。この変換装置は、**インバーター**（P126）、またはパワーコンディショナーと呼ばれるものである。

太陽光線の熱を利用する太陽熱発電

　一方、太陽熱を利用した発電方式が**太陽熱発電**だ。水蒸気でタービンを回して発電するという点では、火力発電や原子力発電と同じであり、太陽熱発電の場合には、その水蒸気を太陽の熱で作り出している（図3-16、3-17）。

　資源問題、環境問題を考えると、太陽のパワーを利用して電気を生み出すことには大きな意味がある。ただし、その限界にも目を向ける必要があるだろう。

　太陽光／太陽熱発電は、エネルギー変換効率が高いとはいえず（10〜15％）、需要を満たすためには広大な面積が必要になる。当然のことながら夜間は発電できず、曇天・雨天時には性能が大きく落ちてしまう。そのため、安定した基幹電力としての役割を期待するのには無理がある。このことは風力発電（P86）など、他の自然エネルギー、新エネルギーにも当てはまるものである。

豆知識 一番身近なところで使われている太陽電池は、電卓や腕時計などだ。

3-14 太陽光発電

太陽電池に蓄えられた電気は、インバーターで交流に変換される

3-15 太陽電池

ＰＮ接合半導体が太陽光を受けると、内部で電子の移動が起こり、電流が発生する

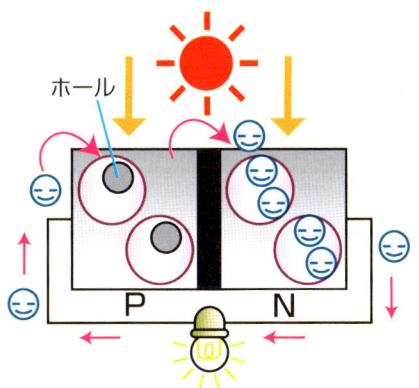

- 太陽電池
- インバーター
- ホール
- P
- N

3-16 太陽熱発電（タワー集光式）

平面反射鏡で太陽光を反射させ、タワーの頂上にある集熱管に集める

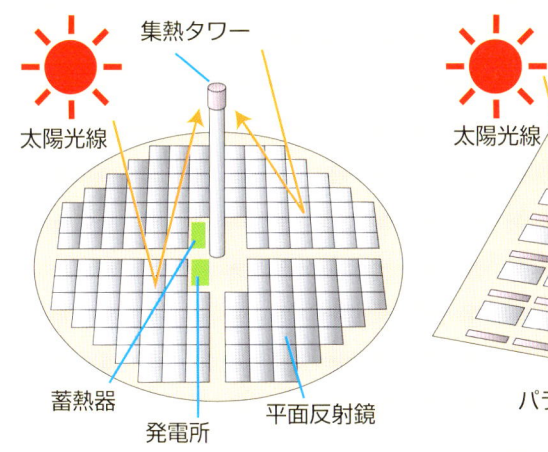

- 集熱タワー
- 太陽光線
- 蓄熱器
- 発電所
- 平面反射鏡

3-17 太陽熱発電（曲面集光式）

平面鏡に反射した太陽光を、パラボラ鏡に集中させて集熱器の前にある水を熱する

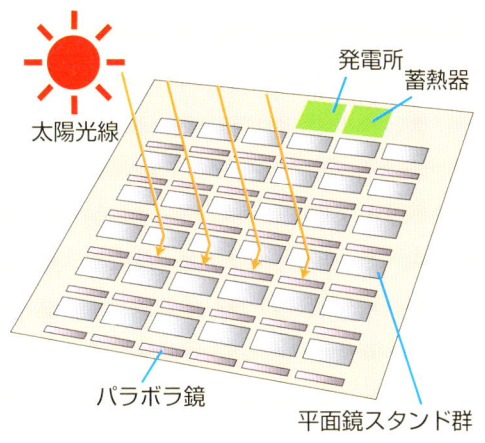

- 発電所
- 蓄熱器
- 太陽光線
- パラボラ鏡
- 平面鏡スタンド群

第3章

豆知識 一般家庭に設置される太陽光発電（ソーラーシステム）では、夜間などの集熱量が足りないときにはボイラーを用いて補われる。

波力発電／潮汐発電／海洋温度差発電

> **Key word** 海洋温度差発電　一般に、海深500～1000mの海水は5～7℃。暖かな地域の海洋表面とは20℃程度の温度差がある。

海洋はエネルギーの宝庫

　地球表面の7割は海だ。海には、海流、波力、潮汐（潮の干満）などの膨大なエネルギーが存在している。また、海洋は太陽からのエネルギーを絶えず受け、熱エネルギーとして蓄え続けている。仮にこのエネルギーを1％でも利用できれば、全世界に必要な年間電気量の約50倍ものエネルギーを獲得できるのだ。

波の上下運動を利用する波力発電

　波の力による発電が、**波力発電**である。発電には、波によって起こる"上下運動"を利用している。図3-18のように海面に浮かべた箱の中では、波の動きによって空気の流れができる。この空気の力でタービンを回し、発電しているのだ。ただし、発電容量はあまり大きくなく、陸上までの送電（P92）にも困難を伴うことから、一般家庭用などの電力としては実用化されていない。現在は、航路標識用ブイの電源などとして活用されるに留まっている。

潮の干満を利用する潮汐発電

　潮汐発電は、海水の干満の力を利用している。河川の河口部分に堤防を設け、海水を取り入れる水路を作る。潮の満干によって、その水路を流れる海水の力で水力発電（P74）のようにタービンを回して発電するのだ（図3-19）。フランスのランス川に設置された潮汐発電所（24万kW）が有名である。

海水の温度差を利用する海洋温度差発電

　水深1000m付近の海水は冷たく、反対に表層の海水は太陽で温められる。北緯40度から南緯40度以内の海域では、上下の温度差が16℃前後ある。この温度差を利用するのが**海洋温度差発電**である。

　この方法もタービンを蒸気によって回すことで発電するのだが、蒸気を発生させる媒体は水ではない。沸点が20～30℃と低く、気化しやすいアンモニアやフロンなどが使われているのだ。海面近くの温かい海水を汲み上げ、蒸発器で媒体を気化させることでタービンを回して発電する。その後の蒸気は深海の海水で冷却され再び液体に戻される（図3-20）。

　自然エネルギーの1つとして注目される海洋エネルギーだが、最大の泣き所はエネルギー密度が低く、大規模発電が難しいことである。

豆知識　海洋温度差発電機は、佐賀大学が開発している「不知火」が有名だ。

3-18 波力発電

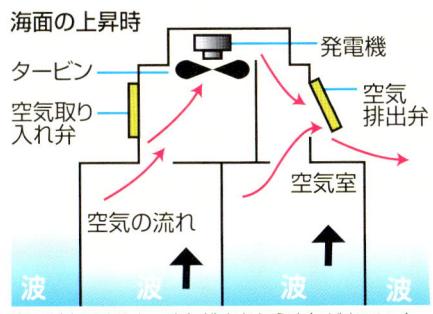

海面の上昇時

タービン / 空気取り入れ弁 / 発電機 / 空気排出弁 / 空気室 / 空気の流れ / 波

海面が上昇すると、空気排出弁から空気が出ていく。このとき左の空気室から空気が押し出されてタービンが回る

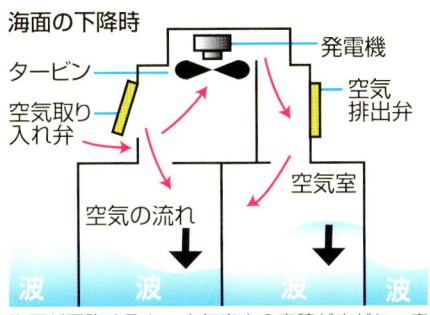

海面の下降時

タービン / 空気取り入れ弁 / 発電機 / 空気排出弁 / 空気室 / 空気の流れ / 波

海面が下降すると、空気室内の容積が広がり、空気取り入れ弁から空気が入り込む。このとき右の空気室にも空気が流れてタービンが回る

3-19 潮汐発電

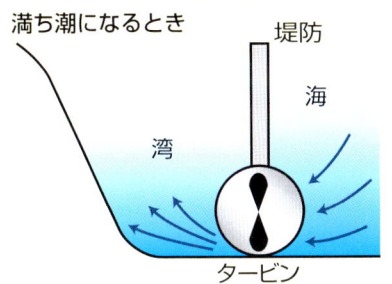

満ち潮になるとき

堤防 / 湾 / 海 / タービン

潮が満ちていくときは海から湾に向かって海水が移動して、タービンを回す

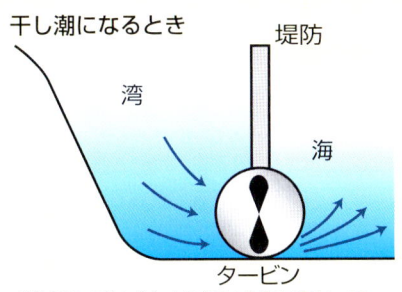

干し潮になるとき

堤防 / 湾 / 海 / タービン

潮が引いていくときは湾から海に向かって海水が移動し、タービンを回す

3-20 海洋温度差発電

タービン / 発電機 / 蒸気の流れ / 電気出力 / 蒸発器 / 擬縮器 / 低沸点媒体の流れ / 温海水 / ポンプ / 冷海水

アンモニアなどの沸点が低い物質を蒸発させ、その蒸気の力でタービンを回す。蒸気になった物質は、深海の冷たい海水を利用して再び液体に戻し、さらに海面近くの温かい海水で気化されて再利用する

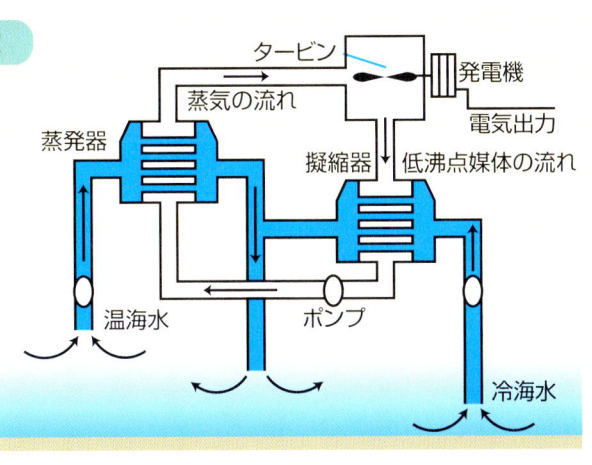

豆知識　海洋温度差発電の経済的に成り立つ温度差の下限は13℃である。

風力発電／地熱発電

> **Key word** **風力発電** 構造が比較的単純でクリーンな発電。補助的なエネルギー源として注目されている。

CO_2削減へ向けて第一の旗手である風力発電

　風車で受けた風のエネルギーを回転力に変えて軸を回し、連動する発電機（P72）で電気を作り出すのが**風力発電**である。巨大な風車が林立する光景は圧巻だ。可能なかぎり大型化したほうが、より多くの風を受け発電効率が上がるため、最大級のものは回転するローター部分の直径が70m近くに達する。これは、ジャンボジェット機がすっぽり納まってしまうほどの大きさである。

　風力発電は太陽光発電（P82）などと違い、強く安定した風が吹けば昼夜の別なく発電することが可能だ。構造も比較的単純なため、建設がしやすいというメリットがあり、発電時にCO_2などを発生させないクリーンな発電である。

　とはいえ、当然ながら風が吹かなければ発電できないという、根本的な問題を抱えている。設置場所は風の強い海岸沿いなどに限定され、季節や気象状況などによる風速、風向きの変動から受ける影響も大きい。やはり、安定的な電気を大量に供給する基幹エネルギーとしては、役不足感がある。しかし、今後に向けて、化石燃料の使用量を減らすための補助的なエネルギー源として、開発していくべき存在なのは確かである。

　日本で、風力発電所の建設が最も進んでいるのは北海道である。道内に現在建設中の発電所も含めてフル稼働すると、近い将来には、自家発電などを除く発電量の5～10％を占めることが予想されている。

マグマの力で発電する地熱発電

　地熱発電は、約3,900℃といわれる地中エネルギーを利用している。マグマの熱で沸騰した地下水を地上に汲みあげ、その水蒸気を利用してタービンを回し発電するのだ（図3-22）。燃料を燃やして水蒸気を作るわけではないので、クリーンな発電方式である。

　しかし地熱発電所の立地条件は、比較的浅いところに大量の地下水が染み込んだ高温の地層があり、かつマグマによって熱せられた地下水を貯めておくことのできる場所、と極めてかぎられている。そこでマグマに通じる穴を掘り、人工的に貯水池を作る**高温岩体発電**という技術が開発されている。それでも発電に適した火山帯付近が国立公園内だったり、温泉地になっていたりするなど、周囲の環境との共存の問題は避けられない。

　地熱発電は、豊富な地下水を使って安定した発電が可能な自然エネルギーだが、今後大規模な地熱発電所を建設するのは困難なのが実情だ。

豆知識 風力発電は風速25mを超えると故障の危険性が生じる。強風が吹けばよいというものではない。

3-21　風力発電

風速に応じて、プロペラの角度を変えて回転数を制御している。風を受けて風車が回ると、プロペラの軸に連動した発電機が作動する

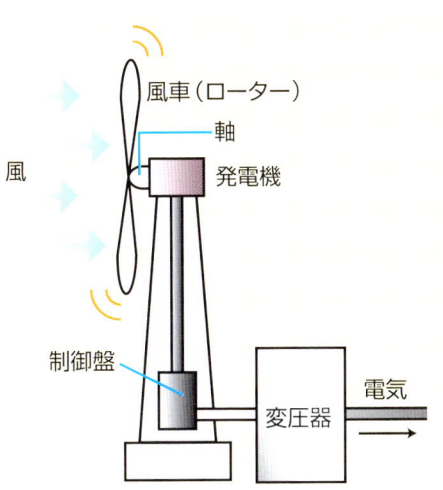

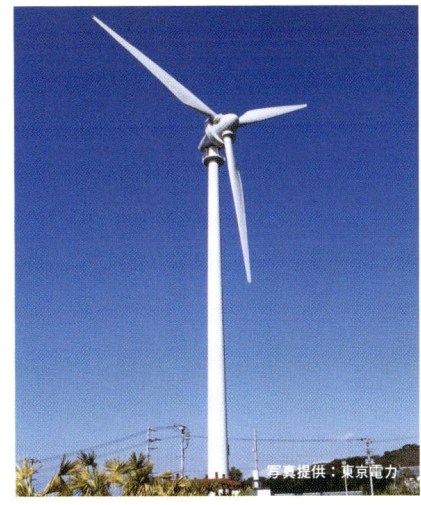

3-22　地熱発電

地熱貯水槽にある約300度の熱水を汲み上げ、分離器で熱水と水蒸気に分ける。タービンを回した蒸気は、復水器により液化される

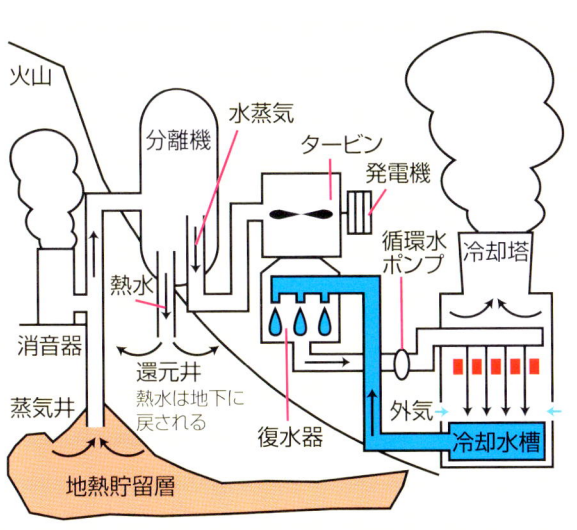

豆知識 地熱発電の他にも、地中熱エネルギーを冷暖房などに利用する試みも進んでいる。

核融合発電

> **Key word**
> **ITER** 50～60万kWという中型火力発電所並みの出力を持つ実験炉。誘致合戦の末、南フランスのカダラッシュでの建設が決定した。

核分裂よりはるかに大きなエネルギーを生む

　核融合（熱核融合）発電とは、原子核（P36）がぶつかって1つになる核融合の際に発生するエネルギーを利用する。核分裂のエネルギーで発電する原子力発電（P78）とは逆である。

　たとえば、太陽などの恒星が燃えているのも、この核融合によるものだ。太陽の場合は、4つの水素が核融合して、ヘリウムが生み出されている。地球上でそれを再現するには重力や規模などの面で無理があるため、現在考えられているのは、**重水素**（水素の2倍の重さの水素）と**三重水素**（同3倍の重さ）とを核融合させる方法。

　できる元素は太陽と同様に**ヘリウム**であり、有害な放射性廃棄物はほとんど発生しない。原子力発電同様、CO_2などを排出しないクリーンエネルギーなのだ。

　加えて、パワーは超ド級。核分裂の際に発生するエネルギーは、ウラン1gにつき石油2,000ℓに換算できるが（P78）、核融合では、重水素1gで石油8,000ℓに相当するのだ。燃料の重水素は海中に無尽蔵に存在し、三重水素のもととなるリチウムも、鉱山や海中に豊富にあることがわかっている。

　発電容量がケタ違いに大きく、クリーンで、燃料にも事欠かない核融合発電は、21世紀のエネルギー問題を解決する切り札ともいわれている。

開発が進むITER

　ただし、実用化までにはまだ時間が必要だ。重水素と三重水素を核融合させるには、両方の原子を容器内で1億℃以上という高温にする必要がある。この超高温状態に原子を置くことで、原子核と電子がバラバラになり、**プラズマ**と呼ばれる状態になる。ここではじめて、本来プラスどうしで反発しあうはずの原子核を引きつけ、衝突させることができるのだ（P38）。

　これほどの高温に耐えられる容器を作るのは困難である。どうやってこのプラズマを閉じ込めておくのかが、大きな課題となっている。

　核融合発電で、最も開発が進んでいるのが**トカマク型融合装置**だ。そのしくみは、プラズマ中での核融合反応エネルギーを、ブランケットという装置で熱として取り出し、その後は火力発電と同様に蒸気によってタービンを回すというものである（図3-24）。

　現在、日本、EU（欧州連合）、アメリカ、ロシア、中国、韓国が共同で、国際熱核融合実験炉（ITER）の開発を進めている。

豆知識　ITERも、トカマク型の原理を応用している。

3-23 重水素と三重水素の核融合

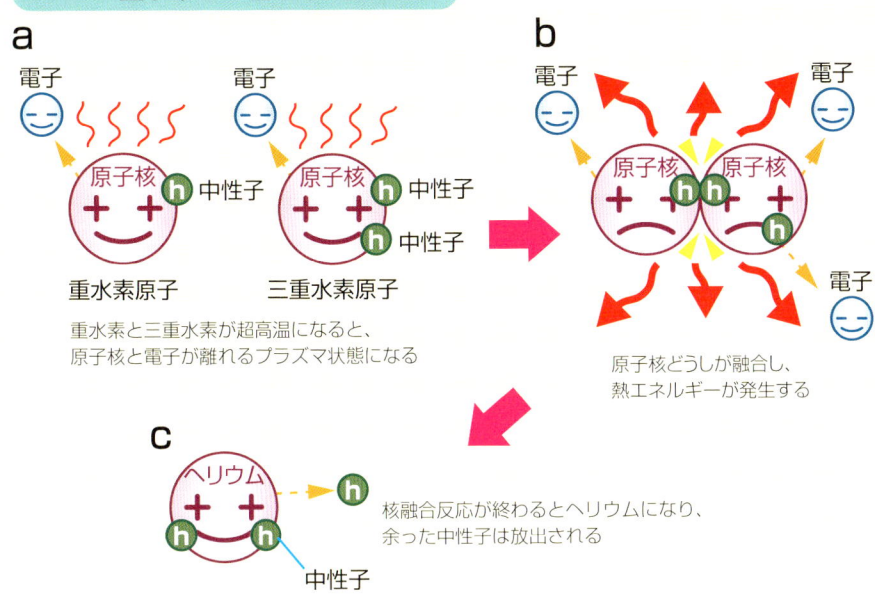

a

電子 　　　　　電子

原子核 ｈ 中性子　　原子核 ｈ 中性子
　　　　　　　　　　　　　　ｈ 中性子

重水素原子　　　　三重水素原子

重水素と三重水素が超高温になると、原子核と電子が離れるプラズマ状態になる

b

電子　　　　　　　　　　電子

原子核 ｈ ｈ 原子核

　　　　　　　　　　　　電子

原子核どうしが融合し、熱エネルギーが発生する

c

ヘリウム ｈ
中性子

核融合反応が終わるとヘリウムになり、余った中性子は放出される

3-24 トカマク型核融合装置

核融合反応によって、発生した超高温プラズマの熱を使って蒸気を発生させる

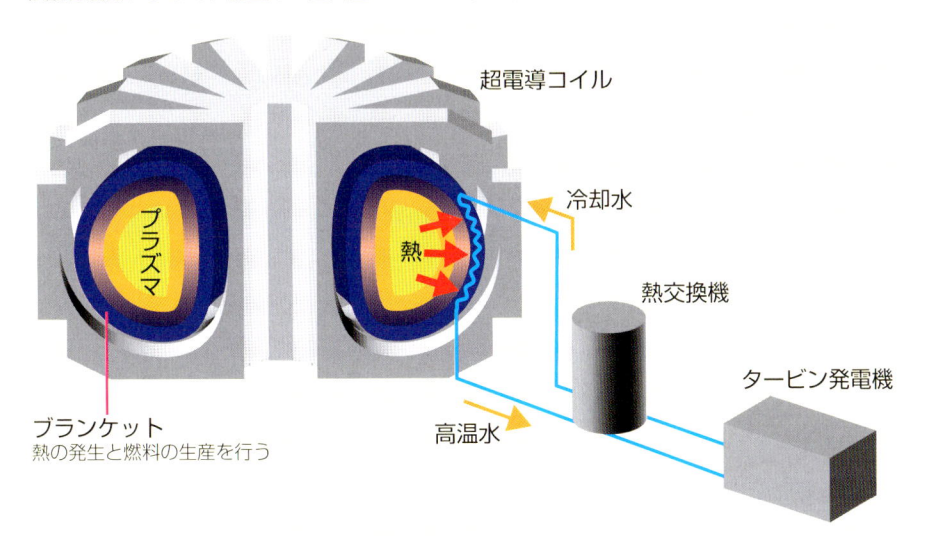

超電導コイル
プラズマ
熱
冷却水
熱交換機
タービン発電機
高温水
ブランケット
熱の発生と燃料の生産を行う

豆知識 水素爆弾は、ウランやプルトニウムを核分裂させ、超高温・超高圧状態を作り出し、重水素と三重水素を核融合させる爆弾である。

燃料電池

> **Key word** 燃料電池の用途　家庭やオフィスなどの個別電源（分散型）と燃料電池自動車が柱。各種電気機器向けにも開発が進む。

「水の電気分解」の逆反応で電気を作る

電池（P56、58）と聞くと"電気を貯めるもの"をイメージしがちだが、**燃料電池**はこれとは異なる。たしかに構造は電池と同じだが、その機能は高性能発電機と理解すべきものなのだ。しかも大がかりな設備は不要なため、各家庭やオフィスでの自家発電や、発電しながら走る自動車（**燃料電池自動車**）への応用が期待されている。

発電のしくみは"**水の電気分解の逆反応**"と理解すればわかりやすい。

水の電気分解とは、水酸化ナトリウムなどを溶かした水（H_2O）に、プラス・マイナスの電極を差し込んで電流を流すと、プラス極に酸素（O_2）、マイナス極に水素（H_2）が発生することである。

反対に、マイナス極に水素、プラス極に酸素を供給すると、電気分解とは逆の化学反応が起こり水ができる。同時に、電気エネルギーと熱エネルギーが放出されるのだ（図3-25）。

究極の"モバイル発電システム"

燃料電池は、基本的に水素と酸素を供給し続けるかぎり発電する。化学反応で発生した電気をダイレクトに取り出すことから、発電効率も50〜60％と、現行の発電方式に比べて優位性がある。NASA（アメリカ航空宇宙局）のアポロ宇宙船やスペースシャトルの電源として使用されるなど、その性能の高さは証明済みである。さらに廃棄物は水だけである。有害ガスやCO_2などを一切排出しないクリーンなエネルギーであることも大きな特長で、「究極のエネルギー」ともいわれている。

燃料電池は、家庭や病院、オフィス、工場などの個々の電源（**分散型燃料電池**）および自動車などの幅広い用途が想定されている。しかし、本格的な実用化のためには、課題が多いのが実情だ。

その第一は、水素の供給方法。酸素は空気中から取り出せばよいが、水素はそうではない。水素は、天然ガス、メタノール、石油、石炭などの幅広い原料から作ることが可能である。しかし、爆発性が強いために取り扱いに充分な注意が必要なのだ。

そのため、分散型燃料電池システム（図3-26）では、各家庭などのガス栓から備え付けの改質器にガスを送り、水素を取り出す方法などが検討されている。燃料電池自動車の場合は、現在のガソリンスタンドのようなインフラ（水素ステーション）をどのように整備するのかが、普及に向けたカギの1つになっている。

豆知識　燃料電池の化学反応によって発生する水は、飲み水としても利用できる。

3-25 燃料電池

マイナス極に水素、プラス極に酸素を供給すると、極の触媒作用によりそれぞれ水素イオンと酸素イオンが発生する。電解質を通る水素イオンが酸素イオンと化学反応して水ができるとき、同時に直流電流が電極間に流れる

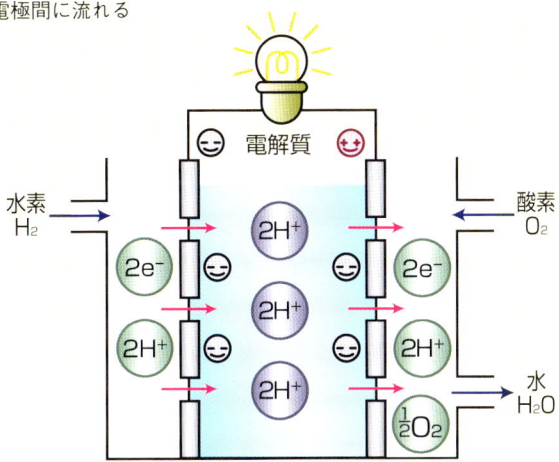

3-26 分散型燃料電池システム

発生する直流電流をインバーターにより交流に変換し使用する。また、できた水は給湯や冷暖房に利用することで効率が上がり、送電コストも下げることができる

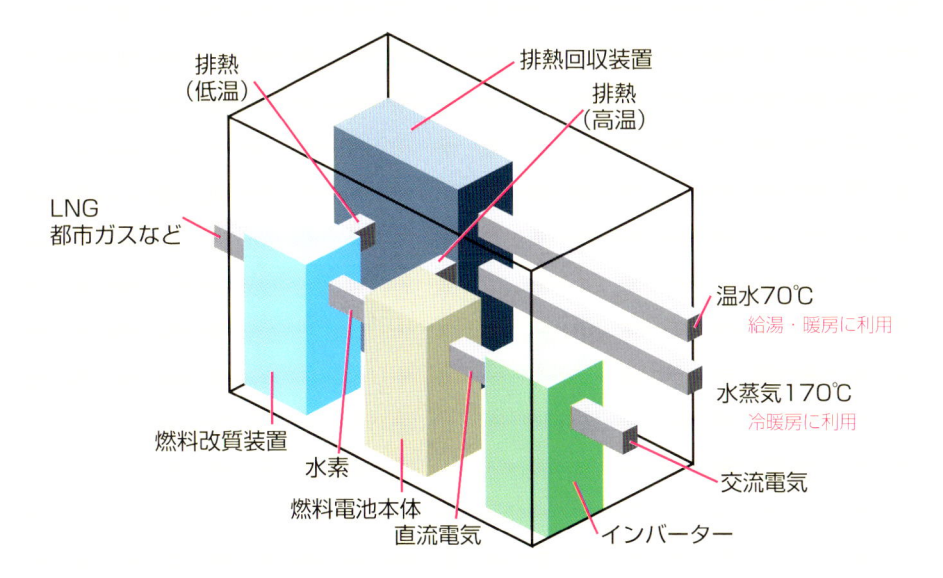

豆知識　燃料電池の発電効率は、廃熱まで利用すると80％に達する（通常、火力発電は最大で40％前後）。

変電所

> **Key word** 送電と配電　発電所から変電所までが送電、配電用変電所から各使用者までを配電と区別している。

電気は発電所から超高圧で送られる

　発電所で作られた電気は、通常27万5,000V〜50万Vという、極めて高い**電圧**（P40）をかけて送られている。その理由は、電気は電線（導線）を流れる間に、導線の**抵抗**によって、一部が熱などのエネルギーに変わって失われてしまうためである（P44）。発電所から大消費地までの離れた場所に届くまでに、失われる電気は少なくない。そのため高い電圧をかけて、送電ロスをできるだけ少なくしているのだ。ジュールの法則（P44）により、同じ電力でも電圧を高くすれば電流の量を減らせる。つまり抵抗による発熱量を減らすために、高い電圧をかける必要があるのだ。

　だが、超高圧の電気を一般家庭などで使うことは非常に危険だ。そこで、発電所から使用者の間に、数ヵ所の**変電所**を設け、徐々に電圧を下げて電気を供給しているのである。

　発電所から変電所まで電気を送ることを**送電**といい、その間の電線を**送電線**という。発電所からは基本的に、超高圧変電所→1次変電所→中間変電所→配電用変電所と段階的に送電され、配電用変電所までに電圧は6,600Vまで下げられる。

　そこから家庭や工場までに送ることを**配電**、その間の線は**配電線**と呼ばれる。身近な存在である電柱に張り巡らされている配電線にも、まだ6,600Vもの電圧がかかっている。それが電柱に設置された**変圧器（トランス）**によって、100Vないし200Vに下げられているのである。

2つのコイルで電圧を変える変圧器

　変圧器は、基本的にはO字型の鉄心の両側に、それぞれコイルが巻かれただけの単純な構造をしている。

　変圧器の**1次コイル**に交流電流を流すと、周期的に向きと大きさが変化する磁界が鉄心に発生する。鉄心は**2次コイル**にもつながっているため、その磁界の影響を受け、**電磁誘導の法則**によって2次コイルに**誘導起電力**が生まれる（P64）。つまり、2次コイルに新たな電圧が発生するのだ。これは交流が発生させる磁力線の変化を巧みに利用している。

　2次コイルに流れる電流の電圧は、1次コイルの巻き数と2次コイルの巻き数の比によって決まる。図3-28のように、1次コイルの巻き数が100、2次コイルでは10の場合、巻き数の比は10：1となる。つまり、1次コイルに電圧1,000Vの電流が流れれば、2次コイル側では電圧100Vの電流が取り出せるというわけだ。もちろん、低い電圧から高い電圧に変圧することも可能である。

豆知識　高電圧送電は、送電ロスを抑えることに加えて、電線を細くできるというメリットも生む。

3-27 発電所からの電気の流れ

発電所から変電所まで電気を送ることを送電、変電所から工場や住宅などに送ることを配電という

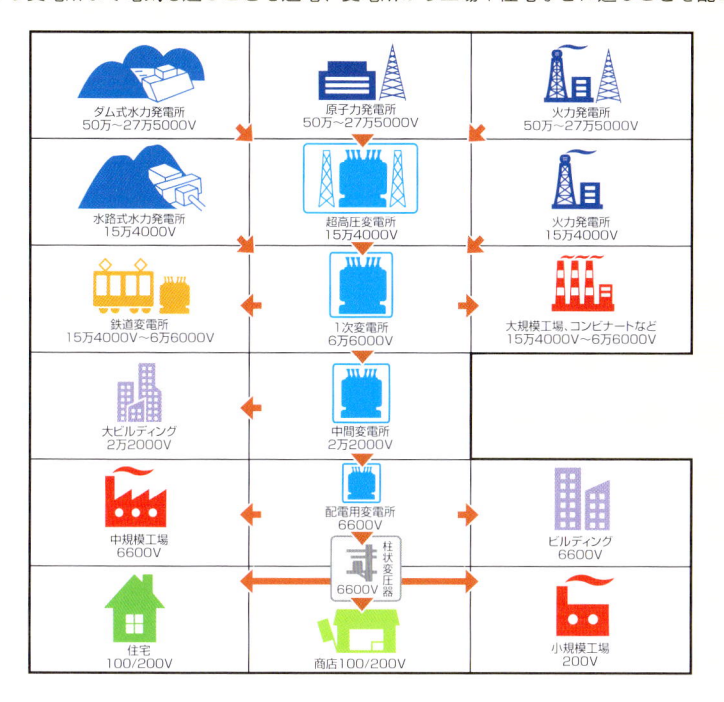

ダム式水力発電所 50万〜27万5000V	原子力発電所 50万〜27万5000V	火力発電所 50万〜27万5000V
水路式水力発電所 15万4000V	超高圧変電所 15万4000V	火力発電所 15万4000V
鉄道変電所 15万4000V〜6万6000V	1次変電所 6万6000V	大規模工場、コンビナートなど 15万4000V〜6万6000V
大ビルディング 2万2000V	中間変電所 2万2000V	
中規模工場 6600V	配電用変電所 6600V	ビルディング 6600V
住宅 100/200V	柱状変圧器 6600V 商店 100/200V	小規模工場 200V

3-28 変圧器のしくみ

1次コイルから送られてくる電圧により、2次コイルに誘導起電力が発生するので変圧される

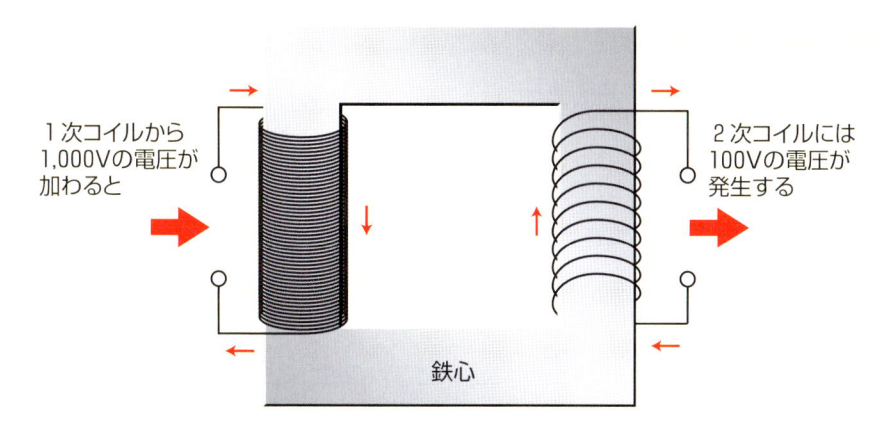

1次コイルから1,000Vの電圧が加わると

2次コイルには100Vの電圧が発生する

鉄心

豆知識 直流電流の電圧を変えるには、わざと回路を断続させて磁力線に変化をつける方法がとられる。

送電・配電のしくみ（3相交流）

> **Key word** 3相交流　交流電流を3つ等間隔で発生させ、3本の電線で送電・配電している。単相交流の3倍を一度に送ることができる。

「絶縁なし」の架空送電線

　送電線には、高い鉄塔の上を走る**架空送電線**と、地下に張りめぐらされた**地中送電線**の2種類があり、それぞれの構造は図3-29のようになっている。

　架空送電線には、地中送電線のような絶縁処理がされていない。絶縁体（P46）を被せると重くなり、かつ太くなることで、風などの影響を受けやすくなってしまうためだ。断裂や落下などに対する安全対策は講じられているが、電線に凧などが引っかかったときや、切れた電線が地上に落ちているのに気づいたら、充分な注意が必要だ。むやみに近寄らず、最寄りの電力会社などに連絡することが先決である。

　一方の地中送電線は、都市部を中心に発達している。極めて細い空間に張り巡らされているため、充分な絶縁処理がなされている。地中送電線は架空送電線の10倍のコストがかかるといわれている。

3つの交流を組み合わせる3相交流

　交流電流は、変圧器（P92）による電圧の上げ下げが容易なことから、送電にも適した電流である。送電及び配電は、**3相交流**と呼ばれる、交流電流ならではの方法で行われている。

　電化製品のコードは、2本の線が1組になっている。このように、2本の線に交流が流れていることを**単相交流**という。逆にいえば、単相交流の電圧を得るためには、2本の送電線が必要ということだ。そして、1組の電圧では足りない場合、2組では4本、3組では6本の送電線が必要になってしまう。そこで、3本の送電線だけで3組（6本）分の電圧を取り出せるように考案されたのが、3相交流である。

　3相交流とは、単相交流を3分の1周期ずつずらして3つ重ねて送る送電方法だ。図3-30のように、120°間隔でコイルを3つ設けた発電機を動かすと、120°のズレで生じる3つの交流電流が等間隔に発生する。これらの電線を結ぶと、互いの周波数（P54）が打ち消しあい、電流がまったく流れないことになる（図3-31）。このうち2本を取り出せば、容易に単相交流を得ることができるというわけだ。身近にある電柱の電線を見ると、3本で1組になっていることがよくわかる。これこそが3相交流なのである。

　電気は発電所から私たちのすぐ近くまで3相交流で送られており、最終的に電柱から2本の電線が取り出され、単相交流が各家庭のコンセントへと届けられているのだ。

> **豆知識**　工場などに届けられる電気は、3相交流のままで使われている。単相交流よりも波が多いため（直流に近い、安定した電流）、モーターなどを回すのに都合がよいからだ。

3-29　架空送電線・地中送電線

架空送電線はできるだけ重量を軽くするため、絶縁がされていない。対して地中送電線は細い（狭い）空間に張り巡らすため、充分な絶縁がされている

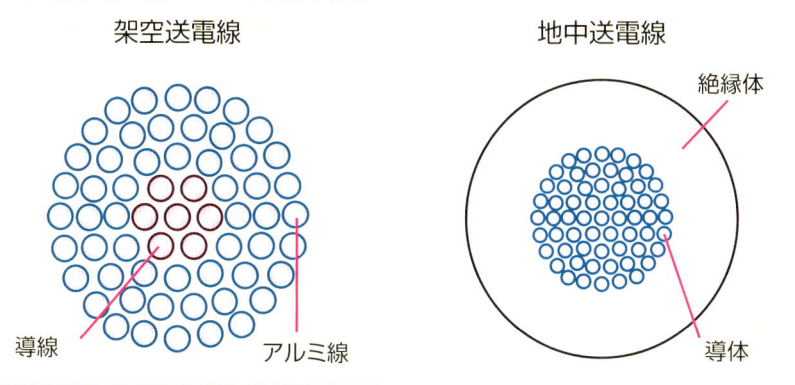

架空送電線

導線　アルミ線

地中送電線

絶縁体　導体

3-30　3相交流のできるしくみ

下図のように3つのコイルがある発電機を回すと、①、②、③の同じ大きさの交流が3つ生まれる

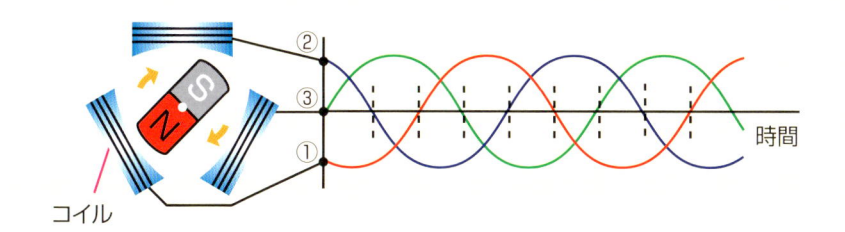

コイル　②　③　①　時間

3-31　3相交流をすべて合わせると0になる

図3-30の①と②の電流を合わせると④が生まれる。④は③に対して真逆の周波数になるので、③と④を合わせると互いが打ち消しあって0になる。つまり①＋②＋③＝0ということになる

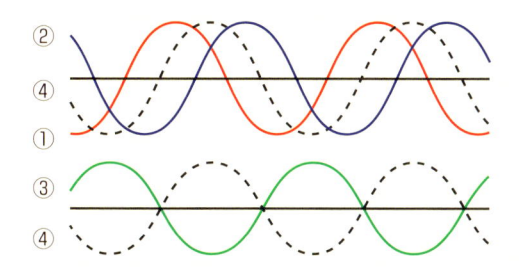

②　④　①　③　④

豆知識　3相4線式という送電方式もある。3相交流の中性点から中性線を引出して、4線とするものだ。最近では大規模ビルや工場などでの使用が増加している。

電柱／電力量計

> **Key word** アラゴーの円盤の原理　導体の円盤に磁石を近づけ回転させると、円盤も回転する現象。電力量計に応用されている。

さまざまな配電方式を支える電柱

　配電用変電所で6,600Vまで電圧を下げられた電気は、ビルや中規模工場、そして**電柱**などに配電される（P92）。こうした配電方式には、電柱への**架空配電方式**、大都市や都市計画地域などでの**地中配電方式**、そして通常は放射状に張りめぐらされている電線をループ状にした**ループ配電方式**がある。

　一般家庭や小規模工場などには、**変圧器**（トランス＝P92）でさらに100Vか200Vに電圧が下げられてから送られており、架空配電では電柱に変圧器が設けられている。電柱上部にあるバケツ型のものがそれだ。変圧器は地中配電では地上に、ループ式では電柱か地上のどちらかに設置されている。また電柱には、最上部に架空地線（グランドワイヤ）という線が引かれている。これは配電線の避雷針の役割を果たし、雷や事故などから配電線を守り、**アース**（P100）としても機能している。

円盤を回して使用電力量を計算

　電柱の変圧器で電圧の下げられた電気は、まず**電力量計（電力メーター）**を通る。各家庭の電気の使用量を測定し、電力料金を徴収するための電力量計には、**アラゴーの円盤の原理**と呼ばれる現象が利用されている。この原理は「アルミなどの円盤に磁石を近づけ回転させると、円盤も同じ方向に回転する」というもので、1824年にフランスのアラゴーによって発見された。

　図3-33のように銅、またはアルミ製の円盤を挟むかたちで、U字型磁石がある。この磁石（磁界）を円盤（導体）に沿って回転させると、**フレミング右手の法則**（P66）により2つの**渦電流**A、Bが発生する。Aは磁界が弱くなるため右回り、Bは磁界が強まるため左回りだ。この2つの渦電流からは円盤の中心に向って電流が発生する。この状態からは左手の法則で考えてほしい。磁力線の向きは上から下になるため、渦電流によって生まれた電流を中指の方向へ向ければ、力は親指の方向、つまり右回りに力がはたらき、よって円盤が回るのである。

　電力量計では、磁石の代わりにコイルを設け、そこを通過する交流電流が生む磁力で円盤を回している。電圧は100Vないし200Vと決まっているので、メーターの数値（電流）×電圧で電力（**消費電力量**）が求められるわけだ（P42）。

　自宅の電力量計をのぞけば、グルグル回るアルミの円盤が見える。それはアラゴーの円盤の原理により回っているのである。

豆知識 電力量計に取りつけられているのは電磁石。使われた電気に応じて電磁石に電流が流れるしくみ（円盤が回転する）。

3-32 電柱のはたらき

電柱は高電圧を低電圧に変圧し、各所に振り分けている他に、避雷針の役割ももつ

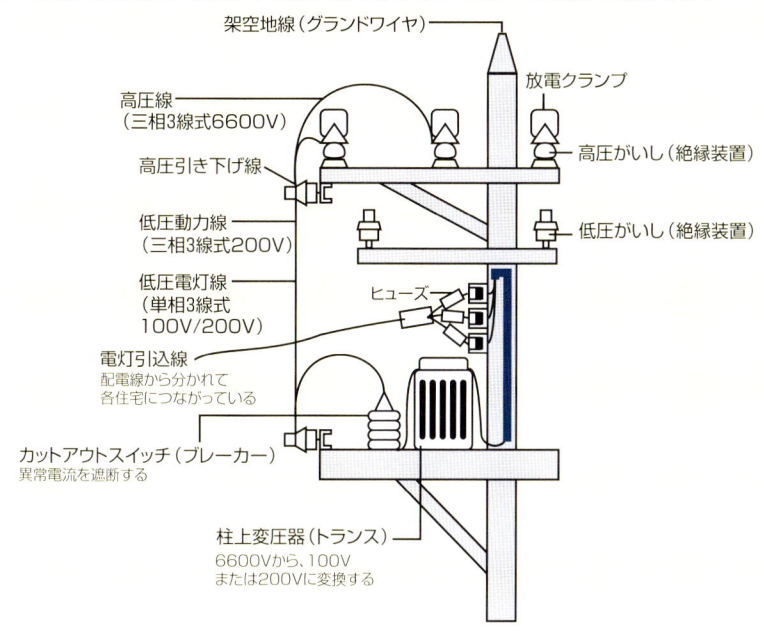

- 架空地線（グランドワイヤ）
- 放電クランプ
- 高圧線（三相3線式6600V）
- 高圧がいし（絶縁装置）
- 高圧引き下げ線
- 低圧動力線（三相3線式200V）
- 低圧がいし（絶縁装置）
- 低圧電灯線（単相3線式100V/200V）
- ヒューズ
- 電灯引込線
  配電線から分かれて各住宅につながっている
- カットアウトスイッチ（ブレーカー）
  異常電流を遮断する
- 柱上変圧器（トランス）
  6600Vから、100Vまたは200Vに変換する

3-33 アラゴーの円盤

磁石を矢印の方向に動かすと、フレミング左手の法則により、発生する力が円盤にはたらいて矢印の方向に回転する

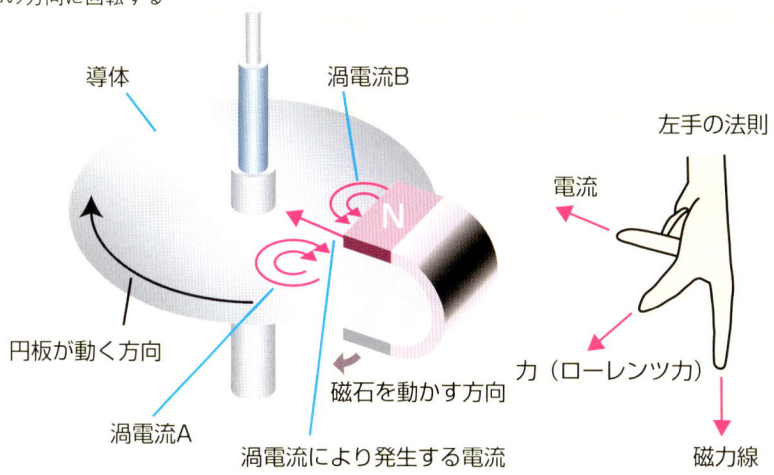

- 導体
- 渦電流B
- 左手の法則
- 電流
- 円板が動く方向
- 渦電流A
- 磁石を動かす方向
- 渦電流により発生する電流
- 力（ローレンツ力）
- 磁力線

豆知識 天文学者でもあったアラゴーは、フレネルと共同して光の波動理論の体系を確立した。

分電盤／ブレーカー／ヒューズ

> **Key word** 　**安全ブレーカー**　電流を複数に分け、それぞれで定格電流を設ける。これを超えると電流を遮断する。

漏電や電流の流れ過ぎを防ぐしくみ

　家庭内に入った電気は、電力量計（P96）を通過した後、**分電盤**へと送られてくる。そして、**アンペアブレーカー**（電流制限器、またはリミッター）→**漏電ブレーカー**（漏電遮断器）→**安全ブレーカー**の順に、いわば"安全チェック"を受けて、各電気回路へと流れていくしくみになっている。

　アンペアブレーカーは、契約電流以上の電流（**過電流**）が流れると電流を遮断する（一般家庭ではおおむね30〜60A）。この値を超えた電流が流れた（必要とした）際に、ブレーカーが落ちる。しかし、家庭内の総家電製品を一気に使ったとしても、よほどの消費電力を必要とする機器がないかぎり、めったに起こらない（契約電流が20A以下の場合は起こりうる）。

　電気が通る漏電遮断器は、電気機器や配線に漏電が発生した際、電流を遮断する装置である。漏電による感電や火災を防止するために取りつけられており、過電流で作動する機能を兼務するタイプもある。

　安全ブレーカーは、漏電遮断器を通過した電流を複数に分け、それぞれに機器を安全に使用するための**定格電流**を設けるための装置。おもに15Aないし20Aの定格のものが使われている。1つの安全ブレーカーからコンセント（P100）などに送られる配線の中で、電力使用量が定格電流を超えた場合に電流を遮断する。エアコンと掃除機を同時に使用したらブレーカーが落ちた、などというのはこのはたらきによるものである。

熱で溶けて回路を遮断するヒューズ

　ブレーカーが落ちてしまったときは、その原因を解消して（たとえばエアコンをオフにして）、操作レバーを上げれば電気は再び供給されるようになる。漏電ブレーカーの場合は、基本的に復帰ボタンを押すなどの「復帰操作」が必要だ。

　かつては、ブレーカーではなく、**ヒューズ**（鉛、スズ、ビスマスなどの「可溶合金」）が使われていた。ヒューズは、過電流が流れると、抵抗による熱（P44）で自らが溶けて回路を断つものだ。この交換は手間のかかる作業だったため、ブレーカーに取って代わられたのだ。現在でも、自動車などではブレーカーを設けるスペースがないため、回路内にヒューズが使われている車種がある。たとえば、ヘッドライトは点灯しているのに、ウインカー（方向指示器）が作動しなくなったというときは、ウインカーのリレー（回路）のヒューズを点検してみるとよい。

豆知識　アンペアブレーカーは色分けがされている。赤は10A、ピンクは15、黄は20、緑は30、灰色は40、茶は50、紫は60だ。

3-34　分電盤のしくみ

電力量計からの電流は、アンペアブレーカー→漏電ブレーカー→安全ブレーカーの順ですべて並列つなぎに流れ、安全ブレーカーから、各部屋の照明やコンセントなどに電流が供給されている

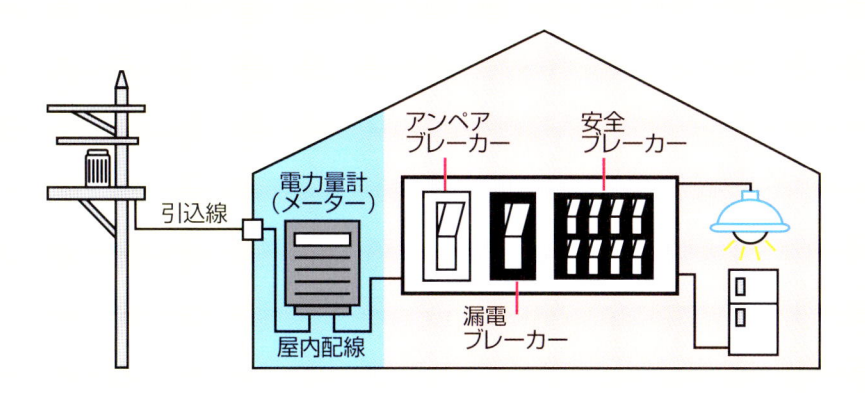

3-35　アンペアブレーカーとヒューズが電源を切るしくみ

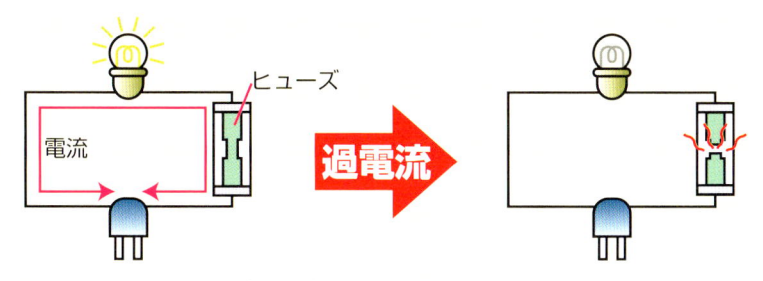

通常、鉄心は右側の位置に止まっている

許容電流を超えると鉄心が左側に移動をはじめる

フタが強い磁石となり、鉄片を引き寄せる

過電流が回路に流れると、自らが溶けて回路を遮断し、事故や故障から回路を守る

豆知識　自動車の同じヒューズが何度も切れる場合は、回路に何らかの異常がある可能性が高い。その場合は整備工場で見てもらったほうがよい。

コンセント／アース／スイッチ

> **Key word** **アース** コンセントに帯電した電気を地面に逃がすしくみ。万一の際の感電や、電気機器への悪影響を防ぐ。

プラグを差し込めば電気が使えるコンセント

「コンセントを抜く」という言葉をよく聞くが、厳密にはこれは間違いである。"抜いたり差したり"するのは（コンセント）**プラグ**であり、**コンセント**とは壁などにある2つの細長い穴のほうを指すのだ。発電所で作られた電気の旅の終着点がこのコンセントである。

コンセントの2つの穴には**交流電流**が送られてきているため、プラグの左右を気にすることなく差し込んで、その電気を使うことができる（P52）。

重要な役割をしているアース

家庭用コンセントをよく見ると、向かって左側の穴のほうがやや長いことに気づく（図3-36）。この長いほうの穴から延びた導線は、電柱（P96）上の変圧器から**アース**されて地面につながっている。

アースとは、「地球」または「地面」を意味する英語である。コンセントに帯電（P38）した電気を地面に逃がすことで、感電や機器への影響などを防ぐ役割を果たしている。洗濯機置き場や台所などにあるコンセントには、安全を期すためにアース付きコンセントが設けられている。水まわりは、特に感電や漏電の危険度が高いためだ。

アース付きコンセントは、冷蔵庫、電子レンジ、洗濯機・乾燥機、食器洗い機、エアコン、電気温水器、洗浄式便座、自動販売機などに設けられている。

電気回路のオン／オフを制御するスイッチ

安全ブレーカー（P98）から配電（P92）される電気は、建物内の各電気回路に送られ、回路の電流の流れを意図的にオン／オフするのが**スイッチ**である。

階段の下のスイッチで電灯をつけ、上り終わったら別のスイッチで消す——。これは当たり前の行動だが、複数のスイッチでオン／オフができるのは、**3路スイッチ**というしくみを取り入れているからである。

図3-37のように、2つのスイッチの間にもう1本の導線を通すことで、これが可能になる。階段の上下のほか、廊下、寝室の入り口と枕元など、3路スイッチが活躍している場所は、家庭の中に数ヵ所ある。

近年は、リモコンによって部屋のどこからでも操作が可能となった照明機器も登場している。さらに、人体反応センサーなどによって、自動的にオン／オフを行うスイッチも普及しつつある。

豆知識 コンセントに差すプラグの差し込みが甘かったりすると、接触不良により抵抗が大きくなって発熱、火災や機器の故障を招くので注意が必要だ。

3-36 コンセントの差し込み口は左側が長い

コンセントの左穴を通して電柱にアースされ、地中へと余分な電気が逃がされている

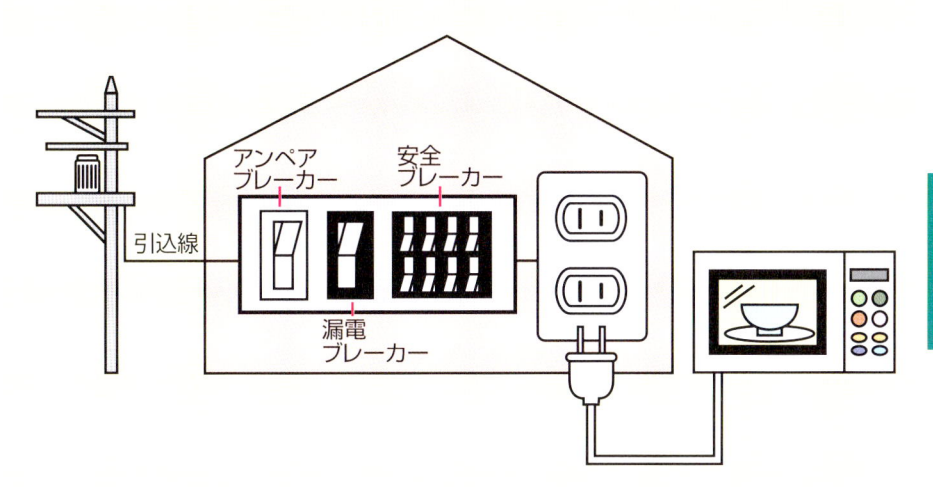

3-37 3路スイッチの回路

3路スイッチは、スイッチ間の導線が1本多い。
2つのスイッチのAとA、またはBとBどうしが接触しているときに点灯する

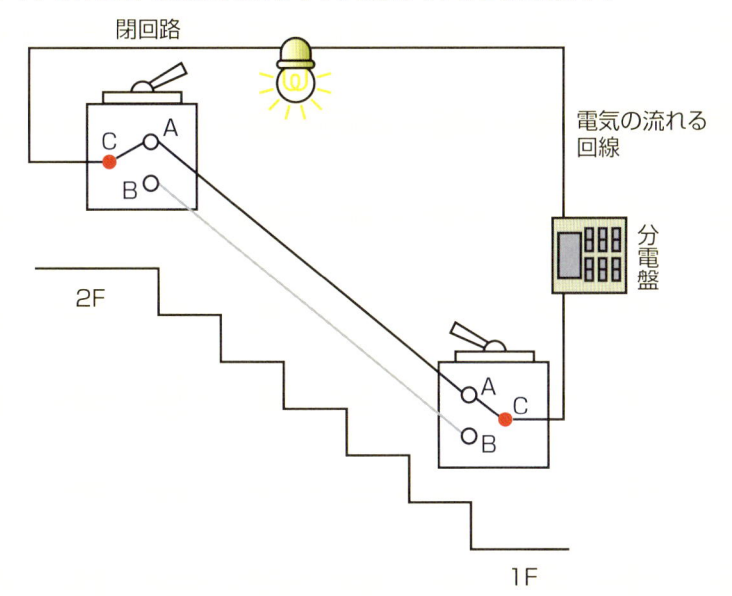

豆知識　自動ドアやサーモスタットなどもスイッチの一種ということができる。

Column

アメリカ中の電灯が消えた日

フーバー大統領が提案したエジソンへの黙祷

　1931年10月21日の夜、アメリカ中の電灯が1分間消された。発明王・エジソンが死去した3日後、追悼の意を込めて黙祷が捧げられたのである。

　この催しは、当時のアメリカ大統領であったハーバート・フーバーの呼びかけで実現された。このことを知らなかった市民は大混乱に陥ったそうだが、もしエジソンがこの世に存在しなかったら、現在でも世界中の夜は毎晩暗闇であったかもしれない。

　ここでは電気史に多大なる功績を残した、エジソンの人生を駆け足で振り返ってみよう。

人類のために努力しなくてはならない

　トーマス・アルバ・エジソンは、1847年、アメリカ・オハイオ州に生まれた。幼少の頃から好奇心旺盛で、「火はどうして燃えるの？」などと周りの人に聞き回っていたようだ。そのためか、小学校の授業についていけずにわずか3ヵ月で退学、母親のもとで勉強をはじめた。元小学校教師である母親は「人間は、人類のために努力して生きなければならない」と、いつもエジソンに説いていたという。

　エジソンは10歳で自宅に実験室を設け、さまざまな研究を開始した。そして、21歳のとき、彼の特許第1号である電気投票記録器を完成させた。

　この発明で得た大金は、蓄音機の研究・開発に役立つこととなったのである。

送電・配電体系を創出したエジソン

　1879年、エジソンは白熱電球を発明した。これは「世界から夜が消えた」といわれたほどの大発明であった。

　この後、世界初の電灯用発電所をロンドンに建設。電球を普及させるため、電灯の付帯設備から発電、配電、送電に至るすべての体系を創出した。彼が主張したのは現在使われている交流ではなく直流だったが、送電体系の基盤を築いた功労者であることは間違いないのだ。その後も、映写機やアルカリ蓄電池などを次々に発明、その総数は1,300件以上にのぼった。

　晩年には「最も偉大な、生きているアメリカ人」に選ばれたエジソン。発明王、電気王とも呼ばれた彼は、死の直前「あの世は、とても美しい」といい残しこの世を去った。

第4章

家庭や会社で使う電気と電化製品

白熱電球

> **Key word** ハロゲン　フッ素、塩素、臭素、ヨウ素、アスタチンの5つの代表的な非金属元素の総称。

フィラメントに日本の竹を使ったエジソン

　蛍光灯（P106）が普及するまで、電気照明の主力は**白熱電球**だった。現在でも身近な明かりとして活躍している白熱電球は、**ジュール熱**（P44）によって熱せられている。電球の中には、**タングステン**（単体の元素では融点が最も高い物質）がコイル状に巻かれた、**フィラメント**と呼ばれる発光体がある。点灯中のフィラメントはジュール熱によって、2,000〜3,400℃もの高温になっているのだ。

　物質の温度が上昇すると、まず目に見えない赤外線が放射され、さらに温度を上げると**可視光線**が放射される。これが白熱電球の発光メカニズムであり、熱さと明るさは表裏一体なのである。このため、フィラメントを構成するタングステンは、あまりの高温のために徐々に蒸発し、やせ細ってしまう。そこで電球内部には、フィラメントの蒸発を抑制する**不活性ガス**が封入されている。

　1879年に電球をはじめて実用化したのは、発明王・エジソンである。彼もやはり、当初はフィラメントの寿命の短さに悩まされ、適している素材を世界中に探し求めた。幾度もの試行錯誤を繰り返した末、日本の京都の竹を炭化させたフィラメントを開発し、2,000時間以上という長寿命を達成した。竹による白熱電球は、タングステン製が登場するまでの10数年間にわたって、毎年数千万個が製造されたのだ。

白熱電球を改良したハロゲン電球

　タングステンによってフィラメントの寿命は延びたが、蒸発したタングステンが電球内部に付着して、黒っぽくなるという**黒化現象**は避けられない。こうした弱点をカバーしようと開発されたのが、**ハロゲン電球**である。

　ハロゲン電球には不活性ガスとともに、フッ素、塩素、ヨウ素などの**ハロゲンガス**が封入されている。このハロゲン原子が高温によって蒸発したタングステン原子と結合し、ハロゲン化タングステンになる。ハロゲン化タングステンは電球内を漂い、高温のフィラメントに近づくとハロゲンとタングステンに分離する。その結果、タングステンはフィラメントに戻り、ハロゲンももとの状態になるのだ。この一連の化学反応を、**ハロゲンサイクル**と呼ぶ（図4-3）。

　ハロゲン電球は白熱電球に比べて寿命が2倍程度あり、高照度、小型化が可能であるため、自動車のヘッドライト、航空照明、非常灯などに活用されている。

104　**豆知識**　おもな白熱電球の内側には、光を拡散させるための白色シリカや酸化ジルコニウムなどの塗料が塗られており、これが柔らかい光を醸し出す。

4-1 白熱電球

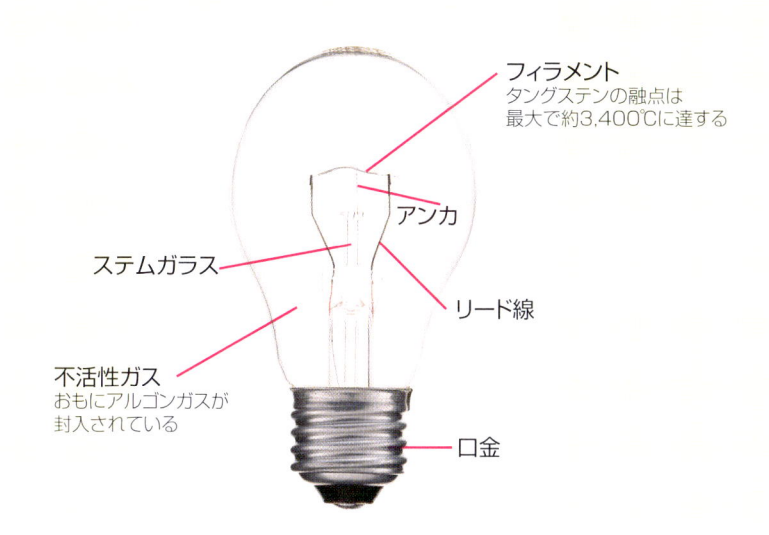

フィラメント
タングステンの融点は最大で約3,400℃に達する

アンカ

ステムガラス

リード線

不活性ガス
おもにアルゴンガスが封入されている

口金

4-2 ハロゲン電球

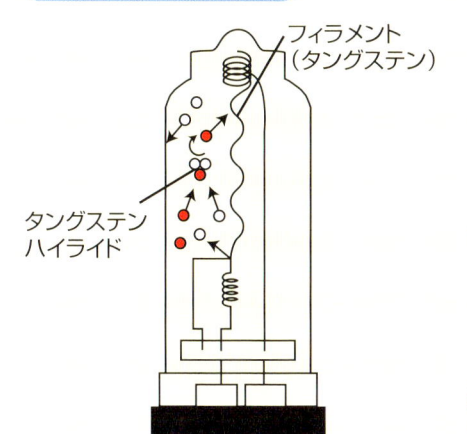

フィラメント（タングステン）

タングステンハイライド

4-3 ハロゲンサイクル

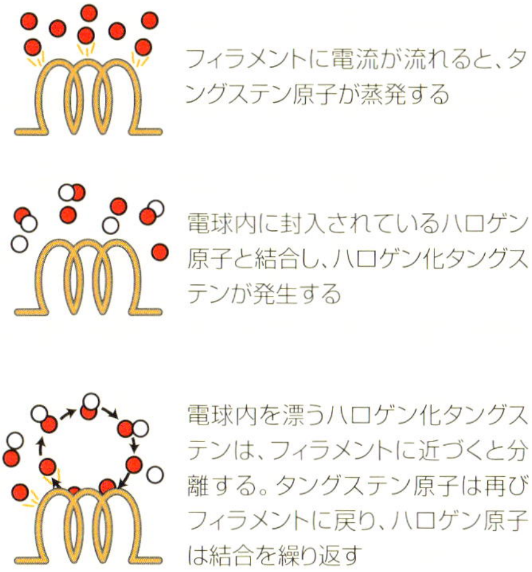

フィラメントに電流が流れると、タングステン原子が蒸発する

電球内に封入されているハロゲン原子と結合し、ハロゲン化タングステンが発生する

電球内を漂うハロゲン化タングステンは、フィラメントに近づくと分離。タングステン原子は再びフィラメントに戻り、ハロゲン原子は結合を繰り返す

● タングステンの蒸気　　○ ハロゲン　　○● ハロゲン化タングステン

第4章

豆知識 ハロゲン電球は、調理用ハロゲンコンロ、扇風機型の放射式暖房器具など、ヒーターとしても幅広く使われている。

蛍光灯

> **Key word**　**グロー管**　蛍光灯を点灯させるための部品。蛍光管のワット数によって使い分ける必要がある。

エネルギーロスを大幅に軽減する蛍光灯

　白熱電球（P104）は与えられた電気エネルギーの10％程度しか光にはならず、残りは熱エネルギーなどに消えてしまう。これに対して**放電現象**（P50）を利用して光る**蛍光灯**は、エネルギー効率の良い光源である。蛍光灯の発光のメカニズムは次のとおりである。

①フィラメント（P104）に塗布された**エミッタ**と呼ばれる電子放射性物質が、温められることで電子を放出する。
②放出された電子が蛍光管内に封入されている水銀と衝突し、紫外線を発生させる。
③発生した紫外線は、蛍光管の内側に塗布された蛍光物質を励起して、光を生む。
　こうしたメカニズムを**放射ルミネセンス**と呼ぶ。

　蛍光灯は点灯する際に放電を起こす必要があるのだが、その最もポピュラーな方法として、**グロー管（グローランプ）**が用いられている。グロー管の電極には、電流が流れると接触し、接触すると再び離れる性質があるのだ。

　蛍光灯の電源を入れると、グロー管の電極が接触し、電流が流れてフィラメントを加熱して電子を放出しやすい状態を作る。この状態で電極が離れて回路内の電流が止まると、安定器から**逆起電力**が発生する。これが蛍光灯両側のフィラメントに高電圧をかけ、フィラメント間で放電がはじまるのである（図4-5）。

フィラメントがないHIDランプ

　点灯に時間がかかるという蛍光灯の欠点を改善したのが、**ラピッドスタート方式**だ。これは、蛍光管自体にグローランプの役割を持たせたもの。特殊な蛍光管が必要になるため、会社や学校などの施設で使われることが多い。

　放電を利用した光源にはこのほか、キセノンランプ、水銀ランプ、高圧ナトリウムランプといった**HID**（ハイ・インテンシティ・ディスチャージ）**ランプ**などがある。これらはフィラメントの代わりに電極を設け、高電圧をかけて電子を放出し、管内の原子と衝突させて発光するしくみになっている。この名称の違いは管内に封入されたガスの種類によるものだ。キセノンランプはカメラのストロボや自動車のヘッドライトに普及が進み、水銀ランプは球場の照明や、街灯などに使われている。

　また、フィラメントも電極もない**無電極放電ランプ**は、発光管内のコイルに高周波電流を流して磁界（P62）を発生させ、それによって生じた2次電流を利用するもの。蛍光灯の約10倍、3～6万時間という驚きの長寿命を実現することができる。

豆知識　蛍光灯は、1935年にアメリカのGE（ゼネラル・エレクトリック社）により発明された。

4-4 放射ルミネセンス

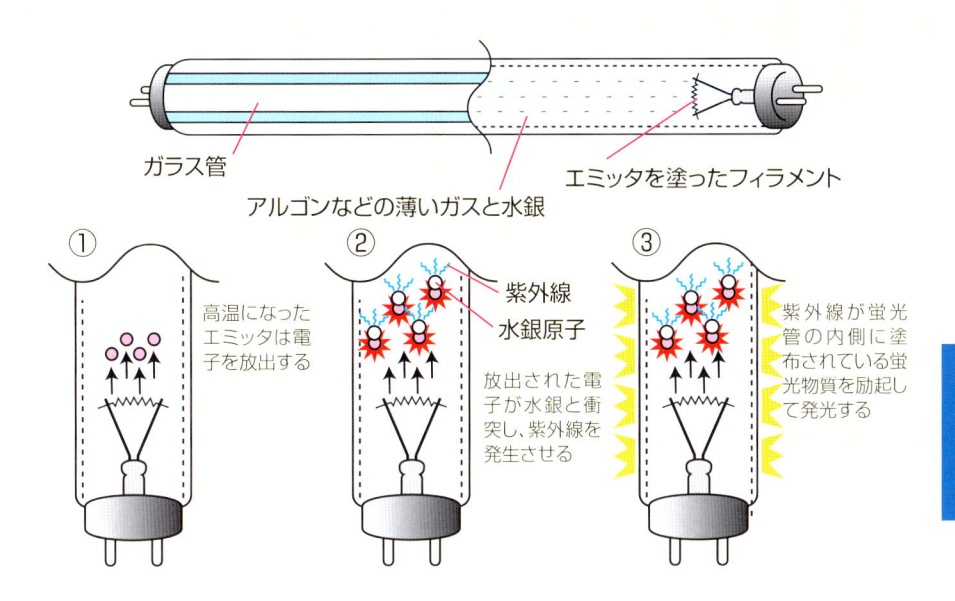

ガラス管
アルゴンなどの薄いガスと水銀
エミッタを塗ったフィラメント

① 高温になったエミッタは電子を放出する

② 紫外線
水銀原子
放出された電子が水銀と衝突し、紫外線を発生させる

③ 紫外線が蛍光管の内側に塗布されている蛍光物質を励起して発光する

4-5 グロー点灯管式蛍光灯の発光

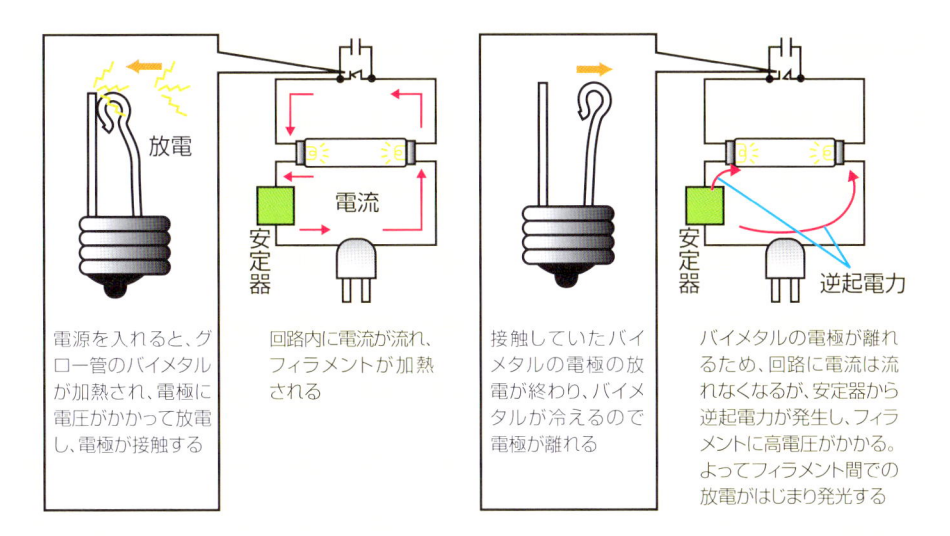

放電
電流
安定器

電源を入れると、グロー管のバイメタルが加熱され、電極に電圧がかかって放電し、電極が接触する

回路内に電流が流れ、フィラメントが加熱される

接触していたバイメタルの電極の放電が終わり、バイメタルが冷えるので電極が離れる

安定器
逆起電力

バイメタルの電極が離れるため、回路に電流は流れなくなるが、安定器から逆起電力が発生し、フィラメントに高電圧がかかる。よってフィラメント間での放電がはじまり発光する

第4章

豆知識 電子式の点灯管というものがある。従来のグロー管と形状が同じであるため、適合する照明器具であれば、付け替えるだけで点灯するまでの時間を短縮できる。

アイロン

> **Key word** **サーモスタット** ヒーターが過熱しないよう、バイメタルを使った接点で、温度を自動調節する装置。

スチームアイロンに使われるシーズヒーター

白熱電球（P104）は、熱することで発生する光を利用する光源である。これに対して、抵抗に電流が流れることで生じる熱（**ジュール熱**＝P44）そのものを使う電気機器も多い。

その代表格である**アイロン**の構造を見てみよう。アイロンは、**ニクロム線**などの抵抗値の高い導線がコイル状になった**ヒーター**を内蔵している。ニクロムは抵抗値が高いうえに燃えにくく、高温で長時間使用しても劣化が少ないという特徴を持つ合金である。線状に加工するのも容易なため、ヒーターに適した素材なのだ。このヒーターに電流を流し、ベース部分に熱を持たせ、衣類のシワを伸ばしている。ヒーターを使った電化製品にはこのほかに、ヘアドライヤー、ホットプレートなどがある。

アイロンは、シワ伸ばしをより効率的に行うために、底部の穴から蒸気を噴射するしくみになっているものが多い（スチームアイロン）。だが、水を使うために、絶縁（P46）が完全に行われる必要が生じる。そこで考案されたのが**シーズヒーター**である。

金属パイプの中にヒーターを通し、絶縁体である酸化マグネシウムの粉末を混合させることで、ヒーターが絶縁体に覆われたかたちになり、感電などの心配がなくなるのだ（図4-7）。シーズヒーターを用いた製品には、ほかに電気ジャーポット、ヘアアイロンなどがある。

高温になり過ぎるのを防ぐサーモスタット

アイロンなどのジュール熱を利用する電気機器は、電源を入れたままにしておくと必要以上に高温になってしまう。そこで、**サーモスタット**という温度調節用の装置が、回路の接点として組み込まれている。

サーモスタットは、膨張率の異なる2つの金属（**バイメタル**）が張り合わされた構造になっており、一定の温度に達すると一方の金属が熱膨張により歪んで、接点が切れる（図4-8）。膨張した金属は電流が流れなくなったことで徐々に冷まされ、縮んで、やがて再び"スイッチ"が入る。これが繰り返されることで高温になり過ぎるのを防ぎ、ほぼ一定の温度が保たれるというわけだ。

サーモスタットはアイロンのほか、電気コタツ、電気ジャーポット、電気炊飯器などにも組み込まれている。

豆知識 アイロンの歴史は古い。5世紀頃には「ひのし」と呼ばれる衣類しわ伸ばし器が普及していた。

4-6　アイロンの構造

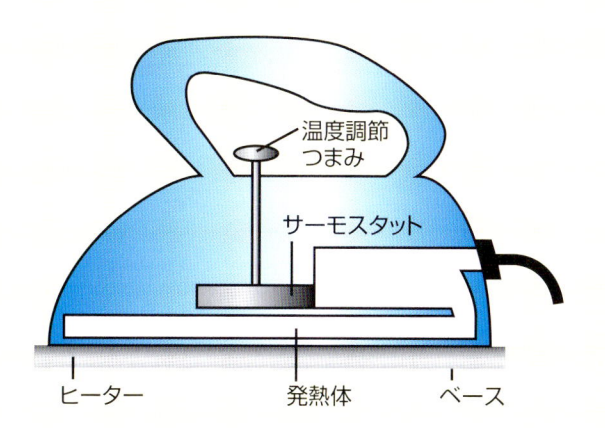

温度調節つまみ
サーモスタット
ヒーター
発熱体
ベース

4-7　シーズヒーター

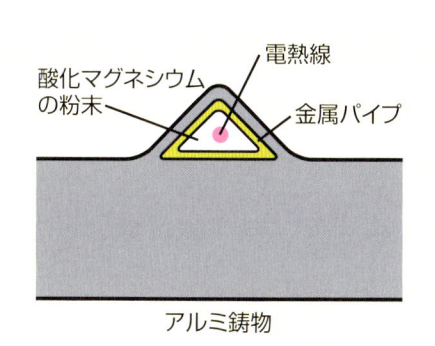

酸化マグネシウムの粉末
電熱線
金属パイプ
アルミ鋳物

ヒーター（電熱線）を酸化マグネシウムの粉末で覆うことで絶縁している

4-8　バイメタルの性質

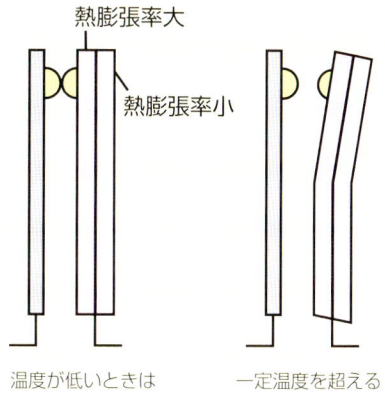

熱膨張率大
熱膨張率小

温度が低いときは接触している

一定温度を超えると熱膨張により曲がり、スイッチが切れる

豆知識　バイメタルに使用される金属板は、おもにニッケル合金と、ニッケル合金にマンガン、クローム、銅などを混ぜた合金とのペアが多い。

洗濯機

> **Key word** マイコン　マイクロコンピューターの略。全自動洗濯機では、入力データなどに基づき各種の命令を出す。

1つの漕で洗濯と脱水をこなす全自動洗濯機

　全自動洗濯機の構造は図4-9ようになっている。洗濯時には、洗濯漕の底にある**パルセーター**がモーターによって回転し、洗濯に適した水流を作り出す。脱水時には、脱水漕が高速で回転し、遠心力を使って水を"飛ばす"。つまり、洗濯時には漕は回らずにパルセーターのみが回転し、脱水時には反対に漕のほうが回転しているのだ。この切り替えを行っているのが**メカケース**である。

　圧力ホースで水道の蛇口に直結した**給水弁**は、電磁石（P64）で動作する。給水がはじまると、貯まった水が洗濯漕と給水弁の間に設けられたエアトラップ内の空気を圧縮する。その空気圧が圧力スイッチに伝わって設定水準で給水弁を閉じるのだ（最近では、電子式のスイッチが多く使われるようになっている）。洗濯行程が終了すると**排水弁**が開いて排水を行い、続いて脱水行程に移るのだ。

汚れはセンサーとマイコンが感知する

　最近の全自動洗濯機にはさまざまな"おまかせ機能"があり、さらに便利になっている。そのメカニズムは機種や機能によっても異なり、バラエティーに富んでいる。しかし、基本的にそれらの機能は、内蔵された**センサー**と**マイコン**によってコントロールされているのだ。

　たとえば、全自動洗濯機に洗濯物を入れてスイッチを入れると、注水の前に2～3回、空回りする。これは、空回りすることでセンサーが負荷を検知して、水量を決めているのだ。

　センサーは、さらに少し水を入れた状態で再び回転させ、その負荷量で今度は洗濯物の材質を判断し、マイコンの入力データに照合して洗濯時間を決めている。

　洗いはじめてからは、光センサーで水の透過度を検知し、汚れの度合いを推し量って洗濯時間を調整する機能を搭載した製品もある。

　2層式から全自動へと進化した洗濯機。常識だった縦型の形状も、横型、斜め型ドラム式（右写真）など、各メーカーによってバリエーションも増えている。ドラム式洗濯機は、2005年度の国内生産台数は60万台以上、シェアは15パーセントに近づくと見込まている。

　最新式の洗濯機の中には、**電解水**と超音波を利用することで、軽い汚れであれば洗剤を使わなくとも落とすことができる製品も発売されている。電解水とは、水道水を電気分解（P90）した次亜塩素酸を含む水のことで、除菌・脱臭などの効果を持つことが知られている。

豆知識　洗濯機はテレビ、エアコン、冷蔵庫とともに、2001年より家電リサイクル法の対象となっている。

4-9 全自動洗濯機

各所に設置されたセンサーから検知された情報をあらかじめ入力されているデータと照合して制御する

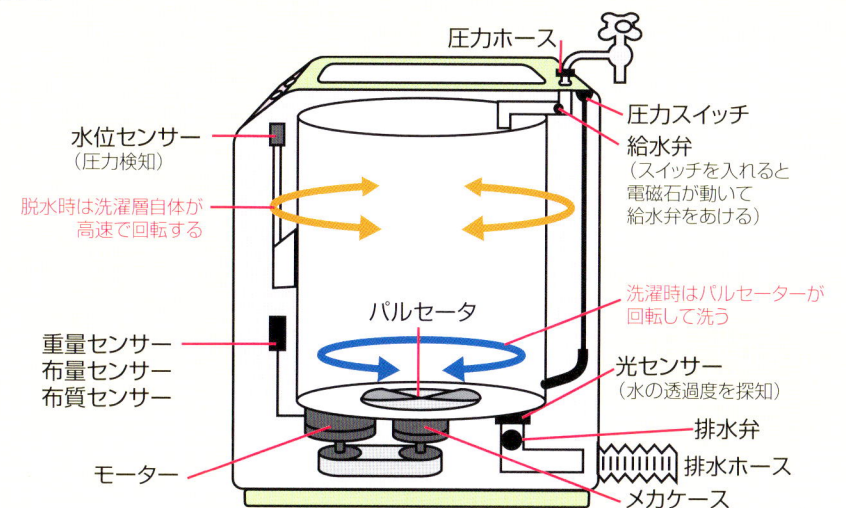

図中ラベル:
- 圧力ホース
- 圧力スイッチ
- 給水弁（スイッチを入れると電磁石が動いて給水弁をあける）
- 水位センサー（圧力検知）
- 脱水時は洗濯層自体が高速で回転する
- 洗濯時はパルセーターが回転して洗う
- パルセータ
- 重量センサー／布量センサー／布質センサー
- 光センサー（水の透過度を探知）
- モーター
- 排水弁
- 排水ホース
- メカケース

第4章

斜めドラム洗濯乾燥機を生産する松下電器産業の静岡工場。従来の縦型に代わって、ドラム式洗濯機が人気を集めている。ドラム式は節水に優れ、縦方向に回転するドラムが洗濯物を持ち上げて落とす「たたき洗い」が特徴だ

写真提供：共同通信社

豆知識 ドラム式洗濯機は、日本では以前から業務用として使われていた。

掃除機

> **Key word**　**排気循環方式掃除機**　ホースを2つに分け、吸い込んだ空気を再び吸気口に戻すことで、排気をほとんどなくした。

直流モーターでファンを回す

　掃除機は、モーターに直結した**ファン**を回転させることで生じる内外の空気圧の差を利用して、ごみを吸い込んでいる。ファンが回ると、内部の空気は掃除機の外に勢いよく排出されファン内部の気圧が下がり、吸い込み口から空気といっしょにごみを吸い込むというわけだ。

　吸い込まれたごみは、ファンの手前にある集塵部（集塵袋やフィルター）で集められ、空気だけが排気されるしくみとなっている（図4-10）。

　当然、よく吸引するには強いモーターが必要となる。一般的な掃除機には毎分2～3万回転するモーターが不可欠なのだ。そのため、洗濯機（P110）などに使われる交流モーターではなく、掃除機には パワーのある**直流モーター**（P68）が採用されている。

新方式による掃除機

　ごみといっしょに空気を吸引し、排気は空気だけというのが掃除機の理想だ。しかし、従来のタイプでは、フィルターでもキャッチできない微細なごみが、どうしても排気に混ざってしまうという問題が起こった。

　そこで開発されたのが、**排気循環方式**及び**サイクロン方式**という、まったく新しい吸引メカニズムを持った掃除機である。

　排気循環方式は、ホースを吸気側・排気側の2つに仕切ったことがポイント。ごみを含んだ吸気は、集塵部→ファン→吸気口へと流れ、再び吸い込まれてゆく。こうすることで、外部への排気自体がほとんどなくなり、ごみを撒き散らす心配はなくなるというわけだ。人体にたとえるならば、モーターが心臓、ホースは動脈と静脈、そこを循環する空気は血液といえるだろう（図4-11）。

　サイクロン方式は、取り込んだ吸気を掃除機内に設けられた円筒状の容器の中でうず巻状の気流にし、その遠心力を利用してごみと空気を分離させるというものだ（図4-12）。

　この方式によって、従来タイプでは目詰まりを起こしてしまうような超微粒子フィルターを取りつけることが可能となり、排気は極めてクリーンとなった。さらに吸引力も強く、モーターの受ける負荷も軽減するため、小型化、低騒音化できる可能性も高い。そのうえ、電気代も節約できるといわれている。

豆知識　自動的に部屋中を掃除する、アイスホッケーのパックのような形状の掃除機も開発されている。

4-10　掃除機の構造

モーターによりファンが回転すると、内部の空気が外に押し出され気圧が下がり吸引がはじまる

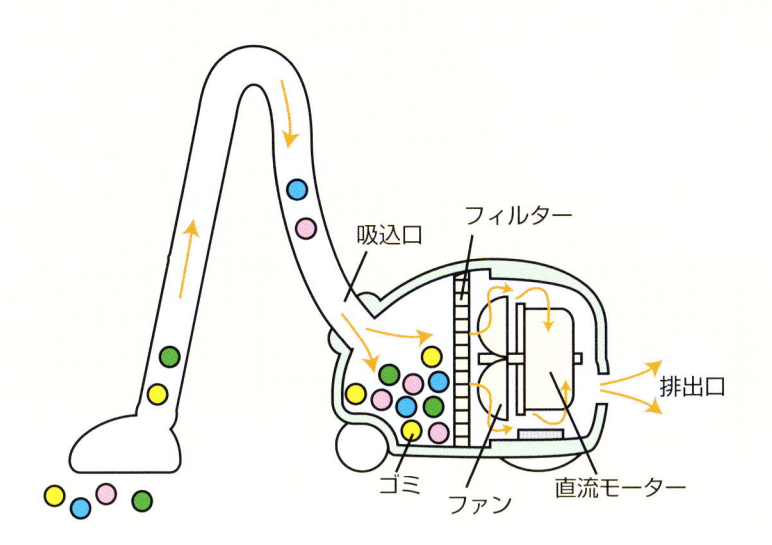

（図：吸込口、フィルター、排出口、ゴミ、ファン、直流モーター）

4-11　排気循環方式

モーターの回転によって生まれる空気の流れが、掃除機内を循環する

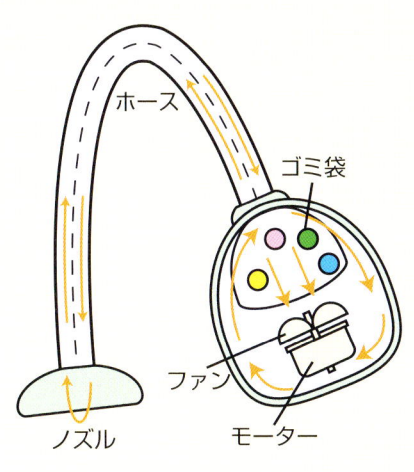

（図：ホース、ゴミ袋、ファン、モーター、ノズル）

4-12　サイクロン方式

円筒状の容器で渦巻状の空気の流れを作り出し、その遠心力によりごみと空気を分離させる

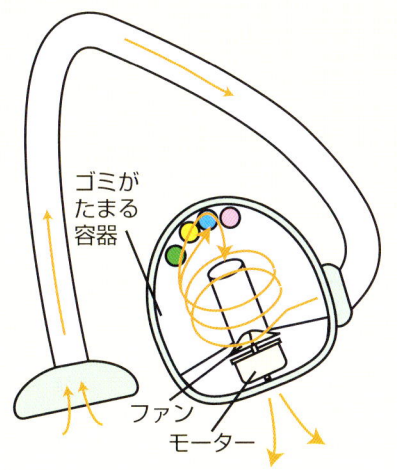

（図：ゴミがたまる容器、ファン、モーター）

豆知識　おもなサイクロン方式の掃除機は、集塵袋を必要としない。

空気清浄機

> **Key word** マイナスイオン マイナスに帯電した原子。室内などではプラスイオンが多く、イオンバランスが崩れているとされる。

静電気を利用して空気中の微粒子をキャッチ

空気清浄機といえば、かつてはタバコの煙や悪臭を取り除くのがおもな目的だった。近年では、アレルギーをひき起こすダニの死骸や花粉などの除去対策として脚光を浴びるようになっている。

空気清浄機のしくみを見てみよう。まず、室内の空気をクリーンにするためには、空気を循環させて取り込む必要がある。そのため、大半の製品内部には**ファン**が取りつけられている。

ファンによって循環された空気は、空気清浄機の中に取り込まれる。この空気の中から、目に見えないような超微粒子をキャッチしなければならない。空気清浄機がそのために利用しているのは、**静電気**(P48)である。図4-13のように、機内に取り込まれた空気は、まずプレフィルターを通過する際に比較的大きなチリが取り除かれる。ここを通過した細かなチリは、次の**電極フィルター**(電極をもつ集塵フィルター)で捕らえるのだが、ここで空気清浄機は静電気を利用するのだ。

空気中を漂う微粒子は、その大部分がプラスないしマイナスの静電気を帯びている。そのため、電圧をかけた電極フィルターの隙間を通過しようとする際に、プラスかマイナスどちらかの電極に吸い寄せられてしまうのだ(クーロン力＝P38)。

集塵フィルターの代表格はHEPAフィルターであったが、近年はさらに強力なULPAフィルターが使用されるようになっている。ULPAは、0.15マイクロメートルの粒子を99.999995％以上捕集する能力があるといわれている。

マイナスイオン発生機能なども装備

空気清浄機の市場が拡大するにつれて、各メーカーの差別化競争も激化、多彩な機能を競うようになっている。

その中には、**光触媒**(光エネルギーを取り入れ、化学反応の仲立ちをする物質)に特殊ランプの光を当てることで強力な酸化作用を発生させるものがある。捕らえた細菌、カビ菌、ウイルスなどを、この光触媒によって不活性化し感染力を抑える機能を持っている。

体に良く、リラックス効果も認められるとされる**マイナスイオン**(P38)発生機能は、今やほとんどの機種に取りつけられている。さらに、マイナスイオンを包み込んだ細かい水の粒を空気中に放出し、そのマイナスイオンによってチリを捕らえるという製品も開発されている。通常のマイナスイオンはチリなどに接触すると消滅してしまうが、水に"保護"されることによって効果が長時間保てるというわけだ。

豆知識 近年の空気清浄機は、におい分子やホルムアルデヒドなどの微細な物質も除去できる。

4-13 集塵の原理

大きなホコリはプレフィルターで除去する。プレフィルターを通過した小さなホコリは、放電電極（プラス）と集塵電極（マイナス）の間に生じる放電によりプラスに帯電し、マイナスに帯電している集塵フィルターに吸い寄せられる。さらに微粒子のにおい分子などを脱臭フィルターで除去する

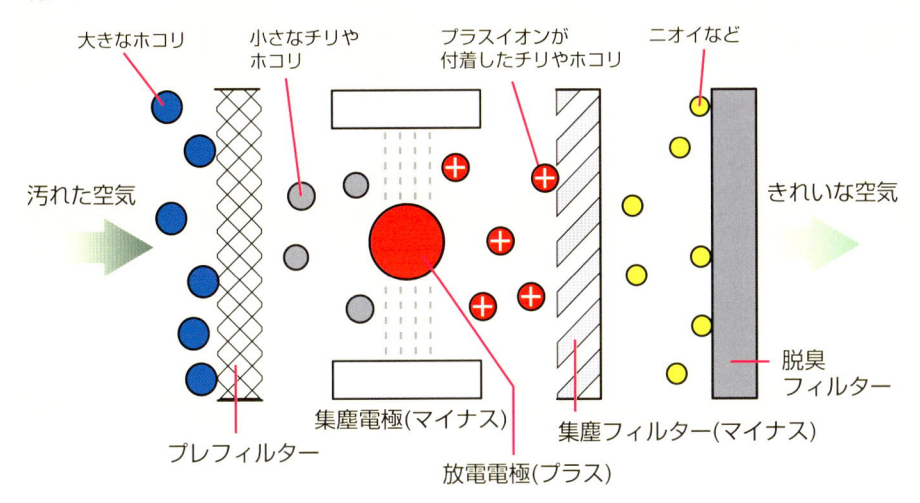

4-14 マイナスイオン発生のしくみ

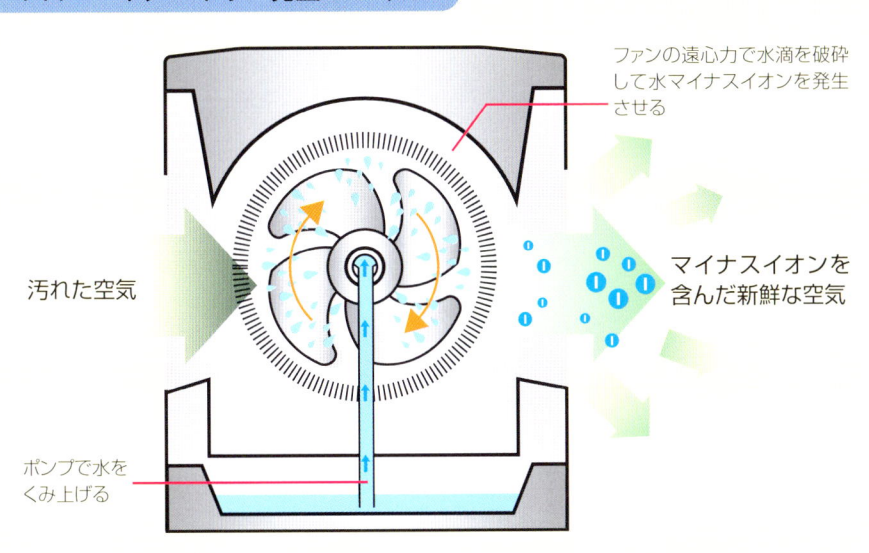

豆知識　マイナスイオン発生機能つきの空気清浄機は、ファンにより室内の空気を循環させるため、効率的な空気の清浄を行える。

冷蔵庫

> **Key word**　**ノンフロン冷蔵庫**　冷媒に、オゾン層破壊や地球温暖化に関係するフロン系ガスを使わない冷蔵庫。イソブタンに切り替え。

気化熱現象で庫内を冷蔵

　冷蔵庫は「液体が気化するとき、周囲から熱を奪う」という、**気化熱**現象を利用して庫内を冷やしている。たとえば、注射をする前に、アルコールで皮膚を消毒する。このときに冷たく感じるのは、消毒液が冷たいからではなく、アルコールが急速に蒸発して、皮膚の温度を下げるからなのだ。これが気化熱である。

　この気化熱現象が、冷蔵庫の原理となっているのだ。冷蔵庫は、**冷媒**と呼ばれる液体を気化させることで、気化熱を発生させている。そのしくみは、次のとおりである（図4-15）。

①**コンプレッサー**（圧縮機）が冷媒のガスを圧縮する。
②高圧・高温となったガスを、**放熱器**に送る。このとき、外気に熱を放出することで、ガスが液体に変化する。
③液化したガスを冷却器に送り、一気に減圧する。
④圧力が下がって体積が急激に膨張した液化ガスが、気化する。
⑤気化熱が発生し、冷蔵庫内の熱を奪う。
⑥気化した冷媒はコンプレッサーに戻り、再び圧縮される。

　基本的に冷媒は、このサイクルの中で、繰り返し何度でも使えるのだ。

　かつて、冷蔵庫の冷媒には**フロンガス**（特定フロン）が使われていた。しかし、フロン（ガス）は大気中に放出されるとオゾン層を破壊することから、塩素を含まない**代替フロン**が使われるようになった。だが、この代替フロンにも、実は「地球温暖化効果」があるということが明らかになった。そこで現在は、炭化水素系の**イソブタン**（**R600a**）という物質が冷媒としておもに使われるようになっている（ノンフロン冷蔵庫）。

室内温度を微調整するサーモスタット

　冷却器で作られた冷気は、冷蔵室、冷凍室、野菜室などに運ばれる。各室ごとのおおまかな調整は、冷気を運ぶ管の長さと太さを変えることで行われている。たとえば、たくさんの冷気が必要な冷凍室までの管は「太く短く」、比較的温度が高い野菜室までの管は「細く長く」というわけだ。さらに、この設定温度を保ち微調整するために、**サーモスタット**（冷凍室）や**ダンパーサーモ**（冷蔵室）が使われている。サーモスタットは、封入されたガスの膨張／収縮によってコンプレッサーをオン／オフすることで、ダンパーサーモは、設定温度と庫内の温度差を冷気口の開閉することで調整している（図4-16）。

豆知識　冷蔵庫は、白黒テレビや洗濯機とともに、1960年代の高度成長時代における3種の神器の1つとして庶民のあこがれの的だった。

4-15 冷却の原理

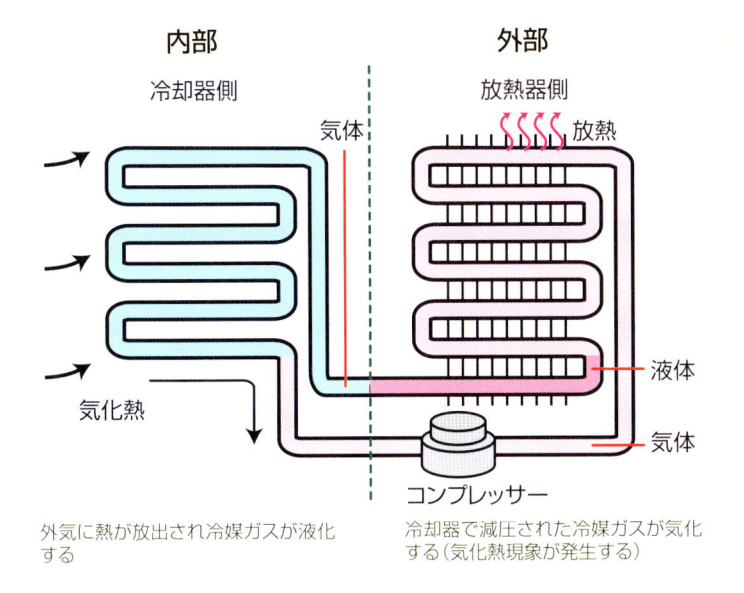

内部 — 冷却器側
外部 — 放熱器側

気体／放熱／液体／気体／気化熱／コンプレッサー

外気に熱が放出され冷媒ガスが液化する

冷却器で減圧された冷媒ガスが気化する（気化熱現象が発生する）

4-16 各室内の温度調整

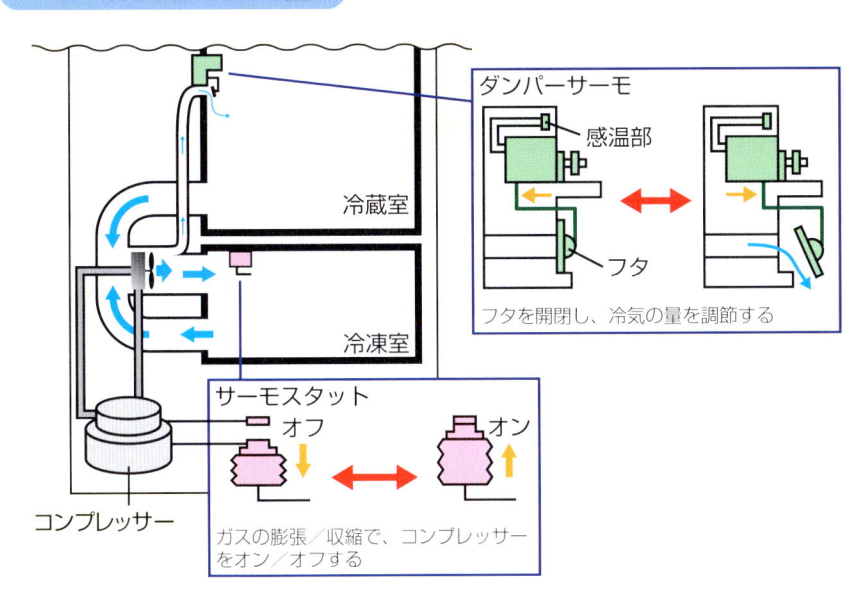

冷蔵室／冷凍室／コンプレッサー

ダンパーサーモ
感温部／フタ
フタを開閉し、冷気の量を調節する

サーモスタット
オフ／オン
ガスの膨張／収縮で、コンプレッサーをオン／オフする

第4章

> **豆知識** ノンフロン冷蔵庫は、イソブタンR600aの発火点より低い温度で機能する霜取り用ヒーターの開発と、ガス漏れ対応センサーの搭載により商品化されている。

電気炊飯器

> **Key word** 　**遠赤外線**　赤外線のうち波長が長い光線。水や有機物などに吸収されやすく、ヒーターのほか殺菌、消臭などにも使われる。

遠赤外線を利用してふっくら炊き上げる

　広く普及している**電気炊飯器**は、基本的にアイロン（P108）やホットプレートと同じ電熱機器である。アイロンと同様に、シーズヒーターで釜を温め、バイメタル式サーモスタットで温度調節を行っている。

　薪などで直接ご飯を炊く場合の火加減の"極意"「はじめチョロチョロ、中パッパ……」を炊飯器で再現するために、さまざまな工夫が加えられてきた。それでも従来の方式では、なかなか"ふっくらと"したご飯を炊き上げるのは難しかった。そこで、炊飯器にもさまざまなハイテクが駆使されるようになってきたのである。ここでは遠赤外線方式と、IH方式の炊飯器について説明しよう。

　遠赤外線式炊飯器は、高い周波数の電磁波（P144）である、**遠赤外線**を利用してご飯を炊いている。遠赤外線は、実は地球上のすべての物質から放射されている。その放射量は物質の温度によっても変わるが、最も多く遠赤外線を放射する物質は、**セラミックス**であるといわれている。

　遠赤外線式炊飯器は、このセラミックスを内側に特殊コーティングし、ヒーターで温めることで効率よく遠赤外線を放射させているのだ。この遠赤外線は、内釜全体を温めるのはもちろん、お米1粒1粒の内部にまで到達し、表面と均一に熱を通すことができる。熱した石で焼かれる石焼きイモが中までホクホクなのも、石から出る遠赤外線で「焼いて」いるからである。

電磁誘導による熱を利用するIHジャー

　IH（インダクション・ヒーティング）**ジャー炊飯器**は、電磁誘導（P64）による加熱（**電磁誘導加熱**）を利用している。構造は図4-18のようになっており、内釜の底部にはコイルが取りつけられている。これに周波数20kHz以上の交流電流を断続的に流すと、コイルに発生する磁力線の変化に誘発されて、内釜に**渦電流**（P96）が生まれるのである。

　内釜は、アルミニウム（内側）／ステンレス（外側）の2層構造になっており、渦電流のエネルギーの多くはステンレス部分で熱エネルギーに変化する。ステンレスは抵抗が大きいため、多くの**ジュール熱**（P44）を発生するからである。そしてそのジュール熱が、熱伝導率に優れるアルミニウムから内釜全体に伝わるというわけだ。

　IHについては、IH調理器（P120）でも説明している。

豆知識　遠赤外線は、1800年にイギリスのハーシェルによって発見された。

4-17 遠赤外線式炊飯器

特殊コーティングの内釜から発生した遠赤外線は、お米の内部にまで到達する

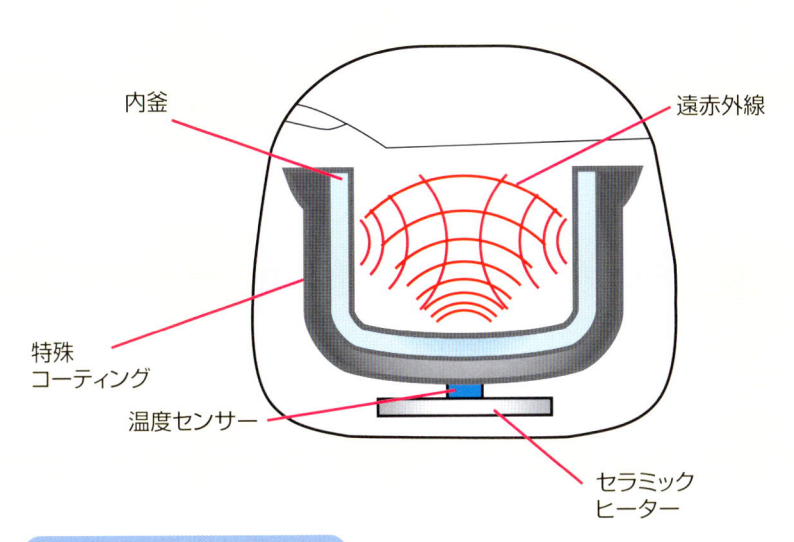

（図：遠赤外線式炊飯器の構造）
- 内釜
- 遠赤外線
- 特殊コーティング
- 温度センサー
- セラミックヒーター

4-18 IHジャー炊飯器

コイルに発生する磁力線の変化により、内釜内部に対流が生まれ、お米をかき回す

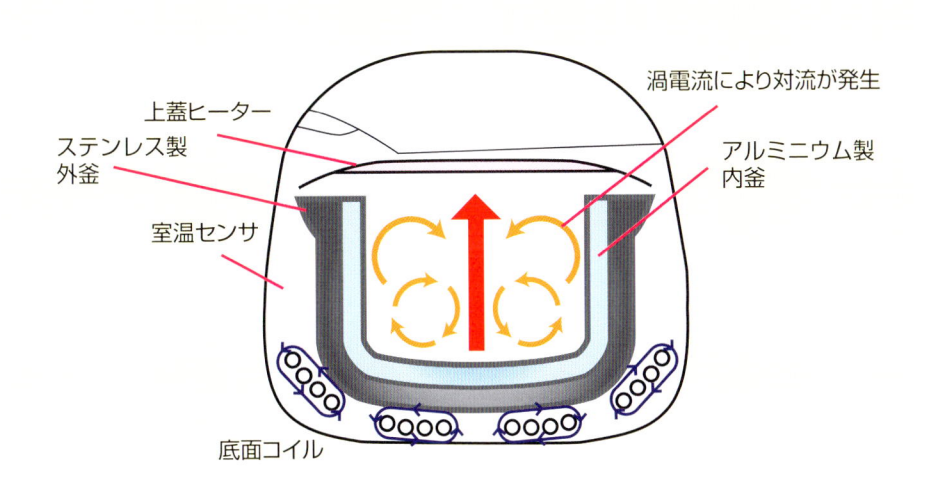

（図：IHジャー炊飯器の構造）
- 上蓋ヒーター
- 渦電流により対流が発生
- ステンレス製外釜
- アルミニウム製内釜
- 室温センサ
- 底面コイル

豆知識 最新の炊飯器では、IHと超音波を組み合わせ、さらにふっくらとしたお米を炊き上げる技術が搭載されている製品がある。

第4章

IH調理器

> **Key word** 電磁誘導加熱　交流磁界中に導体を置くと、電磁誘導作用で渦電流が発生し発熱することを利用した加熱方法。

渦電流が鍋そのものを加熱するIH

直火を使う「ガスコンロ」に代わって、**IH調理器**（電磁調理器）が普及してきている。火を使わないために安全で温度調節などが容易、さらには掃除がしやすいことなどがその理由であろう。

IHとはインダクション・ヒーティング（**電磁誘導加熱**）の頭文字で、耐熱性・機械的強度に優れているセラミックスの**トッププレート**、**磁力発生コイル**、電気回路などから構成されている（図4-19）。

IH調理器の原理は**電磁誘導**（P64）である。トッププレート表面のすぐ下にあるコイルに20kHz以上の高周波電流を流すと、強い磁力線が発生する。その上に金属製の鍋を置くと、コイルから発生する磁力線の変化に誘われて、鍋に**渦電流**（P96）が生じる。このとき、鍋には抵抗があるため、流れる電流が**ジュール熱**（P44）を発生させるのだ。つまり、鍋を外部から温めるのではなく、鍋自体が発熱するというわけだ。コイルはあくまでも磁力を発生させるためのもので、電熱器のニクロム線のように発熱を目的としたものではない。

電気から熱へのエネルギー変換効率に優れているため経済的なことも、IH調理器の大きな特徴といえるだろう。電気抵抗を持つ金属だけを温めるため、やけどの心配も少ないのだ。

土鍋は使えない

IH調理器は、電磁誘導加熱の原理を応用しているため、基本的に温められる鍋類は金属であり、その中でも電気抵抗の高い鉄やステンレスに限定される。アルミや銅製の鍋は温まりにくく、また鉄製でも中華鍋のように底が丸く、トッププレートとの設置面積が少ないものは加熱が困難なのだ。また、調理中はつけっ放しのガスと違い、プレートと鍋の接点が離れると電流も切れてしまうため、再加熱に時間がかかる。このことから"煽（あお）り"を必要とする調理には不向きとされていた。

だが、近年ではこうした弱点を克服し、パワーも使い勝手もガスコンロに匹敵するような新製品も発売されている。土鍋やホーロー鍋の使用はできないものの、マイコンを搭載し再加熱時間を短縮したり、センサーによって鍋温度を検知することで余熱温度が落ちにくくなる工夫が施されている。最近は"備えつけ"のマンションなども増えており、将来的には「キッチンにはIHが当たり前」という時代が到来するともいわれている。

豆知識　IH調理器は、約90％の熱効率を誇る。ガスでは約40％だ。

4-19　IH調理器のしくみ

トッププレートはセラミックス製のため磁力線をよく通し、熱効率も高い

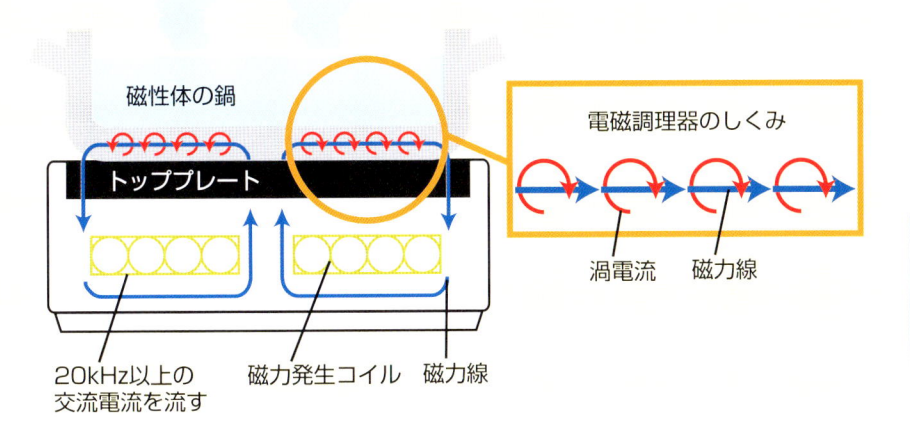

4-20　渦電流の発生

コイルに高周波電流が流れると、強い磁束が発生し、鍋を加熱する

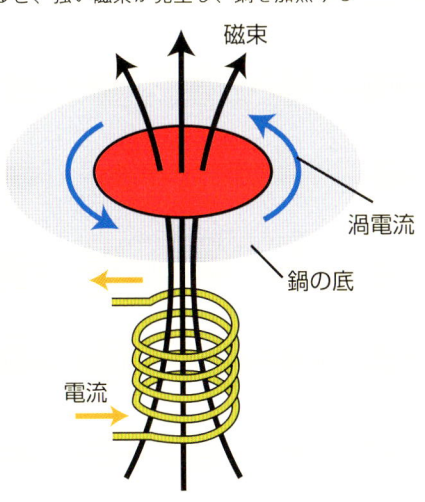

豆知識　最新のIH調理器では、デジタル表示の操作パネルを搭載することでより細かい温度調整ができ、さらに一定温度を保つことも容易に行え、保温は60℃まで可能だ。

電子レンジ

> **Key word** 誘電加熱　高周波交流電界中に置いた物質を、電磁波の作用で加熱する方式。プラスチック製品などの加工にも使われる。

アメリカでの呼称は「マイクロ・ウェーブ・オーブン」

　電子レンジは、**マイクロ波**という高周波の電波を利用した食品内部からの加熱調理器である。

　1945年、アメリカのスペンサー博士がレーダーの実験中、ポケットに入れていたチョコレートに誤って電波を当ててしまい、チョコレートがどろどろに溶けてしまった。このことから電波がものを加熱することが発見され、研究開発の結果、1954年に世界初の電子レンジが発売されたのだ。

　「電子レンジ」という呼び名は日本独特のもので、本家のアメリカでは「マイクロ・ウェーブ・オーブン」と呼ばれている。

マイクロ波の周波数は2450MHz

　電子レンジは、2450MHzというマイクロ波を食品に照射し、食品に含まれている水の分子（H_2O）の極性を1秒間に24億5000万回変化させている。プラスからマイナス、マイナスからプラスへと激しく極性（プラス・マイナス）が変化することで、分子内に摩擦熱が発生する（図4-21）。この発熱現象が電子レンジの原理であり、**誘電加熱**（マイクロ波加熱）といわれるものである。

　ガラスや陶磁器などの容器には水分が含まれていないため、食品は温まっても容器は温まらない。容器が熱くなるのは、食品の熱が容器に伝わったためである。

　また、金属は電波を反射するため、金串や金網は使えない。

　誘電加熱は、食品を外側から温めるのではなく、食品そのものの内部から熱を発生させるため、熱効率が良く熱のムラが少ない。またビタミンなどの栄養成分が失われる割合も少なく、短時間で調理できるために経済的である。

マイクロ波を発生させるマグネトロン

　電子レンジ内で電波を発生させているのは、**マグネトロン**という真空管である。マグネトロンは、円筒型のプラス極とその中心に位置するマイナス極からなっており、それが強力な磁極にはさみ込まれている（図4-22）。

　ここに電圧をかけることで、マイナス極から放出された電子が回転（振動）しながらプラス極に入り、導波管（アンテナ）からマイクロ波が発振される。放射された電波は内壁で反射し、また、金属製のスターラーファンなどによって乱反射しながら食品に吸収され、内部に摩擦熱を起こしている。

豆知識　電子レンジの一種であるスチームオーブンレンジでは、目玉焼きが焼け、焦げ目までつく。

4-21　誘電加熱の原理

マグネトロンから放出されるマイクロ波の極性が変わるたびに水の分子が激しく振動し、分子どうしの摩擦熱で食品全体が熱される

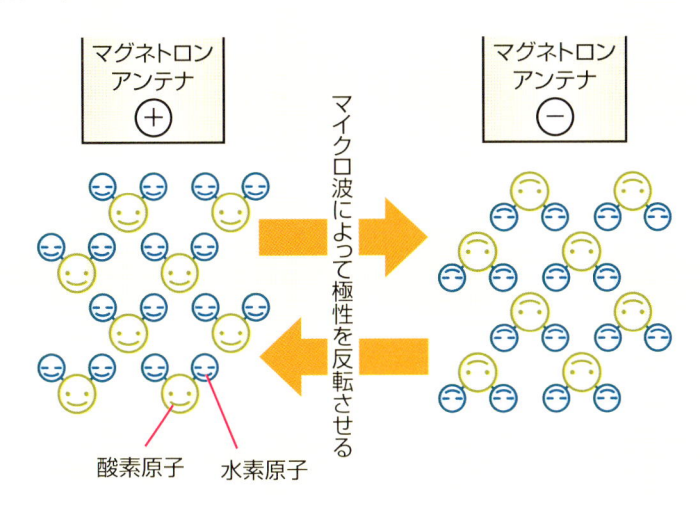

4-22　電子レンジの構造

加熱室内は金属板で覆われているため、マイクロ波が反射して食品にまんべんなく行き渡る。また前面の窓はマイクロ波が通過できないようになっている

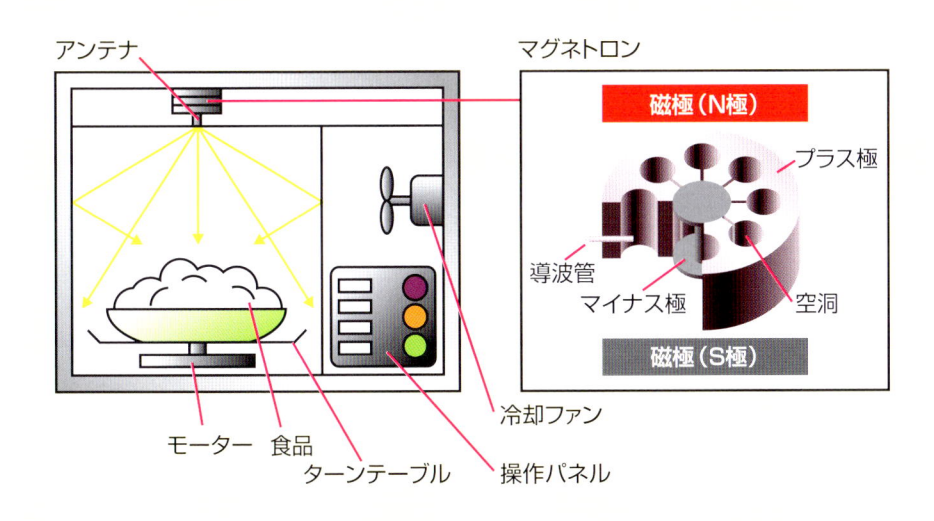

豆知識　アメリカでは、インターネット機能を搭載した電子レンジが開発された。電子レンジの操作パネルから、銀行口座やショッピングサイトへアクセスができるという代物だ。

エアコン

> **Key word** ヒートポンプ　室外機周辺の空気が持つ熱エネルギーを、冷媒を介してポンプのように吸い上げる暖房運転。

冷媒が冷気を室内へ供給

　エアコンは、冷蔵庫（P116）と同様、**冷媒**が循環することで冷暖房を行っている。まず、**冷房**のしくみから見てみよう。

　エアコンには、室内機と室外機がある。スイッチを入れると、まず室外機内の**コンプレッサー（圧縮機）**が気体の冷媒を圧縮する。気体は閉じられた状態で圧縮されると温度が上がる性質があるため、冷媒は高温・高圧となる。この状態となった気体は次に室外熱交換器に送られ、続いて外気に熱を放出して常温・高圧の液体に変化する。夏場、室外機から熱風が噴き出すのはこのためである。

　液体になった冷媒は、毛細管という細い管から太い冷媒管に流れ込むことによって膨張し、圧縮時とは反対にさらに温度を下げる。こうして室内温度よりも低温・低圧の液体になった冷媒が、室内機に送られる。そこで室内の熱を奪いながら蒸発し、**気化熱**（P116）も吸収して、さらに冷たい空気を作り出しているのだ。冷気はファンによって室内に供給され、気化した冷媒は再びコンプレッサーに送られるというしくみである。

冷房／暖房が両方できるヒートポンプ式

　暖房のメカニズムを簡単に説明すれば、「室内の熱を外気に捨てるという冷房時とは逆向きに冷媒を循環させることで、室外の熱を室内に取り込んでいる」ということになる。冷房時には、室内機側で冷媒を膨張させてその温度を下げるのだが、暖房時には室外機で吸熱した冷媒を圧縮することによって高温にし、室内に運ぶのだ。このしくみを**ヒートポンプ式**という。

　とはいえ、真冬の外気は0℃以下になることもあるので、「吸熱」といってもわかりづらいだろう。その秘密は、冷媒の沸点が極めて低く、-40～50℃という低温でも蒸発する性質を持っていることにあるのだ。そのため、たとえ室外の気温が0℃以下であっても、十分に熱を取り入れることができるのである。ヒートポンプ式エアコンは、わずかな熱を圧縮によって増幅し、暖気に変えているのだ。

　エアコンは、「冷媒の状態を気体／液体、高圧／低圧とコントロールすることで、室内と室外の熱をやり取りする装置」ということができる。なお、従来のエアコンはコンプレッサーの電源をオン／オフすることによるおおまかな温度調節しかできなかったが、現在では**インバーター**（P126）という交流電流を直流電流に変換する装置により、より細かなコントロールができるようになったのだ。

豆知識　世界初の本格的なエアコンは、1902年、アメリカのW・H・キャリアによって実用化された。

4-23　冷房のしくみ

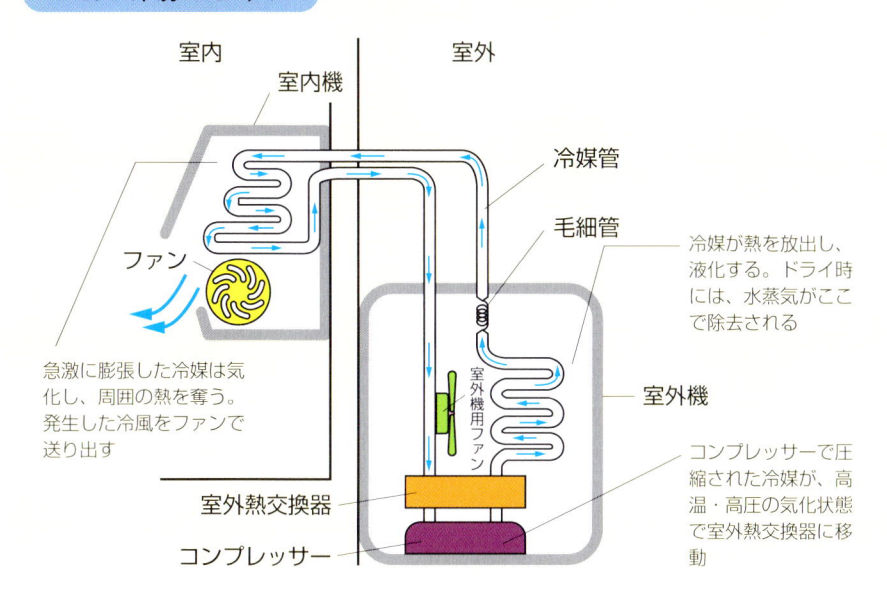

室内 / **室外**

- 室内機
- ファン
- 急激に膨張した冷媒は気化し、周囲の熱を奪う。発生した冷風をファンで送り出す
- 室外熱交換器
- コンプレッサー
- 冷媒管
- 毛細管
- 室外機用ファン
- 室外機
- 冷媒が熱を放出し、液化する。ドライ時には、水蒸気がここで除去される
- コンプレッサーで圧縮された冷媒が、高温・高圧の気化状態で室外熱交換器に移動

4-24　暖房時は冷媒の流れが逆になる

室内 / **室外**

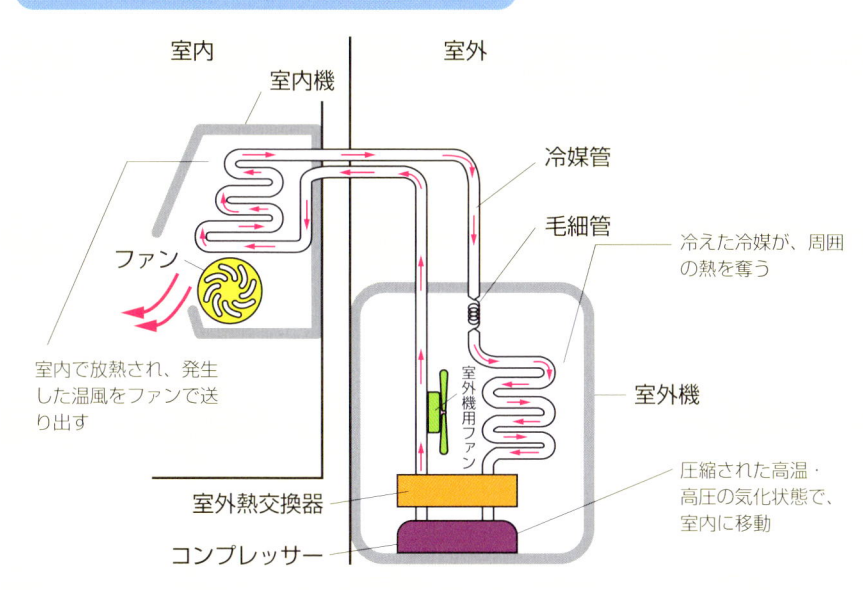

- 室内機
- ファン
- 室内で放熱され、発生した温風をファンで送り出す
- 室外熱交換器
- コンプレッサー
- 冷媒管
- 毛細管
- 室外機用ファン
- 室外機
- 冷えた冷媒が、周囲の熱を奪う
- 圧縮された高温・高圧の気化状態で、室内に移動

第4章

豆知識 エアコンと扇風機を併用すれば、より冷房・暖房が効果的になる。冷房時には、扇風機を人に向けて、暖房時には、扇風機を天井に向けて使用すれば、部屋の上下の温度差を減らすことができる。

インバーター

> **Key word** インバーターとコンバーター　前者は直流→交流、後者は反対の変換。インバーターはコンバーターを含むことが多い。

交流電流の周波数をコントロールするインバーター

エアコン（P124）の温度調節を細かくスムーズに行うためには、コンプレッサーを動かしたり止めたりするのではなく、その回転数を調整するのが効果的である。そのためには、交流電流の**周波数**（P54）をコントロールし、回転数を自由に制御する必要がある。その作業を担当するのが**インバーター**だ。

周波数の変換は、交流電流→**擬似直流電流**→**擬似交流電流**という経路をたどって行われる。

厳密には、直流を交流に変えるのがインバーターで、交流を直流に変換する装置はコンバーターと呼ばれる。

家電製品は交流電源を用いているため、多くのインバーターにはコンバーターも含まれており、こうした装置を総称してインバーターと呼んでいるのだ。

ダイオードの整流作用

インバーターの周波数を変える役割を果たすのは、**ダイオード**と**トランジスタ**（P192）。この2つは、ともに半導体素子である。

交流電流はまず、PN接合ダイオードに流れる。PN接合ダイオードには、電流を1方向にしか流さない性質（**整流作用**）があるため、交流はここで擬似直流電流に変換される。擬似直流とは、交流の負の部分をカットすることで、直流に近づけた電流のことである。（図4-25）。

次に図4-26のようなトランジスタを利用したスイッチにより、擬似交流電流に再変換されるのだ。このとき、スイッチの切り替えスピードを操作することで、周波数の異なる電流を作り出しているのである（図4-27）。

多くの電気製品で活躍

インバーターは今日、エアコンや冷蔵庫のコンプレッサーのほか、数多くの電気製品に導入されている。たとえば掃除機には、ゴミの量をセンサーで感知し、インバーターがそれに応じてモーターの回転数を制御する製品もある。

また、放電を利用する蛍光灯（P106）は、周波数が50・60Hzのままでは、どうしても光のチラつきが生じてしまう。そのため、回路にインバーターを取りつけて周波数を上げ、"滑らかな明かり"を実現しているのだ。

豆知識 インバーター内蔵のエアコンや照明器具は、50／60Hzのどちらでも利用可能だ。

4-25 擬似直流電流のしくみ

交流をPN接合ダイオードに流すと、PからNの方向の電流は流れるが、NからP方向への電流は流れなくなる

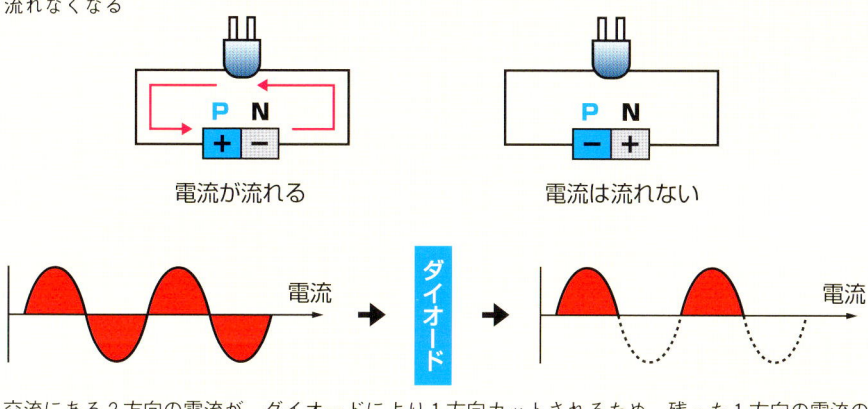

電流が流れる　　　　　　電流は流れない

交流にある2方向の電流が、ダイオードにより1方向カットされるため、残った1方向の電流のみが流れるようになる。これが擬似直流電流だ

4-26 インバーターの原理

実際には、半導体素子が使われているため、このような構造ではない。また、直流電源を乾電池に模してある

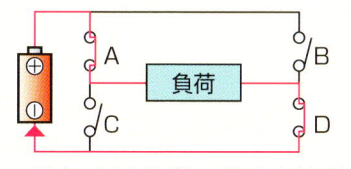

スイッチAとDが入っているときには、負荷に対して右向きの電流が流れる

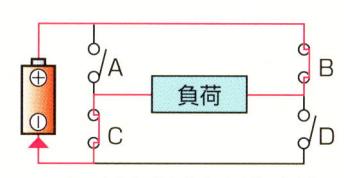

スイッチBとCを入れれば、負荷に対しての電流は左向きだ

4-27 擬似交流電流

図4-27の負荷に流れる電流を図にするとこうなる。これは正弦波ではないが単相交流だ。スイッチのスピードを操作することにより、周波数の調整が可能になる

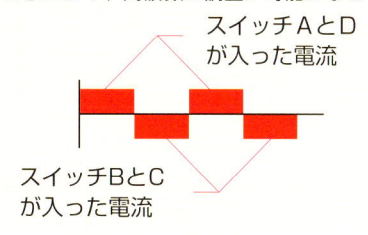

スイッチAとDが入った電流

スイッチBとCが入った電流

豆知識 計測機器などの精密機械は、正弦波の交流でなければ正確に作動しない。そのため正弦波を作ることのできる正弦波インバーターが開発されている。

マイクロフォン／スピーカー

> **Key word　音の正体**　空気の振動が耳の鼓膜を振動させ、それが脳に信号として伝わる。高周波数＝高音、低周波数＝低音になる。

音を電気信号に変換し、再び戻す

　私たちが耳で聴いている音の正体は、空気の振動である。空気の振動にも周波数（P54）があり、周波数が高ければ（振動が激しければ）高い音になり、反対に周波数が低ければ低音になる。人間が聴くことができる周波数の範囲は、個人差があるが20Hz〜20kHzであり、これを可聴域という。可聴域より高い周波数は超音波と呼ばれている。

　マイク（マイクロフォン）は、こうした空気の振動＝音を、**電気信号**に変えるものであり、**スピーカー**はその電気信号を再び音に戻す装置である。

　最も一般的な**ダイナミック・マイクロフォン**（図4-28写真）の構造は、振動板に取りつけられたボイスコイルが、磁石の出す磁力線の中に置かれている（図4-28）。この状態で振動板が空気の振動を受けると、その動きにしたがってボイスコイルが磁力線の中を上下に動く。このとき、電磁誘導によって、音圧にリンクした電圧の電流がコイルに発生する（P64）。この電流が電気信号となるのである。この原理は、ベルの電話に使われたものであり、構造が比較的単純なために広く使われているのだ。

　しかし、電話（P170）の送話器に多く使われているのはダイナミック式ではなく、**カーボン・マイクロフォン**と呼ばれるもの。炭素の粉の抵抗が密度によって変化することを利用したタイプだ（図4-29）。

　一方、**コンデンサー・マイクロフォン**は、薄い金属性の振動板と、固定電極でコンデンサーを形成する（図4-30）。両者に直流電流を流し帯電させると、振動板の音圧による振動で静電容量の差が生じる。それをFETアンプで電気信号として取り出すのだ。シール材は振動板とつながり、振動板の電荷を半永久的に維持する（**エレクトリット現象**）。

電気信号を音に変換する装置＝スピーカー

　スピーカー（図4-31写真）の基本構造は、ダイナミック・マイクロフォンと同じである。マイクの場合とは反対に、ボイスコイルに電流が流れることで磁力が生じ、それがコーンを震わせて音となるのだ。ただし、マイクから入力した電気信号は微弱なため、アンプ（増幅器）によって電気信号を増幅させた後、スピーカーから音を出力している。

　スピーカーとダイナミック・マイクロフォンの基本構造は同じであるため、たとえばヘッドフォンなどのスピーカーは、マイクとしても使用することができる。マイクとスピーカーの役割をまったく併用している機器として、トランシーバーや一部のインターフォンがあげられる。

豆知識　マイクロホンにはダイナミックレンジという性能表示がある。これは大小の音を拾うことができるかを表し、単位はdB（デジベル）。

4-28　ダイナミック・マイクロフォン

振動板が音圧により振動すると、ボイスコイルに誘導電流が発生し、電気信号として取り込む

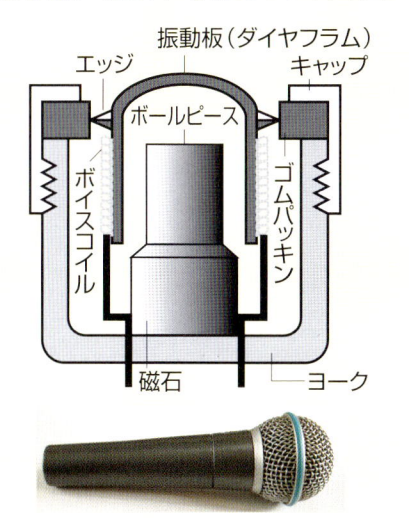

4-29　カーボン・マイクロフォン

振動板の音圧による振動で可動電極が振動すると、コイルが巻かれる固定電極との間で誘導電流が発生する

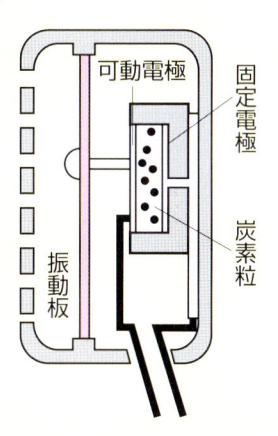

4-30　コンデンサー・マイクロフォン

振動板と固定電極による静電容量の変化を、FETアンプで電気信号として取り出す

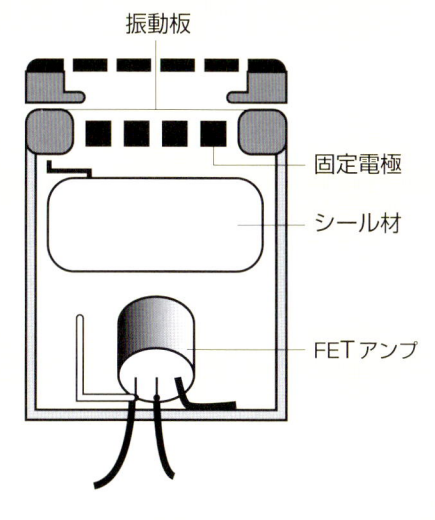

4-31　スピーカー

コイルに電流を流すと、コーンが振動し音となって表れる

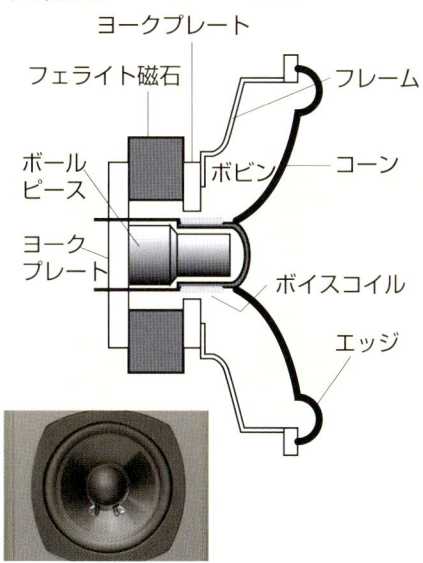

豆知識 エレキギターなどに採用されているクリスタル・マイクは、セラミックスなどを電極で挟み、空気振動を電極で拾うしくみになっている（ピエゾ・ピックアップ）。

カセットテープレコーダー

> **Key word** 　**磁性体**　磁性を帯びることができる物質のこと。酸化鉄、酸化クロム、コバルト、フェライトなどがある。

磁気現象を利用した録音・再生

　カセットテープレコーダーは、磁気テープを利用した、録音・再生機だ。磁気テープは、オーディオ、ビデオ、コンピュータなどさまざまな分野に用いられている。記録方式には、アナログ方式とデジタル方式（P196）があるが、その基本的な原理は、どちらも磁石の持つ2つの性質である。

①**残留磁化現象**　磁石（磁気＝P62）を鉄につけておくと、磁石から離した後も鉄に磁力が残る（磁化される＝図4-32）。
②**部分磁化現象**　棒状の鉄線などの一部だけに磁石をつけておくと、その一部分だけが磁化される（図4-33）。

録音・再生のしくみ

　テープの表面には酸化鉄などの**磁性体**が薄くコーティングされているため、磁石を近づければ残留磁気現象が起こり、磁石を離しても磁気が残る。一方、レコーダーの心臓部で録音や再生を行う**ヘッド**には、コイルが巻かれた電磁石（P64）が用いられている。録音ヘッドは、その磁石によって音声信号をテープに記録させるのだ。テープをヘッドに接触させながら一定のペースで移動させれば、電気信号に基づいてテープが磁化されることになるのである。

　磁化されたテープを巻き戻し、ヘッドに接触させたまま基本的に録音時と同じペースで移動させるのが再生である。録音時とは逆に**電磁誘導**（P64）によってコイルに電流が生じ、それが電気信号として伝えられるのだ。

　記録された情報の消去は、録音時よりも強力な磁気を与えることで行っている。

デジタル化で音質を向上させたDAT

　カセットテープのアナログ方式に対して、デジタル方式を採用したものが**DAT**（**デジタル・オーディオ・テープ**）である。デジタル録音によってCDを上回る高音質を実現し、構造上は音の劣化がない録音・再生が可能である。

　磁気を使うという基本構造はカセットテープと同じだが、DATは録音・再生を**回転ヘッド**が行うという点が大きく異なっている。ドラムにある2つのヘッドが、斜めにセットされたテープに隙間なく信号を記録するのだ。そのため、カセットテープの固定ヘッドに比べて効率がよく、より多くの情報量の記録が可能となった。この基本構造はビデオデッキ（P156）と同様である。

豆知識　磁気録音を発明したのはデンマークのポールセン。彼は1900年のパリ万国博に「テレグラホン」という音声記録装置を出品し、グランプリを獲得した。

4-32　残留磁気現象

鉄片を磁石につけておくと、磁石を離しても鉄片が磁化され、鉄製の釘を吸い付けるようになる

4-33　部分磁化現象

磁気を帯びる性質のある物質に磁石をつけると、その部分だけが磁化される

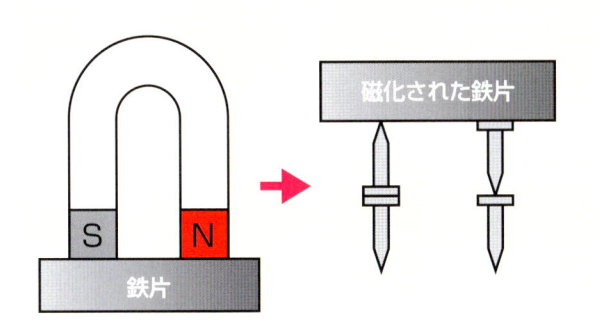

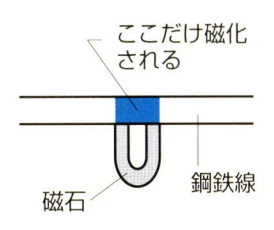

4-34　録音・再生・消去の原理

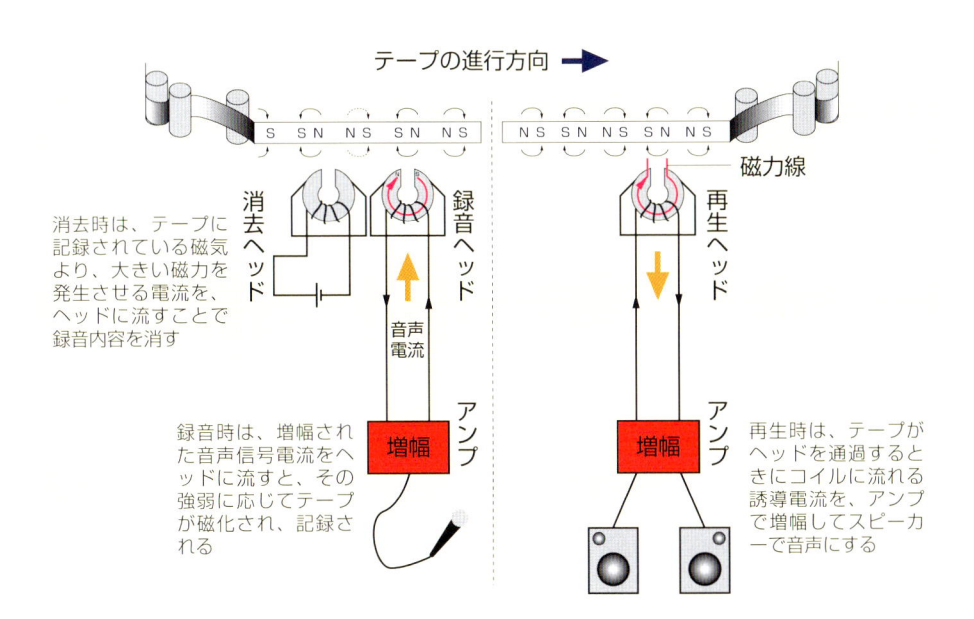

消去時は、テープに記録されている磁気より、大きい磁力を発生させる電流を、ヘッドに流すことで録音内容を消す

録音時は、増幅された音声信号電流をヘッドに流すと、その強弱に応じてテープが磁化され、記録される

再生時は、テープがヘッドを通過するときにコイルに流れる誘導電流を、アンプで増幅してスピーカーで音声にする

豆知識　DATは最長4時間の連続録音が可能。しかしカセットテープのような両面録音ではない。

CD／MD

> **Key word** **PCM方式** 音の波を0と1というパルス信号に変換するという音のデジタル化のこと。標本化→量子化という段階の後に符号化される。

音の信号をデジタル化して記録する

1982年の登場以来、あっという間にそれまでのレコード盤にとって代わった**CD**（コンパクト・ディスク）は、DAT（P130）と同様、音のアナログ信号を**デジタル信号**に置き換えて記録している。

図4-35aのような連続したアナログの波形をb、cのように標本化（サンプリング）し、次いで量子化して、0ないし1の「2進数」に変換するのだ。このようにアナログ信号をデジタル信号に変換することを符号化といい、その方式を**PCM**（パルス・コード・モジュレーション）と呼んでいる。

CDはこの方式を用いて、直系12cmのディスクに約74分間の音楽を録音することができるのである。

レーザー光でデジタル信号を読み取る

CDには、符号化された音楽情報が、**ピット**（凹み）と呼ばれる細かい溝となって渦巻き状に記録されている。

ピットの幅は0.5μm（マイクロメートル）、アナログレコードの溝に相当するトラックの間隔は1.6μmであり、人の髪の毛1本の幅に約30本のトラックが走っていることになる。CDプレイヤーは、ディスクを回転させながら**レーザー光線**を当て、反射する光線の変化によってピットを読み取り、音を再生させているのだ（図4-36）。

レーザー光線が使われるのは、極めて小さな点に収束できるという性格上、非常に細かいピットを読み取るのに適しているからである。

光磁気ディスクで録音可能なMD

MD（ミニ・ディスク）は、直径6.4cmとCDの約半分の大きさながらCDと同様の録音容量を持っている。これは、音楽データをCDの約1／5に圧縮して収録しているためである。

再生専用のMDの基本構造はCDと同じだが、録音・再生が可能なタイプには**光磁気ディスク**が採用されている。カセットなどの磁気テープ同様、表面に磁性体（P130）が塗られているのだが、録音時には表面にレーザー光線で熱を加えながら、磁力によって信号を記録している。再生時にはレーザーを当て、光が磁気の影響で偏光する性質を利用して読み取っている。

MDの最大の弱点は、圧縮による音質の劣化であった。しかし近年は、圧縮方法の進化などによって、音質も格段に向上している。

豆知識 CDの記録時間は、指揮者カラヤンが「ベートーベンの交響曲第九番が収録できるように」と提言したため、74分間に決まった。

4-35 PCM方式の音のデジタル化

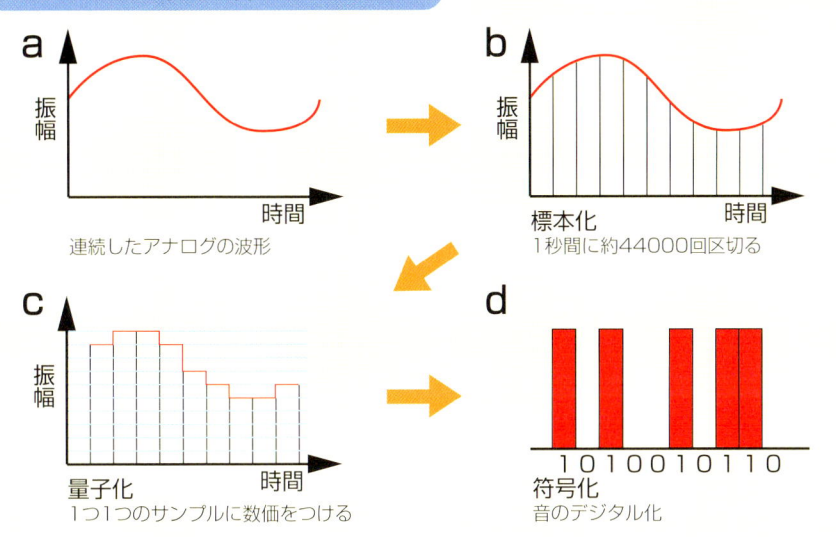

a 連続したアナログの波形

b 標本化
1秒間に約44000回区切る

c 量子化
1つ1つのサンプルに数価をつける

d 符号化
10100110
音のデジタル化

4-36 CDの原理

半導体レーザー光線をディスクに当て、ピットによる反射光の変化を光検知器で読み取り、D/Aコンバーターで光信号を音声信号に変換する

スピーカー / アンプ / D/Aコンバーター / 光検知器 / レンズ / 半導体レーザー / ビームスプリッター

音楽CDのサンプリング周波数は44.1kHz。1秒間に44,100回の割合で測定した音を、65,536段階に区切った高さで表現している。

豆知識 世界初の商品化CDは、1982年に発売されたビリー・ジョエルのアルバム「52nd STREET」（ニューヨーク52番街）だ。

電気楽器／電子楽器

> **Key word** シンセサイザー　電子回路を備えた音の合成装置。電子回路で音を加工し、さまざまな音色を作り出すことができる。

振動を電気信号に変えて増幅する電気楽器

　楽器は発音体を振動させ、空気の振動を作って周囲に音を伝える道具である。ギターなどの弦楽器では、振動する弦が発音体になる。普通のギター（アコースティックギター）などは、穴の開いた箱状の「共鳴胴」の上に弦が張られており、空間で音を増幅させている。一方、エレキギター、エレキベースなどの**電気楽器**には基本的に共鳴胴がなく（ソリッド・ボディ）、振動を**電気信号**に変換して電気的に増幅・再生しているのである。

　電気楽器のマイクの役目を果たすのが**ピックアップ**（図4-37写真）だ。エレキギターの場合、通常6本の弦の下に2～3個取りつけられている。ピックアップの基本構造は、磁石とコイルからなっており、強い磁性体（P130）である鉄製の弦が振動すると、ピックアップ内の磁界が変化してコイルに電流が流れる（電磁誘導＝P64）。この電流を電気信号として**アンプ**（増幅器）に送り増幅すると、あの独特のサウンドが生まれるというわけだ。

電子回路による発振音を使う電子楽器

　エレクトーン、電子ピアノ、シンセサイザーなどは**電子楽器**と呼ばれている。電気楽器に比べて歴史は浅く、日本でエレクトーンが生まれたのは1958年、シンセサイザーは1974年頃といわれている。

　電子楽器の特徴は、内部に弦や管を持たず、音程、音色、音量をすべて電気的な発振で作り上げていることにある。

　一般に呼ばれる電子楽器は、**PCM**（P132）によって本物の楽器の音をおよそ1万分の1秒ごとに分割し、その音をメモリーICやLSI（P194）などの電子素子に記憶させている。これを標本化（サンプリング）といい、標本化を専門的に行う機器をサンプラーという。

　一方、シンセサイザーとは"合成する"という意味であり、あらゆる波形のサンプリングデータを組み合わせたり、複数のデータの順番を変えたりすることなどによって、音を合成する機械のことである。機器によってレベルや機能はさまざまだが、アルゴリズムと呼ばれる組み合わせを変えることによって、今までにないまったく新しい音を作り出すことが可能である。

　初期のシンセサイザーはアナログ式で、単音しか演奏できなかったが、現在は同時に何種類もの音色が出せるデジタル式が一般的となった。デジタル式では、自動演奏装置（シーケンサー）と連動させて、1台でフルオーケストラ並みの演奏をすることも可能となっている。

豆知識　世界初の量産型ソリッド・ボディのエレキギターは、1948年のアメリカ・フェンダー社製のブロードキャスター（後にテレキャスターに名称変更）だ。

4-37 ピックアップの原理

ピックアップの上で鉄製の弦が振動すると、振動に対応した誘導電流がコイルに流れる。それをアンプで増幅させている

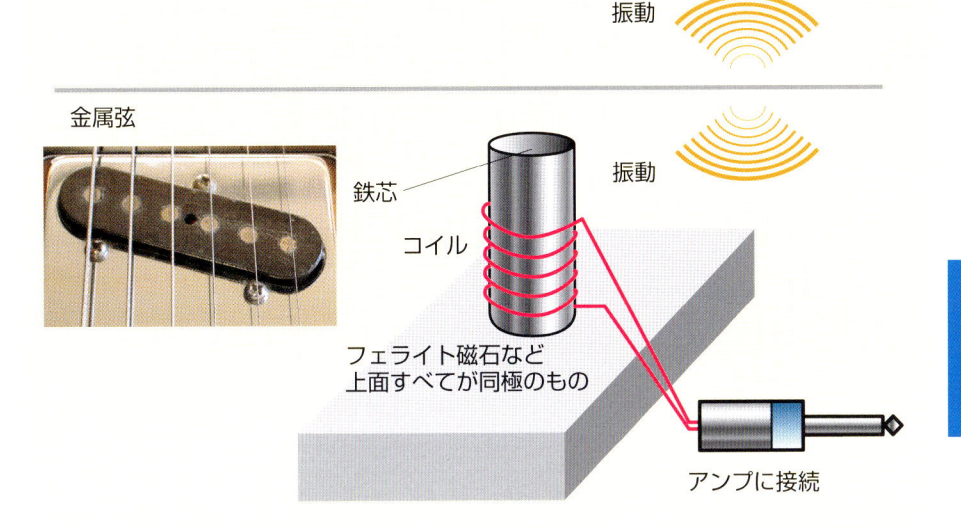

金属弦
振動
鉄芯
振動
コイル
フェライト磁石など
上面すべてが同極のもの
アンプに接続

4-38 音の3要素

デジタルシンセサイザーは、音量、波形（音色）、時間の3要素をPCMなどによってデジタル化し、それらを組み合わせることによってさまざまな音色を作り出す

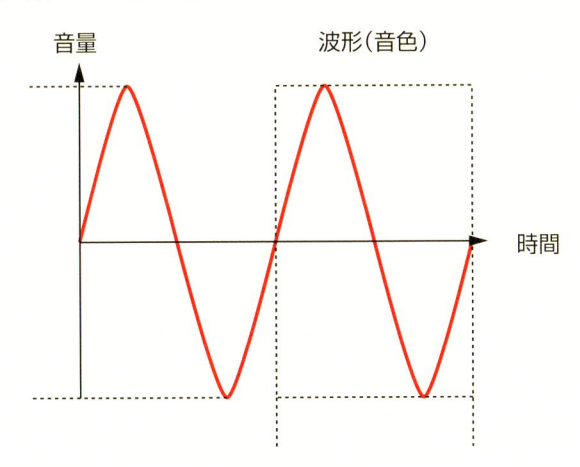

音量
波形(音色)
時間

豆知識 シンセサイザーの元祖といえるものは、1916年に誕生している。ロシアのテルミンが作った「テルミン」というもので、おもに電波が用いられた。

コピー機

> **Key word** デジタルコピー　原稿からの反射光を半導体素子（CCD）でデジタル信号に変換する。色などの再現性に優れる。

静電気の力で原稿を写し取る

　コピー機（複写機）は、静電気（P48）を利用した電気製品である。

　原稿をセットしてスタートボタンを押すと、まず光が原稿に当てられ、その反射光が**ドラム**と呼ばれるロール状の感光体に読み取られる。光は原稿の白い部分に強く反射し、文字や写真などの色がついている部分では吸収されて、反射が弱くなる。この違いがドラムに記録されるのだ。これを詳しく説明すると次のようになる。

① ドラムの表面には、**セレン**という半導体が薄く塗られている。セレンは普通の状態では不導体だが、光を当てると導体になるという性質（**光導電効果**）を持っている。これにあらかじめ電圧をかけて、プラスに帯電（P38）させておく。この時点でのセレンは電気を通さないため、プラスの電荷はそこに留まっている。

② 原稿に光を当てると、白い部分に当てられた光だけが反射してドラムに当たる。その光を感知した部分のセレンだけが導体となり、その部分に留まっていたプラス電荷が感光体の下層に敷かれたアルミニウム板に向かって逃げていく。一方、反射がなかった文字などの部分には、プラスの電荷が留まったままとなる。

③ この状態のドラムに、マイナスに帯電させた**トナー**と呼ばれる粉インクを接触させる。トナーは、静電誘導（P48）によりプラス電荷が残った部分にだけ吸い寄せられる。

④ プラス電荷を帯びた記録紙をドラムに接触させると、マイナス電荷を持ったトナーは用紙に引き寄せられる。

⑤ 加熱してトナーに含まれるプラスチックを溶かし、記録紙に定着させる。

さまざまな処理を可能にしたデジタルコピー機

　近年、コピー機にもデジタル化が進み、主流になりつつある。感光体で原稿を読み取るアナログ式に対して、**デジタルコピー機**は、反射光を半導体素子（P190）を使ってデジタル信号に変換し、画像処理を行う。これは、コンピュータの周辺機器であるスキャナと同じしくみである。鮮明なコピーが可能になったことに加えて、デジタル信号に変換することで、従来は不可能だったさまざまな画像処理が可能になっている。

　カラーコピーは、フィルターによって色を赤、緑、青の光の3原色（RGB）に分解し信号化する。そして、コンピュータによってその信号をイエロー（黄＝Y）、マゼンタ（赤紫＝M）、シアン（青緑＝C）、黒（K）という4色（YMCK）に変換することで、色を再現している。

豆知識 かつてコピー機は英語でゼロックス（Xerox）と呼ばれていた。これは商標からきたものである。

4-39　コピー機の構造

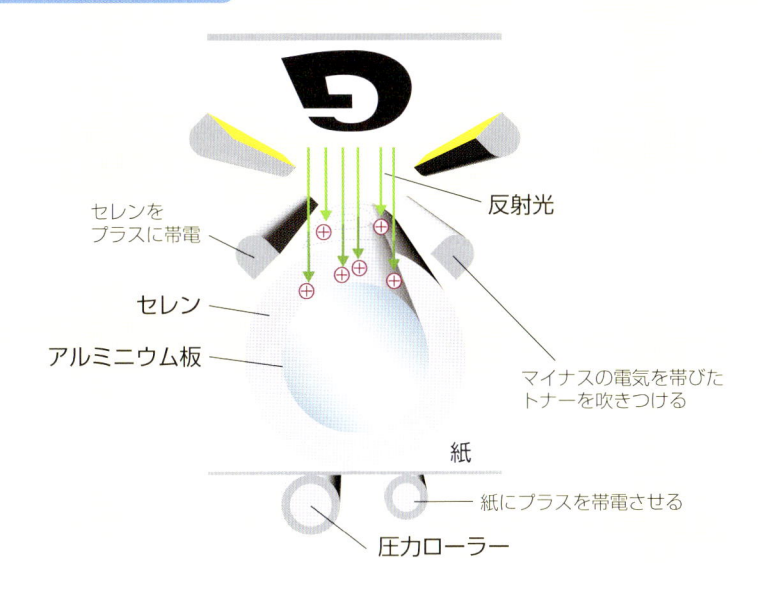

反射光
セレンをプラスに帯電
セレン
アルミニウム板
マイナスの電気を帯びたトナーを吹きつける
紙
紙にプラスを帯電させる
圧力ローラー

4-40　紙に印刷されるしくみ

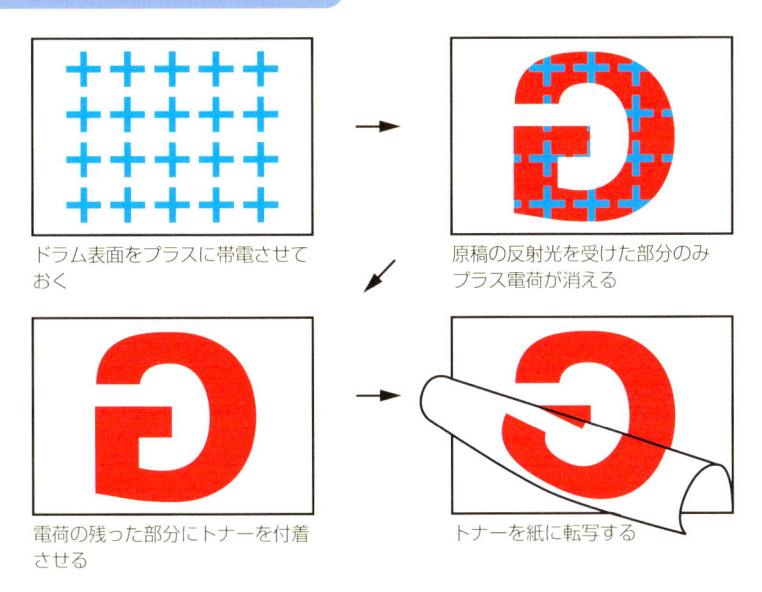

ドラム表面をプラスに帯電させておく

原稿の反射光を受けた部分のみプラス電荷が消える

電荷の残った部分にトナーを付着させる

トナーを紙に転写する

第4章

豆知識　最新のビジネス向けコピー機は、パソコンと組み合わせて、プリンター、FAX、イメージスキャナなどの各種機能が統合されたデジタル複合機が登場している。LAN経由で操作が行えて非常に便利だ。

自動ドア

> **Key word** 光線スイッチ　照射した近赤外線の反射量の増減で人を感知。熱線スイッチは、人が出す遠赤外線を直接とらえる。

センサーがスイッチをオン／オフ

　何気なく利用している**自動ドア**にも、さまざまな種類がある。

　光線スイッチ式は、ドアの上部に発光部と受光部が設けられている。発光部のLED（発光ダイオード）からは、検知エリアに向かって常に**近赤外線**が照射され、一部が反射して受光部のフォトダイオード（P192）に戻っている。この検知エリアに人が立ち入ると反射光量が変化する。そして、フォトダイオードがそれを感知して、ドアを開くのだ。誤作動の少ない方式だが、外部のレーダーに反応するなどしてドアが開くこともある。

　そうした弱点を補うための1つの方法が、**熱線スイッチ式**と呼ばれるもので、物質が温度に応じて放出している**遠赤外線**（P118）を、ドア上部の感知部でとらえるものである。しかし、いかなる感知方法であっても安全のために、補助センサーを併用設置することが重要である。

滑らかな開閉を実現するパルスカウンター

　自動ドアは、開くときも閉じるときも減速しながら停止している。このスピード調節を行うために、ドアの位置を検出しているのが**パルスカウンター**である。その構造は図4-43のように、スリットの入った円盤をはさんで、LEDとフォトダイオードが向かい合っている。LEDからは常に赤外線が照射され、フォトダイオードはそれを電気信号に変換してマイコンに送っているのだ。

　ドアが動くと、円盤もその動きに合わせて回転し、LEDから出た赤外線は暫時にさえぎられるため、フォトダイオードから送られるパルス信号も断続的となる。この信号を数えることで、マイコンはドアの位置を把握し、ドアの駆動部に指令を出すのだ。

自動ドアの歴史と未来

　人類最古の自動ドアは、古代ギリシャ時代に、神殿の扉を蒸気によって開閉したものだといわれている。日本では、昭和初期に軍艦の内部にはじめて採用され、電車などに空圧式の自動ドアが使用されるようになった。その後、1964年の東京オリンピックを契機に一気に普及、現在では普及率世界一だとされている。

　普及に伴って開発も急速に進んでいる。最新技術としては1枚のドアを細分化し、通過する人や物の形状に合わせて最小限だけ開く自動ドアも開発されている。

豆知識 現在の日本には全国各地で、約160万台の自動ドアが設置されている。

4-41 光線スイッチ式

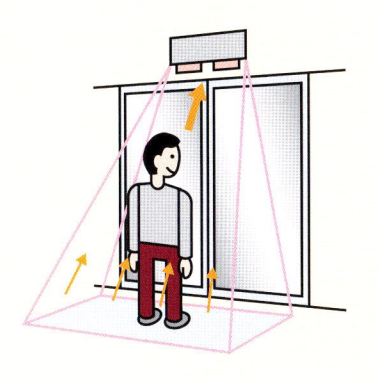

近赤外線の反射量の変化で人を感知

4-42 熱線スイッチ式

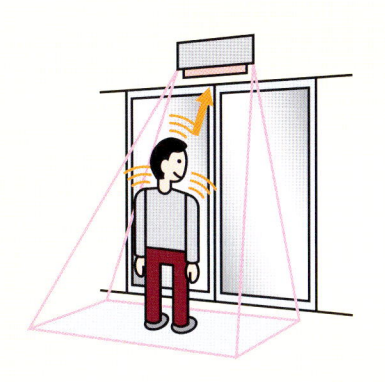

人が放射している遠赤外線を感知

4-43 パルスカウンターの構造

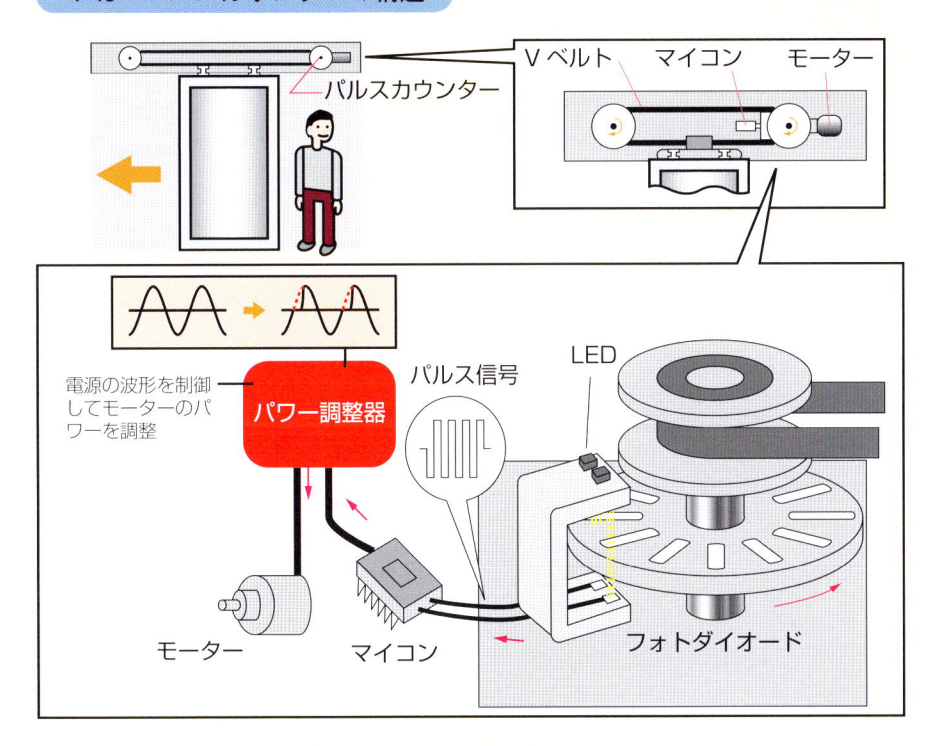

Vベルト　マイコン　モーター

パルスカウンター

電源の波形を制御してモーターのパワーを調整

パワー調整器

パルス信号

LED

モーター

マイコン

フォトダイオード

第4章

豆知識 自動ドアが電車に初採用されたのは、1926年の京浜線（今の京浜東北線）だ。

エレベーター／エスカレーター

> **Key word** エスカレーター　アメリカで1920年頃実用化された。基本構造は当時とほとんど変わっていない。

ロープ式エレベーター

　ギネスブックが公認する世界最高速のエレベーターは、時速なんと60.6km。台湾・台北の超高層ビルに納入されたもので、日本のメーカーが開発したものである。

　エレベーターの駆動方式には、ロープ式、油圧式、リニアモーター(P8)式などがある。その中で代表的な**ロープ式**エレベーターには、トラクション式と巻胴式がある。

　日本で一般的なトラクション式は、巻上機を使ってかごとつり合いおもりを吊り下げる方式である。モーターの回転力をロープに伝えてかごを上下させ、制動機によって目的階に停止させている。制動機にはブレーキコイルがあり、電流が切れるとブレーキドラムの回転を止め、かごを停止させるのだ。停止位置は、モーターの回転の向きと回数からマイコンが判断する。それだけではなく、精度向上のため、かごにも位置検出装置が設けられている。

　また、万が一ロープが切れた際に備えて、かごの下部には非常止め装置が取りつけられている。この装置は、機械室にある調速機が下降速度の異常を発見した途端、ガイドレールをつかみ、かごをストップさせるものである。エレベーターにはこのほかにも、ドアスイッチ、ファイナルリミットスイッチ、オーバースピード検出器、緩衝器など、二重、三重にわたって安全装置が取りつけられている。

エスカレーターの語源は、「階段」と「エレベーター」

　エスカレーターという名称は、ラテン語のScale(階段)と、エレベーターとの組み合わせである。そのしくみは、図4-45のようになっている。
①上部に設置された駆動機が、踏段(ステップ)駆動チェーンを回転させる。
②ステップ駆動チェーンと連結したステップチェーンが回転する。
③ステップチェーンと連結した移動手すり駆動チェーンが回転する。
　大型の(長い)エスカレーターには、上部と下部との中間にも、駆動機が設置されているものもある。

　エスカレーターの昇降傾斜は、建築基準法で30度と定められているため、日本ではすべてこの角度で設置されている。昇降スピードも定められており、おもなエスカレーターは毎分30m、駅などのラッシュ時には毎分40mとなる。

　一度に運べる人数が制限されているエレベーターに対して、エスカレーターは連続して人を移動させることができる。エスカレーターは、1時間に12,000人もの人を昇降させることができるのだ。

> 豆知識　人類最古のエレベーターを考案したのは、かのアルキメデス。現在から約2200年以上も昔のことである。

4-44 ロープ式エレベーターの構造

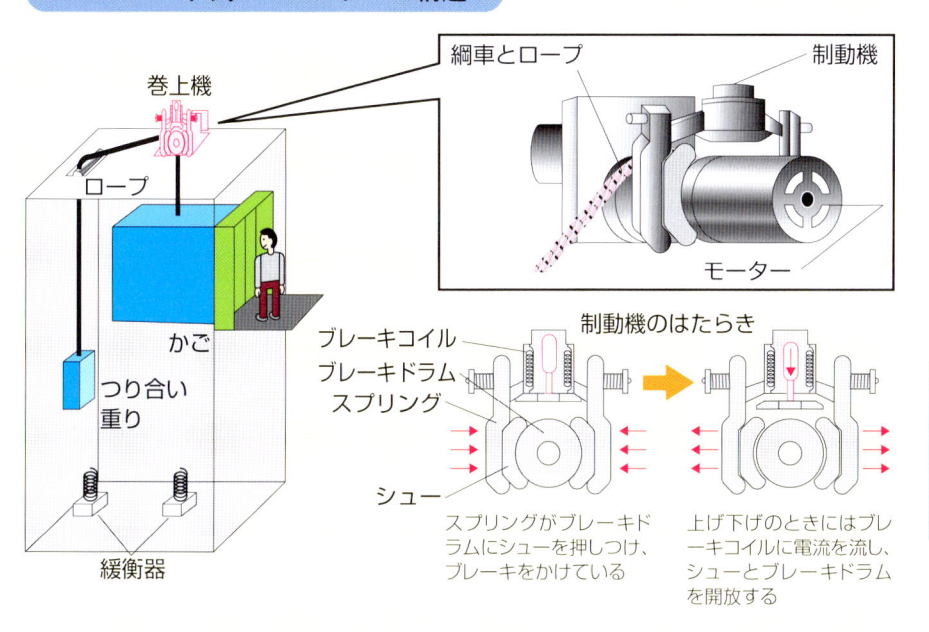

巻上機
ロープ
かご
つり合い重り
緩衝器
綱車とロープ
制動機
モーター

制動機のはたらき

ブレーキコイル
ブレーキドラム
スプリング
シュー

スプリングがブレーキドラムにシューを押しつけ、ブレーキをかけている

上げ下げのときにはブレーキコイルに電流を流し、シューとブレーキドラムを開放する

4-45 エスカレーターの構造

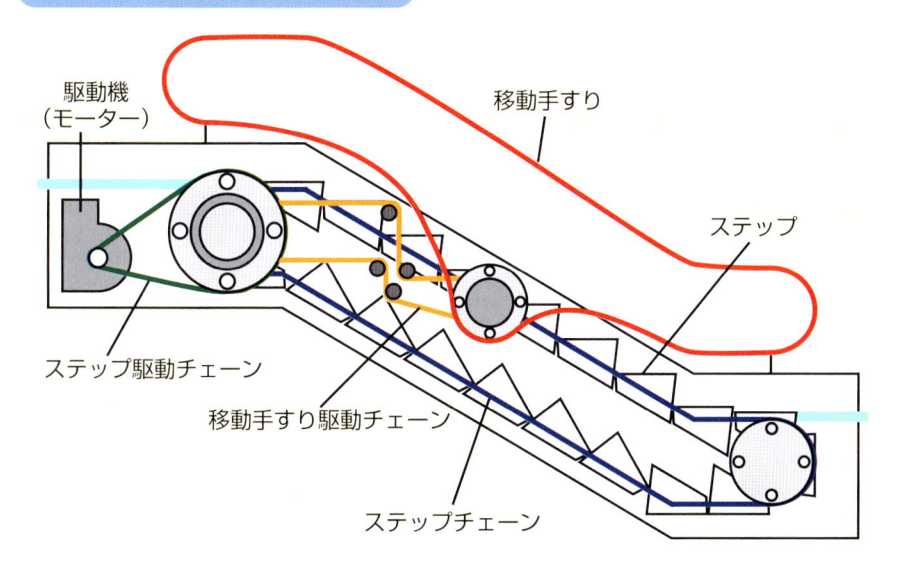

駆動機（モーター）
移動手すり
ステップ
ステップ駆動チェーン
移動手すり駆動チェーン
ステップチェーン

豆知識 エスカレーター（Escalator）という名称は、もともと米国OTIS社の登録商標で、商品名であった。

Column

蓄音機からMP3まで

世界ではじめて「録音」された「メリーさんの羊」

　1877年、エジソンによる蓄音機は、「音」を「記録」して「再生」するという、革命的な大発明であった。

　彼は自ら歌った「メリーさんの羊」の録音・再生実験に成功、その録音時間は1分間程度であった。当時、彼は電話の研究に没頭しており、その最中で電話に録音機能を設けることをひらめいたといわれている。その当時から、留守番電話機能を考案していたというわけだ。

　エジソンの蓄音機「ティン・フォイル」の誕生から、録音媒体は歴史とともに発展していくのである。

ハード／ソフトの移り変わり

　「ティン・フォイル」の、いわゆる「ソフト」部分は銅製の円筒であった。ディスク型レコードは、1889年のベルリナーの発明によるものだ。硬質ゴム製ディスクをソフトとした蓄音機は再生専用で、SP盤の原型となった。この発明によってレコード会社が誕生し、蓄音機＝ハード、レコード＝ソフトという体系が築かれた。

　そして1920年代、電気録音方式が発達し、ソフトの大量生産に結びついた。1948年にLP盤、そして磁気テープが開発されたのだ。ソフトに多重録音することが可能になったことで、録音方式も一新された。

　続く1960年代にはPCM技術、1970年代にはカセットテープレコーダーが開発される。

　そして1982年のCDの誕生を迎え、デジタルソフト時代に突入していく。

ソフトの概念を葬るMP3

　1989年、パソコンの世界では、MP3（MPEG Audio Layer-3）という技術が誕生した。MP3は音楽CDなどの音声データを約1／10に圧縮し、記録するための規格である。この技術を活用した約20,000曲という膨大な量を保存できる端末が登場し、普及を続けている。

　こうなれば、ソフト自体がなくなる可能性が出てくる。ソフトの「作り手」側でも、インターネット配信を開始しているミュージシャンが現れている。CDなどの「パッケージ」は、そのうち姿を消してしまうかもしれない。

第5章
電波と通信で暮らしを豊かに

電波とは何か

> **Key word　電磁波**　磁界と電界が連鎖的に発生を繰り返しながら進む波で、交流電流により発生。このうち、周波数300万MHz以下を電波と呼ぶ。

マクスウェルの予言した電磁波

　1864年、イギリスのマクスウェルは、コンデンサー（P60）に交流の電圧をかけると、放電（P48）される現象に着目した。2枚の電極板の間が、導線でつながれていないことに、関心を向けたのだ。

　そして彼は、「導線を流れる電子の移動とは違う、空間を流れる電気が存在する」と考え、**電磁波**の存在を予言した。

　マクスウェルの予言が証明されたのは、1888年のことである。Hzに名を残すドイツのヘルツは、火花発生装置と火花検出器を用いた実験で、電磁波の存在を明らかにした（図5-1）。コンデンサーの金属板の代わりに、金属球でできた火花発生装置に交流電圧をかけると、金属球の間に火花が飛ぶ。このとき、離れた場所にあった検出器の金属球の間にも、同じように火花が飛んだのだ。空間を流れる電磁波の存在が、明らかになった瞬間である。

電磁波が空間を伝わる原理

　図5-2aを見てほしい。コンデンサーに交流電流を流し、プラスからマイナス、マイナスからプラスへという極性の切り替えが繰り返されると、電極板の間に**変位電流**が発生する。すると、この変位電流の周りに磁界が生まれる。

　そして、変位電流の向きが反対になるたびに、その周りを取り囲む磁界の向きも逆となる。そのときに生まれる逆向きの電界と磁界が、その前に発生した電界と磁界を押し出していく。これが繰り返されることで、電解と磁界はまるで鎖のようにつながって、電磁波は空間を伝わっていくのである（図5-2b）。

電磁波の分類

　ラジオやテレビ、無線通信などに使われている**電波**（P146）は、電磁波の一種である。日本の電波法では、「300万MHz以下の周波数の電磁波を、電波という」と定めてられている。

　300MHzを超える電磁波には、周波数が低い順に、赤外線／可視光線／紫外線／X線／γ線がある。電磁波は、人為的に作り出すだけでなく、電気機器の使用時や送電線（P94）などからも発生している。近年、電磁波が人体に悪影響を与えるとして、電磁波過敏症という症状も報告されている。

豆知識　マクスウェルは1873年に、電磁気に関する研究の集大成として「電気磁気論」を発表。現在の電磁気学の基礎となっている。

5-1 ヘルツの実験

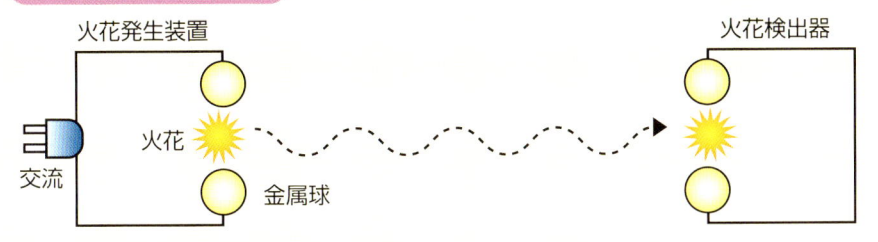

火花発生装置 / 交流 / 火花 / 金属球 / 火花検出器

5-2 電波の発生

a 電流 / 変位電流 / 磁界 / 交流

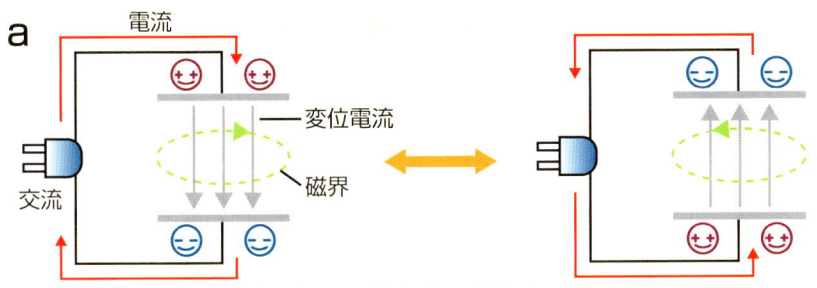

変位電流の向きが変わると、磁界の向きも逆になる

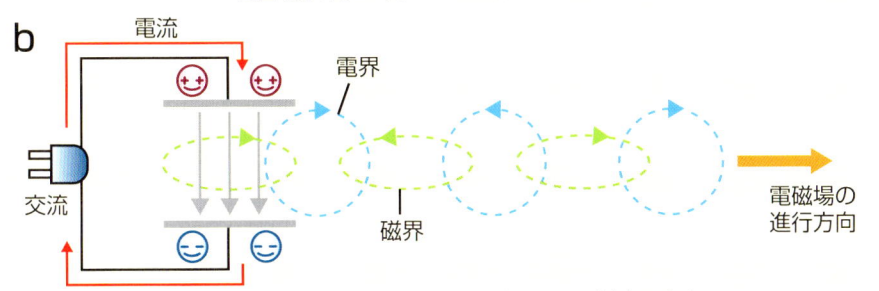

b 電流 / 電界 / 磁界 / 交流 / 電磁場の進行方向

新しく発生した逆向きの磁界が、前に生まれた両者を押し出す

5-3 電磁波の分類と波長

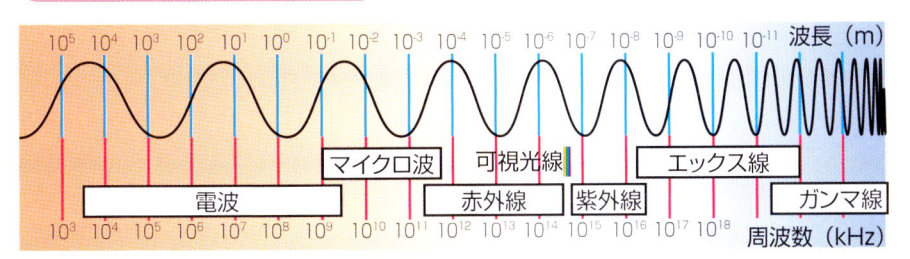

波長（m）: $10^5, 10^4, 10^3, 10^2, 10^1, 10^0, 10^{-1}, 10^{-2}, 10^{-3}, 10^{-4}, 10^{-5}, 10^{-6}, 10^{-7}, 10^{-8}, 10^{-9}, 10^{-10}, 10^{-11}$

電波 / マイクロ波 / 赤外線 / 可視光線 / 紫外線 / エックス線 / ガンマ線

周波数（kHz）: $10^3, 10^4, 10^5, 10^6, 10^7, 10^8, 10^9, 10^{10}, 10^{11}, 10^{12}, 10^{13}, 10^{14}, 10^{15}, 10^{16}, 10^{17}, 10^{18}$

第5章

豆知識 ヘルツはわずか37歳でこの世を去っているが、「短い生涯に永く生きた、選ばれた1人であることを誇りにしたい」という言葉を残した。

電波の種類

> **Key word** 電離層　地上60km以上の上空にあり、中波や短波を反射してその伝達距離を長くする。超短波より短い波長の電波は反射しない。

電波の伝わり方は波長で決まる

　電波の伝わり方は**波長**（P54）によって異なる。波長が長ければ（周波数が低ければ）、大きな建物なども突き抜けて進むことができるが、多量の情報を送るのには適さない。情報は電波のサイクルに乗せて送るため、一般的に周波数の高いほうが、伝達できる情報量は大きくなるのである。

　電波の伝わり方に大きな影響を与えるものに、**電離層**がある。地表から60km以上の大気中にあり、イオン（P38）や電子が高密度で存在している。電子密度の差によってD、E、Fなどの各層に分かれ、それぞれが異なる周波数の電波を反射する（図5-4）。

それぞれの電波の特徴

　電波は、波長によって種類が分けられている。そして、送りたい情報の用途によって、使い分けられているのだ。

長波（波長10〜1km）　遠くまで伝わるため、かつては国際通信の主力だった。だが、たくさんの情報を伝えるには不向きなため、現在では船舶無線など、限られた分野で使われているのみである。

中波（波長1km〜100m）　地上約100km上空の電離層（E層）に反射して伝わる性質があり、ある程度の遠距離通信を可能にしている。そのため、ラジオ（P150）の国内放送などに使用されるが、伝わる距離には限界がある。また、電離層は、電子密度などが時間や季節によって変動しやすく、受信状態が左右されることもある。

短波（波長100〜10m）　地上約140〜400km上空にある電離層（F層）と地表面の間で、繰り返し反射して伝わっていく性質を持っている。小さな放送電力でも遠距離を伝わることから、国際放送・通信などに向く電波だ。ただし、電離層頼みであるため、その影響度は中波よりも大きく、状態によっては通信の質が大きく落ちてしまうという弱点がある。

超短波（波長10〜1m）　1つひとつの電波に数多くの情報が乗せられるため、超短波はテレビ（P152）やFMラジオ（P148）、警察無線などに利用されている。直進性が強いため、中継しないかぎり見通しのきく範囲にしか伝わらない。

極超短波（波長1m〜10cm）　さらに直進性を持つため、伝わる範囲はかぎられる。しかし、超短波の100倍近い情報を送れるため、携帯電話（P174）やUHFのテレビ放送には、この波長の電波が使われている。

　これより波長の短い電波は、ますます直進性を帯び、光に近い性質を持つようになる。そうした特徴を生かし、宇宙通信や無線航行などの分野で活用されている。

豆知識　長波は建物や雨、雪などの障害物に強い。そのため鉄道・地下鉄連絡無線などには最適だ。

5-4 電離層における電波の伝わり方

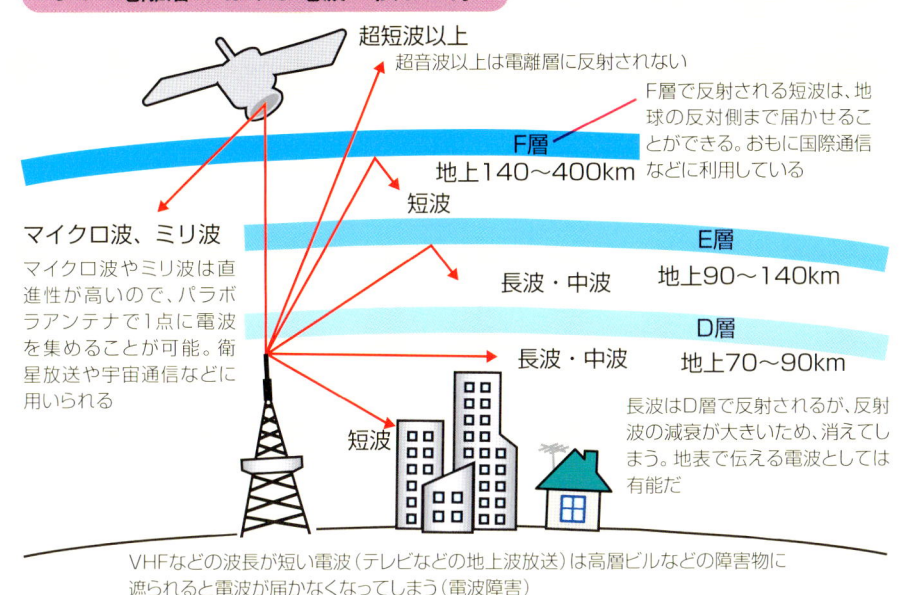

超短波以上
超音波以上は電離層に反射されない

F層 地上140〜400km
F層で反射される短波は、地球の反対側まで届かせることができる。おもに国際通信などに利用している

短波

マイクロ波、ミリ波
マイクロ波やミリ波は直進性が高いので、パラボラアンテナで1点に電波を集めることが可能。衛星放送や宇宙通信などに用いられる

E層 地上90〜140km
長波・中波

D層 地上70〜90km
長波・中波
長波はD層で反射されるが、反射波の減衰が大きいため、消えてしまう。地表で伝える電波としては有能だ

短波

VHFなどの波長が短い電波（テレビなどの地上波放送）は高層ビルなどの障害物に遮られると電波が届かなくなってしまう（電波障害）。

5-5 電波の種類と用途

名称	略称	周波数	波長	用途
超長波	VLF (very low frequency)	3kHz〜30kHz	30km〜10km	長距離通信、時報など
長波	VL (low frequency)	30kHz〜300kHz	10km〜1km	長波放送、船舶通信など
中波	MF (medium frequency)	300kHz〜3MHz	1km〜100m	アマチュア無線、航空通信など
短波	HF (high frequency)	3MHz〜30MHz	100m〜10m	短波放送、各種国際通信など
超短波	VHF (very high frequency)	30MHz〜300MHz	10m〜1m	FM放送、TV放送、短距離・移動通信など
極超短波	UHF (ultra high frequency)	300MHz〜3GHz	1m〜10cm	TV放送、短距離・移動通信など
マイクロ波	SHF (super high frequency)	3GHz〜30GHz	10cm〜1cm	マイクロ波中継など
ミリ波	EHF (extremely high frequency)	30GHz〜300GHz	—	レーダー、電波望遠鏡など

豆知識 1993年から、電波利用者に対し利用料を徴収することに法律で決まっている。無許可の電波通信などは絶対にしてはいけない。

AM／FM

> **Key word**　**変調**　搬送波を音声などの情報の信号に合わせて変化させること。振幅変調（AM）、周波数変調（FM）などがある。

音声信号の運び屋＝搬送波

　電波には周波数（P54）によってさまざまな特徴があり（P146）、多様な情報伝達の手段として活用されている。ただし、電波そのものが「情報＝音声信号」なのではない。

　私たちが認識できる音（音声）は、20Hz～20kHz程度の低周波の音波（空気振動）にかぎられる。それをそのまま電気信号に変えても、周波数が低すぎて遠方にまで届かせることができない。そのため、周波数の高い電波に置き換える（**変調**）ことが必要になる。その音声信号を運ぶ電波が**搬送波**だ。搬送波は、情報が正しく送れるように加工＝変調されている。「電波に乗せる」といっても、もとの電波そのままでは情報を伝えることができないのだ。

　ここでは、ラジオでおなじみの**AM**（振幅変調）と**FM**（周波数変調）の変調方式を説明しよう。

振幅を変化させるAM／周波数を変えるFM

　AM方式は、おもに音声、つまり「言葉」を伝える放送局に用いられている。これに対してFM方式は、おもに「音楽」を中心に伝えるラジオ局が採用している。伝えたい情報に適した方式を、各ラジオ局が選択しているといえよう。

　AMは、一定の振幅の搬送波を、その振幅の大きさで変調する。対してFMでは、搬送波の周波数の高低、つまり波長を変えて変調する方式だ（図5-6）。

　AMの搬送波は、531kHz～1,602kHzで、乗せることのできる「音」の周波数帯域は、50Hz～7,500Hz。搬送波が**中波**（P146）であるため、広範囲に電波を届けるのに適している一方、電気的な雑音を拾いやすいのが弱点だ。しかし、おもに言葉を伝えることが目的であるから、そこには目をつぶっても広範囲に電波を届かせることを優先させている。

　しかし、音楽を電波に乗せるなら話は別だ。心地よい音楽を聴いている最中に雑音が入れば、すべては台なしになってしまう。そこで、音楽配信を中核とするラジオ局はFM方式を採用している。

　FMの搬送波には、76MHz～90MHzの**超短波**（P146）が使われる。このことにより、音の周波数帯域は50Hz～15,000Hz。よって、高音質・高音域による配信が可能となる。また、FMでは搬送波の振幅が一定なため、雑音を受信してもよけいな振幅をカットすることができる（図5-7）。FMの欠点は、搬送波が超短波なため、AMに比べ受信範囲が狭くなってしまうところだ。

豆知識　AMはAmplitude Modulation（増幅変調）、FMはFrequency Modulation（周波数変調）の略だ。

5-6 AM・FMの送信法

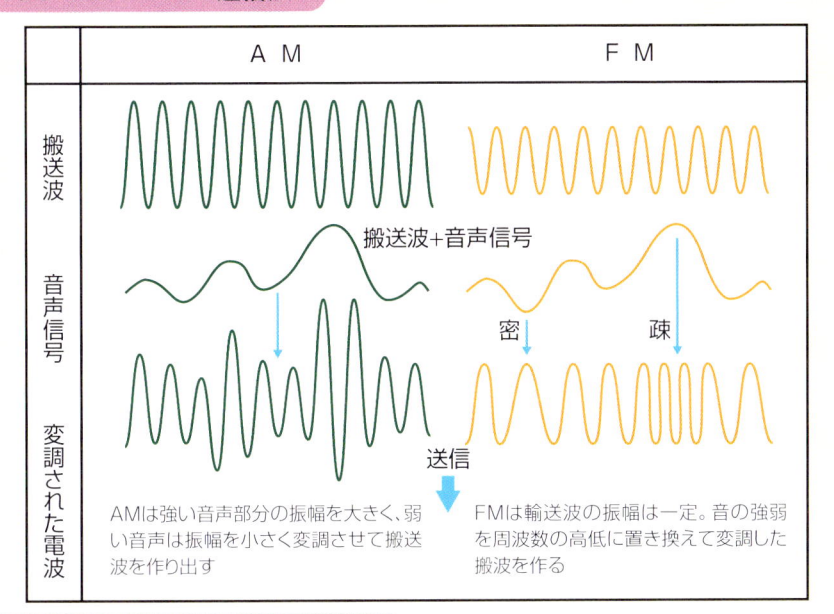

	AM	FM
搬送波		
音声信号	搬送波+音声信号	密　疎
変調された電波	送信	
	AMは強い音声部分の振幅を大きく、弱い音声は振幅を小さく変調させて搬送波を作り出す	FMは輸送波の振幅は一定。音の強弱を周波数の高低に置き換えて変調した搬波を作る

5-7 AM・FMの受信時の特性

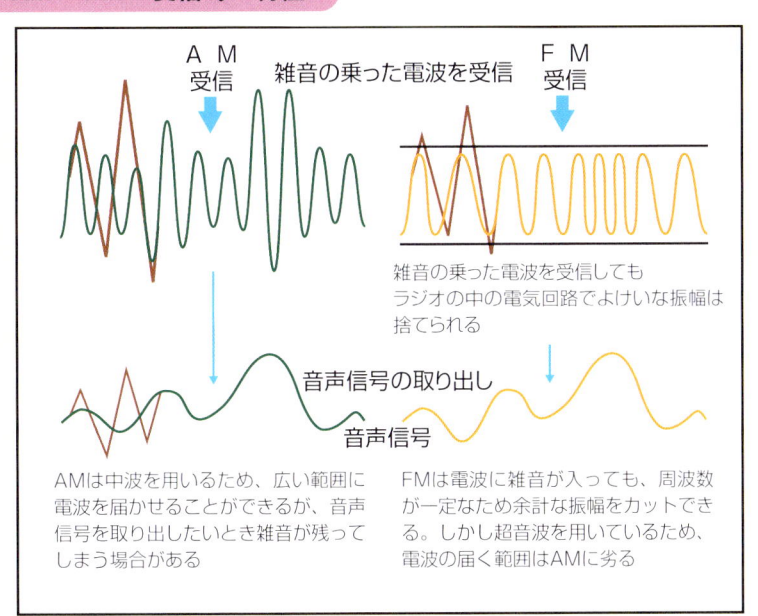

AM受信　雑音の乗った電波を受信　FM受信

雑音の乗った電波を受信してもラジオの中の電気回路でよけいな振幅は捨てられる

音声信号の取り出し
音声信号

AMは中波を用いるため、広い範囲に電波を届かせることができるが、音声信号を取り出したいとき雑音が残ってしまう場合がある

FMは電波に雑音が入っても、周波数が一定なため余計な振幅をカットできる。しかし超音波を用いているため、電波の届く範囲はAMに劣る

豆知識　FMは全国FM放送協議会（Japan Fm Network＝JFN)という組織を設けている。TOKYO FMをキー局、fm osakaを準キー局とし、ほぼ全国のエリアへ展開している。

ラジオ

> **Key word** チューナー　受信機で、外部の電気振動と同じ振動数に合わせて共振する回路。回路を可変調節して同調させる（同調回路）。

必要な電波だけをより分けるチューナー

　ラジオ（Radio）とは、無線送受信技術全般という意味だが、一般的には受信機のことをそう呼んでいる。

　ラジオ放送を聴くためには、聴きたい放送局の周波数（P54）だけを選び出すことが必要だ。それを行うのが受信機内の**チューナー**（同調回路）である。

　チューナーの原理は、図5-8のようになっている。アンテナにつながるコイル（P64）と、**可変コンデンサー（バリコン）**に並列につながる同調コイルが基本構成だ。バリコンとは、静電容量を変えられるコンデンサーである。

　図5-9を見てほしい。同調コイルに流れる電流の波形と、バリコンの電流の波形は、並列につながれているため、常に対照なものとなる。そして、互いの電流が「0」となって交わる点が、**共振点**だ。

　共振点の電流が「0」ということは、電波からみると、電波に対しての抵抗が「0」ということになる。つまり、共振点のみが、電波が入り込む「通路」ということだ。よって、聴きたい電波の頂点に共振点を合わせてやれば、その「通路」から聴きたい電波のみを取り出せるというわけだ。この現象を**共振**という。

　聴きたい周波数に合わせるには、バリコンの静電容量を変えてやればよい。すると、同調コイルと対照の波形の、「波長」を変えることができる。よって、聴きたい周波数の頂点に、共振点を移動させることが可能となる。これが**チューニング（同調）**だ。ラジオ受信機では、チューニングによって取り出された電波から、搬送波を取り除き、音声信号のみにされる。この一連のはたらきを**検波**という。

信号を増幅させるスーパーヘテロダイン方式

　ラジオ受信機の多くは、**スーパーヘテロダイン方式**と呼ばれる構成だ。チューニング・検波された電波は、そのままでは微小なため、増幅させている。増幅の手順は次のとおりである。

①アンテナから入ってきた電波を高周波増幅回路で増幅させる。

②増幅させた電波に、局部発信回路で得た高周波（990〜2,060kHz）を、周波数混合器で混ぜ、中間周波数（455kHz）まで下げる。

③中間周波増幅器でさらに増幅し、検波器によって音声電流を取り出す。

④低周波増幅器で3度目の増幅を行い、スピーカーへと送られる。

　検波回路に送る前に電波を混合するのは、受信搬送波の周波数を一定にするためだ。なお、この手順はAM放送のものだ。

> **豆知識** 世界初のラジオ放送は1900年、カナダのフェッセンデンによる。彼は後に史上初のクリスマス番組を自ら放送した。

5-8 チューナーの原理

可変コンデンサーのつまみを回すと静電容量を変化させることができる。アンテナが捕えた電波は同調コイルへと伝わる

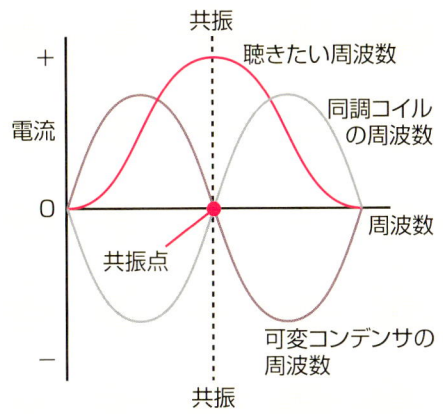

5-9 同調のしくみ

聴きたい周波数の頂点に、共振点を合わせると、その周波数をキャッチすることができる

5-10 AMラジオの原理

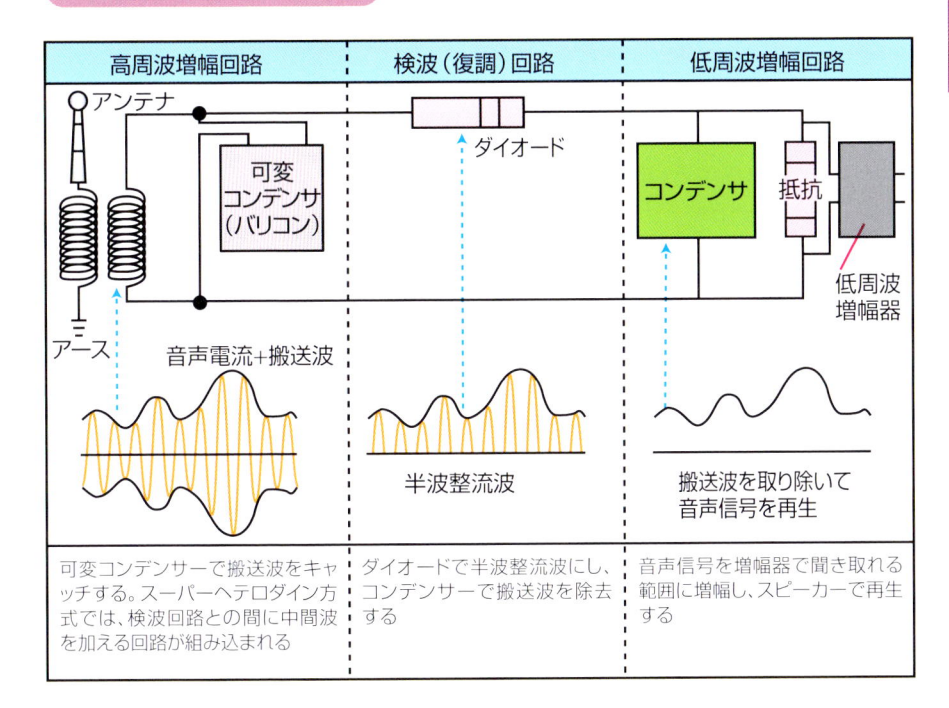

高周波増幅回路	検波（復調）回路	低周波増幅回路
音声電流+搬送波	半波整流波	搬送波を取り除いて音声信号を再生
可変コンデンサーで搬送波をキャッチする。スーパーヘテロダイン方式では、検波回路との間に中間波を加える回路が組み込まれる	ダイオードで半波整流波にし、コンデンサーで搬送波を除去する	音声信号を増幅器で聞き取れる範囲に増幅し、スピーカーで再生する

豆知識　スーパーヘテロダイン方式は、アメリカのアームストロングにより1919年に発明されている。彼は1933年にFM方式も発明した。

テレビ

> **Key word　走査**　映像を多くの点に分解し、それぞれの点の情報を電気信号に変換するために、各点を一定の順序でたどること。

映像はAMで、音声はFMで送信される

テレビの正式名称「テレビジョン」は、Tele（遠方）とVision（光景）の造語。

テレビは、送信側（放送局）が映像と音声を別々の電気信号に変え、搬送波（P148）に乗せる。このとき、映像信号がAM、音声信号はFMと、異なった変調方式を採用している。映像信号の伝達は、AM方式を利用することで帯域幅が比較的少なくてすむ。またFM方式を使う音声信号は、±0.25MHzの周波数変化によって伝えられる。

受信側では、同時に送られてくるこれらの信号を、**ブラウン管**などのディスプレイとスピーカー（P128）で再生する。

映像を信号に変換する役割を果たすのは、**テレビカメラ**である。映像はまず、プリズム（光を分散・屈折させる部品）で赤／青／緑という光の3原色に分けられる。そのそれぞれが、**撮像管**という電子管で電気信号に変換される。撮像管は物質に光を当てたとき、物質内の電子が光のエネルギーを吸収して起こる**光電効果**と呼ばれる現象を利用して、光を電気に変えている。近年は、光を直接電気信号に変える**CCD**と呼ばれる半導体素子も使われるようになった（図5-11）。

映像は、平面的な1枚の"画"がそのまま信号になって送られるわけではない。映像を横方向に細かく切ったうえで、それを上の段から1本ずつ、左から右に電気信号に変換するのである。この繰り返しの作業を**走査**という。通常のテレビ放送の映像は、525本の**走査線**で構成され、毎秒30枚が送られている。

分割された信号のタイミングを合わせて再生

地上波テレビ放送は、**VHF**（超短波）と**UHF**（極超短波）という、2種類の電波が使われている（P146）。放送局から送られた電波は、**アンテナ**（P154）からテレビ受像機へと入り、チューナー（P150）でチャンネルが選局され、映像信号と音声信号に分けられる。

映像信号には色の割合を伝える**色信号**と、明るさを伝える**輝度信号**、ブラウン管の電子ビームのはたらきを制御する信号が混ざっている。これらの信号の融合によって、映像が再現されるのだ（図5-12）。分けられた信号は、別々にブラウン管（図5-13）に送られる。走査線に分割された映像をもとに戻すためには、再生のタイミングが重要になる。このタイミングを**同期**、そのための信号を**同期信号**という。この同期信号が**電子銃**から出る電子ビームを制御することで、ブラウン管にもとの映像を映し出すのである（図5-14）。

> **豆知識**　テレビの歴史は1800年代からはじまっている。ドイツのブラウンが1897年にブラウン管を発明、1911年にはロシアのロージングがテレビの送受信に成功、1925年にイギリスのベアードが機械式テレビを開発した。

5-11　テレビカメラとCCD（送信側）の原理

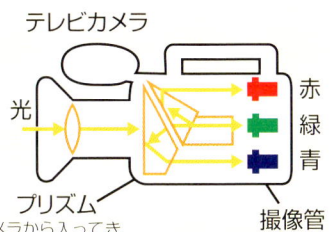

テレビカメラ

光 → プリズム → 赤／緑／青 → 撮像管

テレビカメラから入ってきた光の情報は分散・屈折され撮像管に送られる

入ってきた光の情報が電気信号に変換され、AM変調した電波としてテレビへ送られる

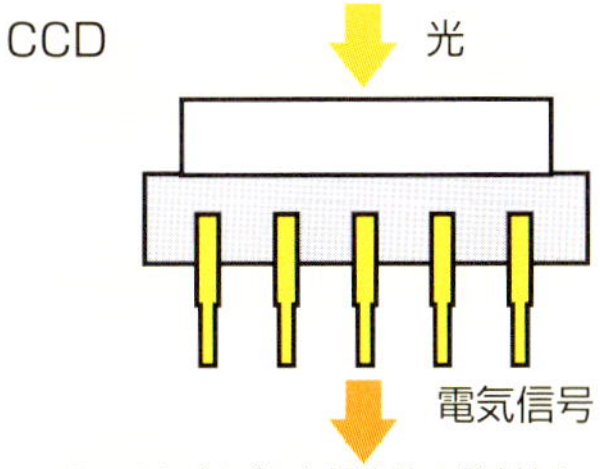

CCD

光 → 電気信号

CCDはプリズムと撮像管の役割を1つで果たす。小型・軽量なためハンディタイプのカメラに多く用いられる

5-12　テレビ（受信機）の構成

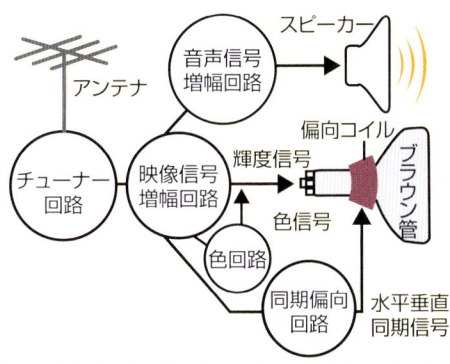

アンテナ → チューナー回路 → 映像信号増幅回路 → 輝度信号／色信号 → 偏向コイル → ブラウン管
音声信号増幅回路 → スピーカー
色回路
同期偏向回路 → 水平垂直同期信号

アンテナから届いた映像信号は、映像信号増幅回路に入り、音声信号増幅回路、色回路、同期偏向回路へと分離される。色信号と輝度信号は、水平・垂直同期信号とミックスされブラウン管へ送られる

5-13　ブラウン管

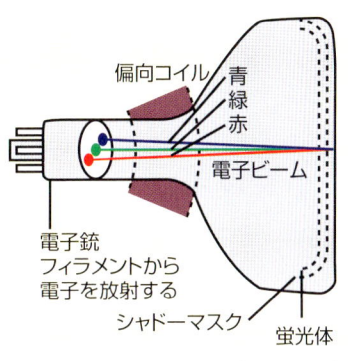

偏向コイル／青・緑・赤／電子ビーム／電子銃 フィラメントから電子を放射する／シャドーマスク／蛍光体

送られてきた輝度信号は電子ビームとなり、偏向コイルからの水平・垂直同期信号が加えられ、映像が画面に映し出される

5-14　動く映像は走査システムが生み出している

① 最初の画像データを走査線1本おきに半分映す

② ①の画像データを残したまま、残り半分の走査線データを映し、「あ」を表示

③ ②のデータを残したまま、次のデータ半分を映す

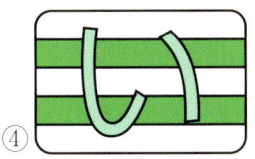

④ この段階で「い」が表示される。このように次のデータを半分ずつ表示していくことで、動く映像を表現する

豆知識　1926年に開発された高柳健次郎による「電子折衷式テレビ」は、太平洋戦争により研究に歯止めがかかってしまった。翌年、アメリカのファンズワースが世界初の電子映像撮影に成功、高柳は先を越されてしまったのだ。

受信用アンテナ

> **Key word** エレメント　受信用アンテナで電波をとらえ電流に変換するアルミニウム製の棒。周波数特性に合わせて複数が並んでいる。

アンテナは「触角」という意味

　電波（P144）を空間に放射したり、空間の電波を受信したりする装置が**アンテナ**である。アンテナという言葉は「触角」という意味だ。

　受信用アンテナには、様々な種類がある。ラジオなどにつけられた棒状のロッドアンテナ、衛星放送を受信するための**パラボラアンテナ**、家庭の屋根の上やマンションの屋上に設置されているテレビ受信用の**八木・宇田式アンテナ**などだ。

　アンテナにさまざまな種類があるのは、それぞれとらえたい電波の波長が異なるためである。最も効率よく電波をとらえるためには、アンテナの長さを波長の1／2（または1／4）にすればよい。携帯電話に使われている周波数帯の電波の波長は短いため、アンテナも短くてもすむ。テレビやラジオに使われている電波の波長はそれよりも長いため、その分だけ長いアンテナが必要となるのだ。

テレビ受信用の八木・宇田式アンテナ

　日本人による画期的な発明である、八木・宇田式アンテナ。その構造は、導波器、放射器、反射器からなっている。

　導波器は電波を導く役割を持っており、本数が多ければ多いほどたくさんの電波を集めることができる。放射器は、とらえたい電波の波長の1／2の長さに設定されている（半波長ダイポールアンテナ）。反射器は、前方から飛んできた電波をくいとめて放射器に送り、後ろに飛ばないようにガードするためのものだ（図5-15）。

マイクロ波・ミリ波をとらえるパラボラアンテナ

　BS放送やCS放送（P166）の電波をとらえるアンテナを、パラボラアンテナと呼ぶ。衛星放送で使われている電波は非常に波長の短いマイクロ波やミリ波である（P147）。これだけ波長が短いと、波長の1／2のアンテナを作ることができない。そこで、パラボラアンテナが考案された。衛星からの電波を、丸いお椀型の反射板で集め、前方に設置された放射器でとらえるのだ（図5-16）。

　当然だが、地上波も衛星放送も、電波が送られてくる方向にきちんとアンテナを向けていなければ、それをとらえることはできない。

豆知識　VHF／UHF受信用アンテナとして世界中に普及している八木・宇田アンテナは、1925年に八木秀次と宇田新太郎によって発明された。

5-15　八木・宇田式アンテナ

とらえたい波長の1/2の長さに設定された放射器の前後に、導波器と反射器が並べられた構造となっている。八木・宇田式アンテナは、地上波テレビ受信用に広く普及している

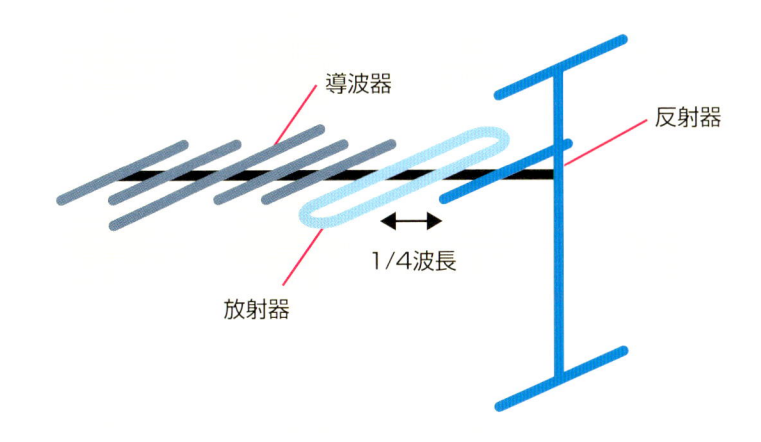

導波器
反射器
1/4波長
放射器

5-16　パラボラアンテナ

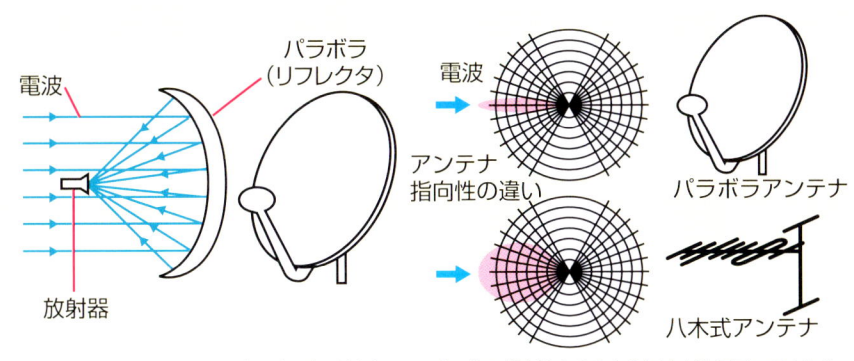

電波
パラボラ（リフレクタ）
放射器

放送衛星から送られる電波は、パラボラ（反射板）で反射されて集光部に取り込まれる

5-17　八木式とパラボラ式の指向性（感度）の違い

電波
アンテナ指向性の違い
パラボラアンテナ
八木式アンテナ

パラボラ式は八木式のような地上波用アンテナに比べ非常に鋭い指向性を持つ。そのため少しでも方向がずれると鮮明な受信が不可能となる

豆知識　パラボラアンテナは電波望遠鏡にも用いられる。プエルトリコのアレシボ電波望遠鏡は、口径305メートルで世界最大だ。

ビデオテープ・デッキ

> **Key word　ビデオ録画**　「飛び越し走査」というテレビ放送のしくみに合わせて、磁気テープに画像を記録。音声は画像の下に記録する。

テープ上に斜めに情報を記録

　ビデオテープは、カセットテープ（P130）などのオーディオテープと同様、テープを磁気化することにより映像を記録する。ただ、音声だけを記録する場合に比べ格段に情報量が多いため、固定式ヘッドでは毎秒8mものテープを送らなければならない計算になる。

　そこで、ビデオデッキでは通常2つのヘッドがテープに対して傾けて配置され、テープの進む方向とは逆方向に毎秒30回転する構造になっている（図5-18）。このとき、1ヘッドで記録される幅を1トラックといい、テレビ放送の1本の**走査線**（P152）に相当する。こうした方式を採ることで、2時間、3時間といった長時間録画を可能にしているのである。

テレビ放送のしくみに対応

　録画のしくみは、**テレビ**（P152）に対応している。通常のテレビ映像は525本の走査線から構成され、1画面が1/30秒で走査されている。実はこのとき、画面のちらつきを防ぐために**飛び越し走査（インターレース）**という"操作"が行われている。走査線に上から1、2、3……525と番号を振ったとすると、1、3、5……という奇数をまず走査し、次に偶数部分を、残った隙間を埋めるように走査するのだ。つまり、1/60秒ずつの画像（フィールド）2枚で、1/30秒分の画像1フレームを完成させていることになる。

　ビデオデッキはこうしたテレビ放送の特性に対応、1フィールドに1個のヘッドを割り当てたうえで、1/60秒ずつの信号をテープに記録していくのである。

映像と音を2層構造で記録する

　再生時には、ヘッドに磁界の変化に応じた電流が発生（**電磁誘導**＝P64）、その電流量に対応してテレビの電子銃から放射される電子ビームの強さや方向が制御され、画像が復元される（図5-19）。

　音声については、かつてはビデオテープの端に音声用の専用トラックを設けて録音/再生していたが、ビデオテープの走行速度は秒速3.33cmとカセットテープの速度（秒速4.75cm）より遅く、良好な音質を確保するのに限界があった。そのため、現在ではテープの深いところ（画像データの下）に音声を記録し、画像と同じような回転ヘッドで音声を記録・再生するという深層磁化方式が多くなっている（図5-20）。

豆知識　ビデオテープ・デッキの種類はVHSのほかにS-VHS、8mm、ベータ（β）などがあるが、どれも基本的な構造は同じだ。

5-18 ビデオデッキの構造

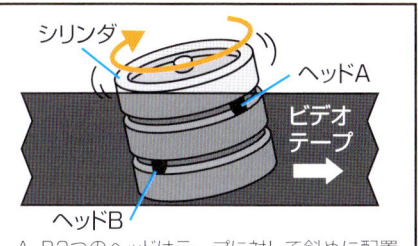

A、B2つのヘッドはテープに対して斜めに配置され、毎秒30回転しながら録画・再生する。また、3倍速はテープスピードが1/3に落とされる

1つのヘッドで記録される幅を1トラックといい、テレビの走査線1本に相当する

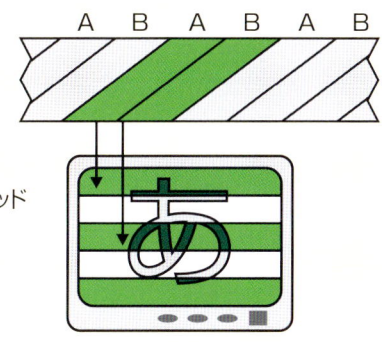

走査線の奇数番をA、B2つのヘッドで1/60秒の速度で記録し、次に偶数番を同様に記録する

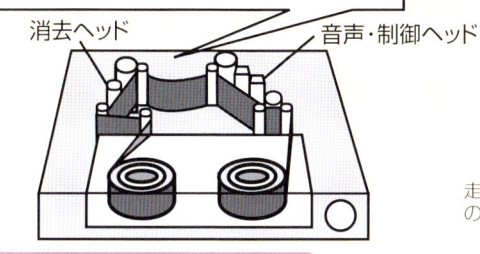

5-19 録画・再生の原理

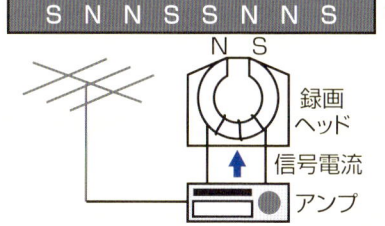

録画時はヘッドに流れた映像・音声信号電流を、テープに当て磁化する

再生時は録画されたテープがヘッドを通過するときに発生する誘導電流を増幅させてモニターに送る

5-20 音声記録システムの推移

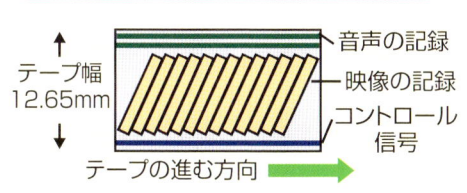

テープ幅 12.65mm

従来のタイプはテープの端に音声が記録されていた

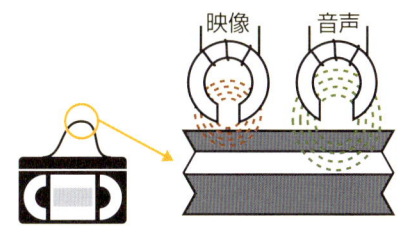

現在のタイプではテープの表面部分に映像を、深部に音声を記録している（深層磁化方式）

豆知識 ベータ方式は1975年、VHS方式は1976年に発売され、かつては業界を二分し激しい市場競争が繰り広げられた。結果的に敗退したベータは、2002年に生産終了を発表した。

ハイビジョン

> **Key word** デジタルハイビジョン　2000年末、ＢＳ放送でスタート。1チャンネルでデジタルハイビジョン2系統が送れる。

1989年に実験放送開始

　ハイビジョン放送とは、ＮＨＫが視覚における心理的な効果を充分に引き出すことをコンセプトに、開発・発表した新しい放送システムである。ハイビジョンは"High-Definition Television"の略で、**HDTV**ともいわれる。当初は"高品位テレビ"とも呼ばれていた。

　ＮＨＫは1970年代初頭に研究をはじめ、ＢＳ放送（P166）の本放送が開始された1989年に実験放送がはじまった。

走査線を倍増し、今までになかった臨場感を実現

　ハイビジョンの最大の特徴は、**走査線**（P152）の数が増えたことである。通常のテレビ放送の走査線は525本だが、ハイビジョンでは2倍以上の1,125本もある。水平方向の画素数も、通常テレビの720画素から1,920画素に増えた。さらに画面のアスペクト比（タテ：ヨコの比率）は、基本的に通常方式の3：4から9：16とワイドになっている。

　また、音声は2／4の**PCM**（P132）を採用。信号帯域は現行の4.2MHzから20MHzとなり、従来に比べおよそ5倍の画像情報を持つ規格となっている。

　ハイビジョン放送は、映画で使われる35mmフィルムの画質にほぼ相当するといわれており、文字通りのホームシアターを可能にするシステムなのである。

デジタル化でさらに進化

　ＮＨＫは当初、アナログではじまったハイビジョン放送を2003年ごろをめどにデジタル化する方針であった。しかし、この予定は繰り上がり、2000年12月からＢＳ放送での**デジタルハイビジョン放送**がスタート、2003年には地上波にも導入された。

　デジタルハイビジョン放送のフォーマットは、従来のアナログ方式と変わらないが、画像や音声を圧縮して送信するため、一度に送ることができる情報量が飛躍的に増える（P168）。圧縮にはMPEG-2などの国際規格で標準化された技術が用いられており、1チャンネルでデジタルハイビジョン2系統、もしくはデジタルハイビジョン1系統と従来のテレビ3系統の放送が可能になっている。

　風景映像や映画などを楽しむのにうってつけのハイビジョン。すでに一般向けの専用カメラが発売されるなど、普及期に入ってきたといえるだろう。

豆知識　ＮＨＫはMUSEというハイビジョン方式を世界統一規格にするために活動を行ったが、欧米ではMPEG-2方式が主流なためMUSE方式は2007年までで終了する。

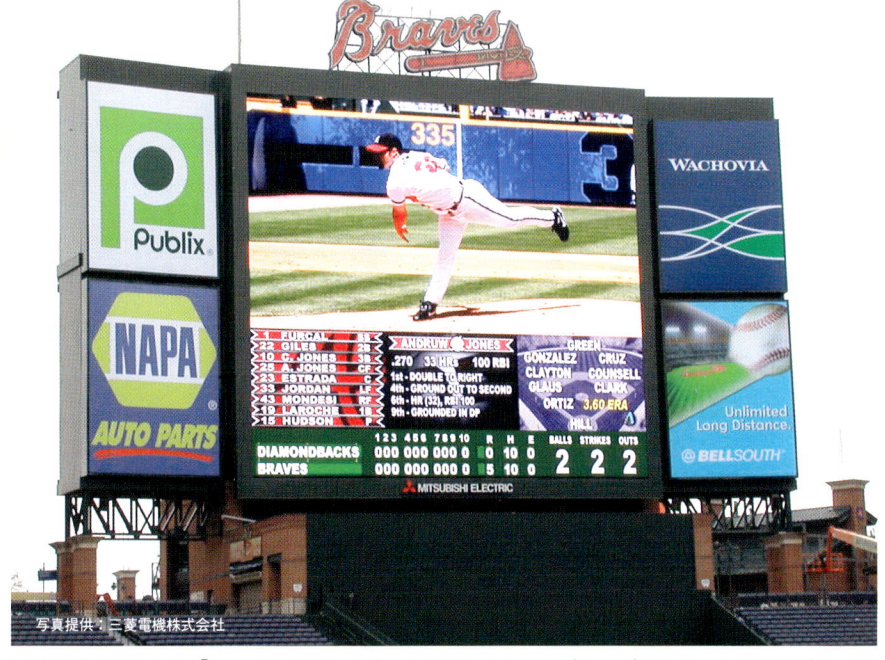

写真提供：三菱電機株式会社

三菱電機が開発した「オーロラビジョン」。MLBアトランタ・ブレーブスのホーム球場に設置された「オーロラビジョン」は、世界最大の屋外型デジタルハイビジョン映像スクリーンとして、ギネスブックに認定されている。スクリーンサイズは、高さ21.67 m×24.0 m（1275型相当）である

第5章

5-21 ハイビジョンテレビと従来のテレビ

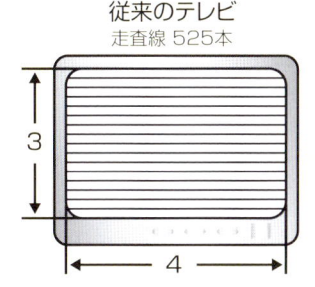

ハイビジョンテレビ
走査線 1,125本
9 : 16

従来のテレビ
走査線 525本
3 : 4

5-22 ハイビジョンと従来のテレビの比較

項　目	ハイビジョン	従来のテレビ
アスペクト比（タテ・ヨコ比）	16:9	4:3
走査線数	1,125本	525本
フィールド周波数	60Hz	59.94Hz
インターレース比（飛び越し走査比）	2:1	2:1
音声変調方式	PCM	FM

フィールド周波数とは、走査線を送信する際の周波数のこと。また、インターレース比とは、パソコンディスプレイなどに使われる、順次走査方式に対しての比。順次走査方式は画面を分割して送らないため、その値は2倍となる

豆知識　現在、ハイビジョンの1,125本に対して4,320本もの有効走査線を持つスーパーハイビジョンの開発が進行中。1画面あたりの情報量は16倍にもなるという。

159

液晶ディスプレイ

> **Key word　画素**　画像を構成する最小の単位要素。ピクセル。各画素の制御には光を透過する薄膜トランジスタなどが使われる。

電圧をかけると「整列」する液晶

　最近のテレビ受像器には、奥行きのあるブラウン管ではなく、薄型ディスプレイが用いられるようになった。その代表が**液晶ディスプレイ**（**LCD**）である。

　液晶とは、通常は少し粘り気のある液状の有機物で、結晶のような規則正しい分子配列を有している。棒状の分子が緩やかな規則性をもって並んでおり、固体と液体の両方の性質を併せ持つため、どちらにも分類できない。つまり、固体（結晶）と液体の中間状態の1つなのだ。

　液晶は、電磁力や圧力、温度などに敏感に反応する。たとえば、電極で挟んで電圧をかけると、電極に対して垂直に整列するのだ（図5-23）。電圧を切ると、この整列は崩れてもとの状態に戻る。

光を"誘導"することで色を演出

　液晶ディスプレイは、液晶、透明電極、配向膜、偏光板を使って、光を通過させたり遮ったりして映像を再現している。

　まず、液晶の分子を1方向に配列させるための配向膜（一定方向に溝がある）という板に、液晶を並ばせる。もう1枚は溝の向きを90°変えて液晶を並ばせ、この2枚の溝どうしを重ねた状態にする。液晶の分子が90°ねじれて並ぶことになるわけだ。

　さらに両方の配向膜の外側に偏光板（1方向の光だけを通す）を、光の通過方向をやはり90°ずらして配置する。この状態で一方の偏光板から光を当てると、光は"ねじれた液晶"の間を"ねじれて"進み、もう一方の偏光板を通過する。そしてその光の先にある赤／青／緑のカラーフィルターを通り、設定された色を再現するのである。

　この液晶に電圧をかけると、液晶は垂直に整列するため、偏光板を通った光はねじれずにそのまま進む。ところが反対側に置かれた偏光板は90°ずれているため、その部分でシャットアウトされ、そこから先には進むことができない。こうして電圧をオン／オフすることで液晶分子の向きを変え、光の通過を制御している（図5-24）。

　液晶ディスプレイは、何百万という**画素**（画像を構成する最小単位）で構成されており、それぞれの光の透過を制御することで、あの美しい色を再現しているのである。

　液晶ディスプレイは、美しい表示が可能なうえ、軽量で消費電力が少なくてすむことなどから、テレビのほかパソコン（P196）、携帯電話（P176）などの画面に幅広く利用されている。

豆知識　液晶分子の発見は、1888年にオーストリアの植物学者ライニツァーによって発見された。

5-23 液晶の性質

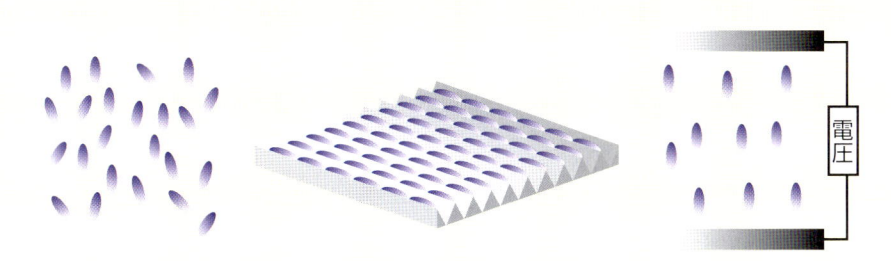

自然状態ではゆるやかな規則性をもって並んで存在している

配向膜のような、溝が彫られた板に接触させると、その溝の向きに沿って並ぶ

電極で挟んで電圧をかけると、発生する電界の向きに沿って垂直に並ぶ

5-24 液晶ディスプレイの原理

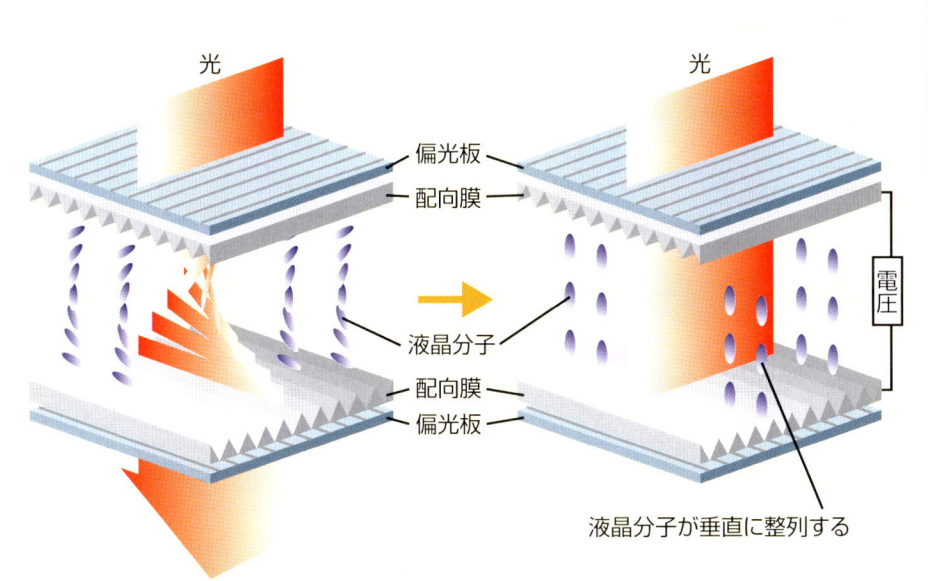

光

偏光板
配向膜
液晶分子
配向膜
偏光板

液晶分子が垂直に整列する

電圧

向きを90°変えられた2枚の配向膜の間に液晶をはさみ、配向膜の両外側にも向きを90°変えた偏向板が設けられている。この状態では、液晶分子が90°ねじれて配列され、上から下に向かう光も90°ねじれて下の偏光板を通過する

配向膜に電圧をかけると、液晶分子が垂直に配列するため、光が90°ねじれずに直進するようになり、下の偏向板を通過できなくなる。このように電圧で光を制御し、通過する光をカラーフィルターに通してカラー映像を表現する

第5章

豆知識　世界初の液晶実用化製品は、シャープ社製の電卓。1973年のことだ。

プラズマディスプレイ

> **Key word** **プラズマ** 電子が原子から分かれる電離によって生じた、荷電粒子を含む気体のことで、導電性がある。

蛍光灯同様、放電によって発光する

　液晶（P160）と並ぶ薄型ディスプレイの代表格が、**プラズマディスプレイ（PDP）**だ。

　液晶は、光の通過を制御することで鮮やかな画像を再現している。見方を変えれば、背後に光源（バックライト）を必要とするのだ（図5-25）。

　これに対してプラズマディスプレイは、"自分で光る"。このため、液晶のように視野角の問題は発生せず、どの角度からも鮮明な画像を楽しむことが可能なのだ。ただし、液晶に比べると消費電力が大きく、本体価格も高い。こうしたメリット／デメリットの「比較考量」が、薄型テレビを購入する際のポイントになるだろう。

　プラズマディスプレイの**画素**（P160）が発光するしくみは、蛍光灯と同じ。蛍光灯の場合は、蛍光管のフィラメントからの**放電**（P50）で発生した紫外線が、管の内側に塗られた蛍光物質に当たって光っている（P106）。プラズマディスプレイも、放電によって紫外線を発生させ、それをパネルの中の蛍光物質に当てているのである。

プラズマディスプレイの構造

　プラズマとは、原子核のまわりを回っていた電子が原子から離れて、正電荷と負電荷に分かれること（電離）によって生じた**荷電粒子**を含む気体を意味する。気体が電離したプラズマという状態は、固体、液体、気体に続く、物質の第4形態とよばれている。

　プラズマディスプレイパネルは、それぞれに電極を取りつけた2枚のガラス板を重ね合わせた構造をしている。このガラス板の隙き間には、ネオンなどの**不活性ガス**（P104）が封入されている。また、画面側から見て背面に当たるガラス板には、**セル**という区切られた小部屋があって、それぞれ赤／青／緑の蛍光物質が塗られている。

　このセルに電圧をかけると、ガラス板の電極間で放電が起こり、紫外線が発生。その紫外線がセルの蛍光物質に当たって、要求された色の光を画面に映し出すのである（図5-26）。

　液晶と同じレベルの薄型化が可能で、より明るい画像を再現することができるプラズマディスプレイは、特に40インチ以上の大型画面で優位性を発揮する。今後も世界的に、プラズマディスプレイの市場は拡大してゆくだろう。

豆知識 ブラウン管型テレビは1/30秒で走査を行うが、プラズマテレビは、固定画素による映像表示方式なので画面全体が同時に発光する。そのため画面のちらつきが非常に少ない。

5-25 液晶ディスプレイとプラズマディスプレイ

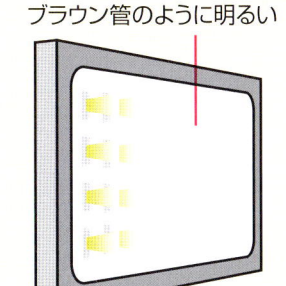

液晶ディスプレイ
バックライト
液晶パネル
液晶にはバックライトが必要だ

プラズマディスプレイ
ブラウン管のように明るい
プラズマは画素自体が発光する

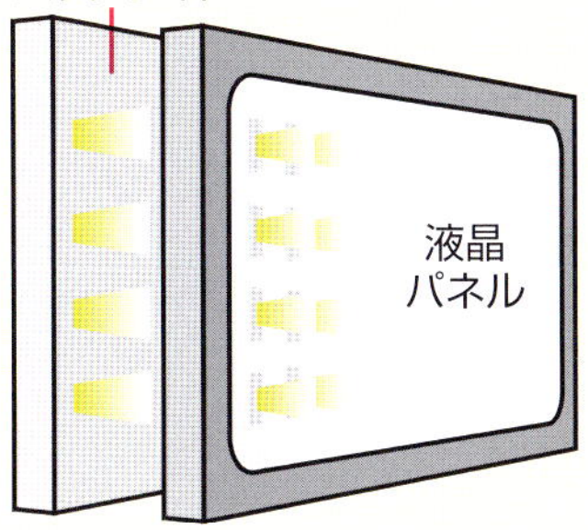

5-26 プラズマディスプレイ画素の構造

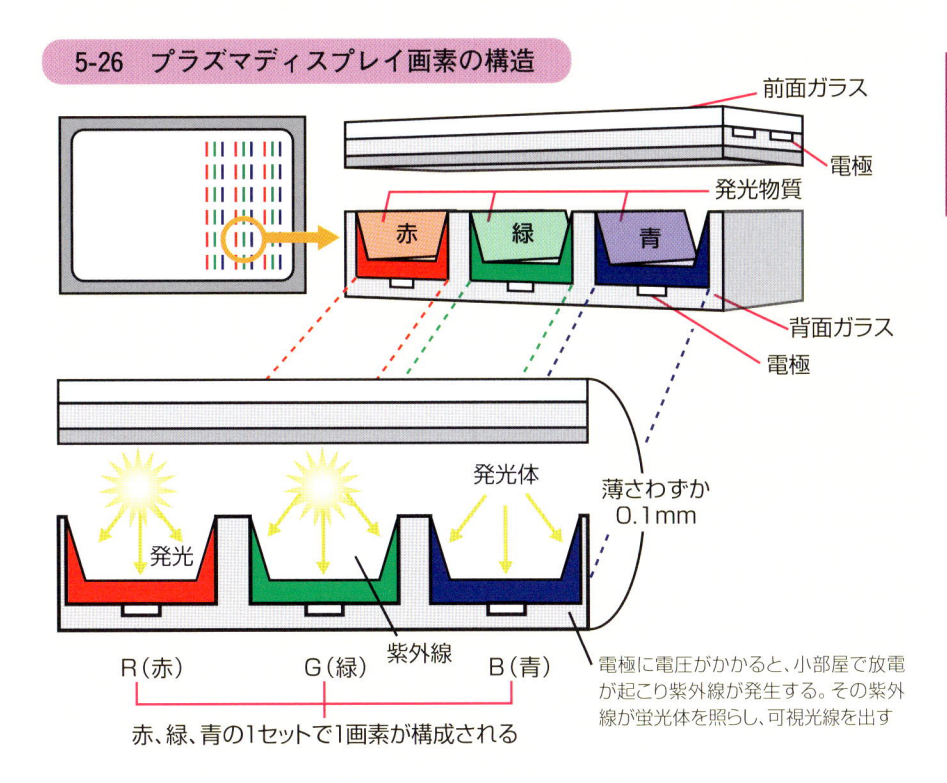

前面ガラス
電極
発光物質
赤　緑　青
背面ガラス
電極

発光体
薄さわずか0.1mm
発光
R(赤)　G(緑)　B(青)
紫外線

赤、緑、青の1セットで1画素が構成される

電極に電圧がかかると、小部屋で放電が起こり紫外線が発生する。その紫外線が蛍光体を照らし、可視光線を出す

豆知識　プラズマディスプレイは、発熱するためファンが取りつけられている製品があり、液晶に比べ消費電力が高いことと、ファンによる騒音の問題がある。

有機ELディスプレイ

> **Key word** エレクトロルミネセンス　物質がエネルギーを吸収して励起した後、元に戻る際に発光する現象＝ルミネセンスの一種。

省エネ・高輝度で、"曲げ"も可能

　将来的にディスプレイの本命と目されているのが、**有機EL（エレクトロルミネセンス）ディスプレイ**である。電圧をかけると発光する物質（有機物）を利用したディスプレイで、**発光ダイオード**（P192）と似た原理で光を放つ。発光体をガラス基板に蒸着（金属などを蒸発させ、その蒸気を他の物質の表面に薄い膜として付着させること）し、5～10V程度の電圧をかけることで画像を表示させるのだ。

　少ない電力で明るい画像が得られ、映像再現の反応速度も速い。技術的には液晶ディスプレイ以上の薄型化が可能なうえ、プラスチックシートを基板にすればフレキシブルに曲げることができるディスプレイも作製可能だ。

　こうした特徴を利用して、テレビや携帯電話、デジタルカメラのほか、従来では考えられなかった用途開発も期待されている。

有機ELディスプレイの構造

　有機ELディスプレイは、有機物が**発光層**として2つの電極に挟み込まれた構造をしている。プラス電極には透明な素材が用いられており、ここから外部に向かって発光する。

　マイナス電極から電子を、プラス電極からは**正孔**（P190）を注入すると、両者が発光層で結合してエネルギーを放出、有機物分子を**励起**する。"励起"とは、「原子や分子が外からエネルギーを与えられることで、エネルギーの低い安定した状態からエネルギーの高い状態に移行する」こと。この励起された分子がもとの状態に戻るときに、光を放出するのである。電子と正孔が結びつくまでのエネルギーロスを抑えるため、発光層は100nm以下という極めて薄い状態に加工されている。

　色の再現方法は、赤、青、緑にそれぞれ発光する有機物分子を用意し、順番に配置して組み合わせ、色を表現するものが基本となる。だがこの方式では、有機層を3つの色別に配置しなければならない。そこで、**SOLED式**という方式では、発光層と透明電極を重ねることで、よりコンパクト化を図っている（図5-29）。

　次世代ディスプレイとして期待の高い有機ELだが、課題もある。大きな問題の1つは、寿命をどう延ばすか。多くの有機物分子は酸素や湿気などに弱いため、外部から完全に遮断する必要がある。製造コストが高いのもクリアすべき課題だが、こちらは、ガラスからプラスチックへの置き換えや量産効果で、克服は可能だろう。

豆知識　有機ELは、ゲンジボタルやチョウチンアンコウなどの発光原理と基本的に同じである。

5-27 有機ELディスプレイの構造

5-28 発光のしくみ

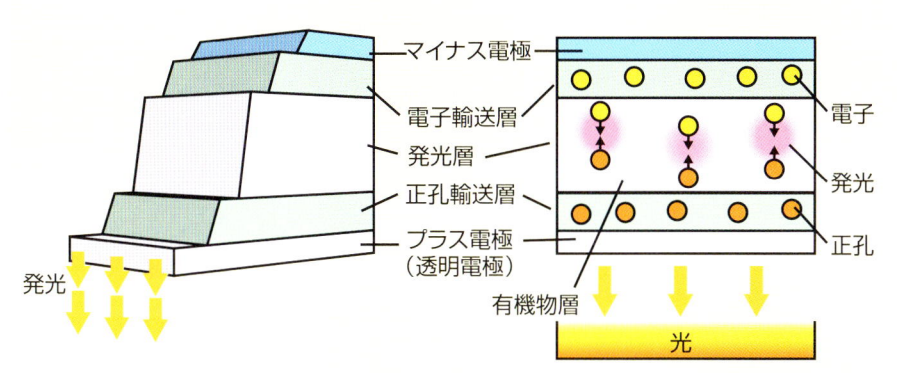

マイナス電極に電子、プラス電極に正孔を注入すると、両者が発光層で結合し有機物分子を励起、分子がもとの状態に戻るときに発光する

5-29 SOLED方式による色の表現

SOLED方式は赤、緑、青の発光層と透明電極が重なった状態になっており、各発光層は、透明電極によって個別にコントロールすることができる。こうすることでコンパクト化、より高解像度な画像表示を可能にする

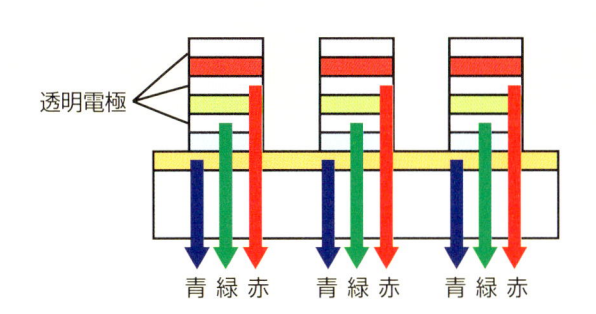

豆知識 無機ELディスプレイというものもある。発光体に硫化亜鉛などの無機物が用いられるが、カラー表現が難しい。

BS放送／CS放送

> **Key word** **CS** 通信衛星。もともと通信目的で打ち上げられたものをテレビ放送用に開放したため、BSに比べ出力は小さい。

人工衛星を使って電波を送る

少し前まで、テレビ放送といえば、テレビ塔から送られる電波を受信する「地上波」のことを指していた（テレビ＝P152）。しかし、現在では、**BS放送**や**CS放送**といった、人工衛星を利用して電波を送る方法や、有線で家庭まで電波を届けるCATV（P170）など、放送形態は多様化している。

BS放送とは、**放送衛星**（Broadcasting Satellite）から送られてくる電波を利用するものだ。NHKや専門の日本放送衛星（WOWOW）などのほか、民放各社も放送を開始している。また、当初はアナログで始まったが、今後はデジタルが中心になっていくだろう（**BSデジタル**＝P168）。

一方、**通信衛星**（Communication Satellite）CS放送でもやはりデジタル放送が開始されている。BSとCSの違いは、当初からテレビ放送用に打ち上げられたのがBSであるのに対して、CSは通信目的に打ち上げられ、それがテレビに開放されたということにある。ただし、こうした違いはあるものの、「人工衛星から電波を送り受信する」という基本構造、物理的なしくみは両者とも同じである。

したがって受信に必要なものも基本的には同じ。**パラボラアンテナ**（P154）と**チューナー**（P150）があれば、家庭のテレビで番組を楽しむことができる。地球の軌道を回る衛星（見かけ上は静止している）の方角に向けてアンテナを設置し、電波を拾う。チューナーは、この衛星からの電波を受けて、テレビ信号に変換するのである。

衛星の位置、そして出力の違い

両者の第一の相違点は、宇宙における衛星の位置である。地球から見た位置が異なるため、もし2つの放送を受信しようとすれば、別々のアンテナを、別々の方向に向けて設置する必要があるのだ。

また、BSの出力が約100Wであるのに対して、もともと通信用のCSは50W程度。そのため、CS放送を受信するには、その分だけ直径の大きなパラボラアンテナを用意する必要がある。

BS放送やCS放送は、地上波と違って建造物や山などによる電波障害を起こさない。それだけでなく、**周波数**（P54）が高いため、多くの情報を送ることができる。このため、広範な地域に鮮明な画像を供給することが可能なのである。

豆知識　世界中の静止衛星は150ほどある。

5-30　BSとCS

日本上空にある衛星は、地球の自転に合わせて時速10,800kmものスピードで軌道して静止映像を我々に届けている。また衛星の電源は衛星自体に装備された太陽電池から補給される

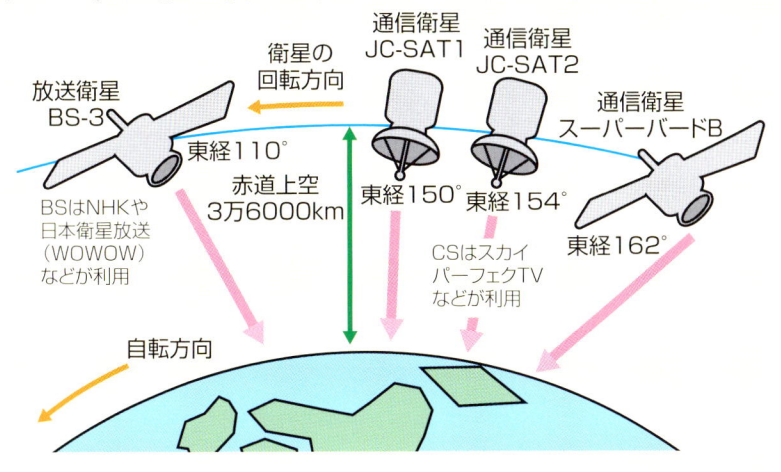

放送衛星 BS-3　東経110°
BSはNHKや日本衛星放送（WOWOW）などが利用

衛星の回転方向

通信衛星 JC-SAT1　東経150°
通信衛星 JC-SAT2　東経154°
CSはスカイパーフェクTVなどが利用

通信衛星 スーパーバードB　東経162°

赤道上空 3万6000km

自転方向

5-31　衛星放送の送受信

衛星放送に使われるマイクロ波は、遠くまで届かせることができるが、雨や霧などによって減衰しやすい欠点がある。悪天候時に画像が乱れるのはそのためだ

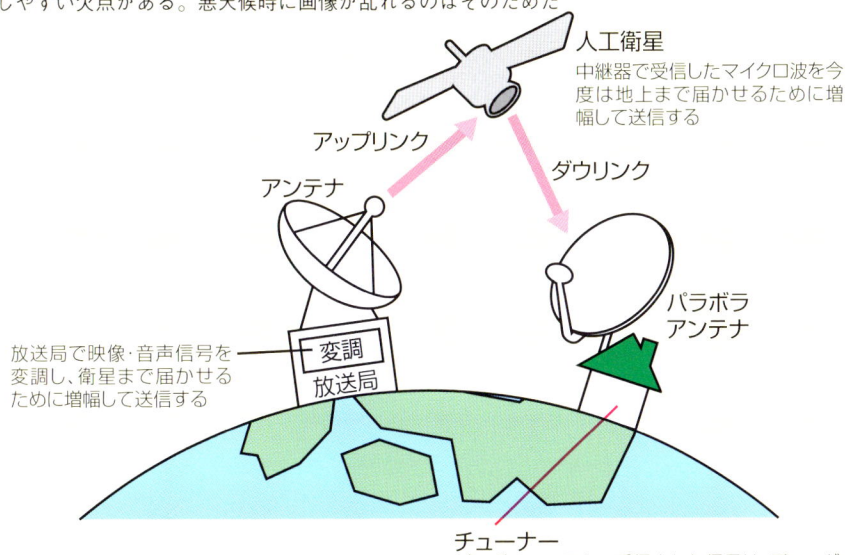

人工衛星
中継器で受信したマイクロ波を今度は地上まで届かせるために増幅して送信する

アップリンク　ダウンリンク

アンテナ

パラボラアンテナ

放送局で映像・音声信号を変調し、衛星まで届かせるために増幅して送信する

変調 放送局

チューナー
パラボラアンテナで受信された信号は、デコーダー（解読器）でもとの映像・音声信号に戻される

豆知識　BSとCSを1台で受信できるマルチサテライトアンテナという製品がある。

デジタル放送

> **Key word** 　**順次走査**　走査線を1本ずつ順次送る。垂直方向の映像信号は飛び越し走査の2倍になり、画面のちらつきが抑えられる。

「見る」から「使う」に進化

BS放送（P166）では2000年から、地上波は2003年から、**デジタル放送**が開始された（一部地域）。テレビ放送も、アナログからデジタルへという過渡期にさしかかっている。

デジタル放送の特徴をひと言でいえば、「高品質・多機能」ということになるだろう。デジタル化によって、1つの電波帯域でより多くの情報が送れるため、従来にない鮮明な画像を受け取ることができる（高品質化）。また、ドラマを見ながらニュースや天気予報を随時"のぞく"といったことが可能になるのも、デジタル放送の大きな特徴だ（多機能化）。

テレビは受動的に「見る」だけのものから、積極的に「使う」ものへと進化を遂げつつあるのだ。

データを圧縮して送る

技術面でのキーワードは「**圧縮**」だ。デジタル放送ではデータを圧縮することにより、従来にない大容量のデータ配信を行う。それにより高画質化が実現、かぎられた電波帯域に多チャンネルの情報を流すことが可能になったのだ。

通常の地上波のテレビ放送は、インターレース（P156）という方法で画像を送っている。テレビの黎明期に、データを効率よく伝達するしくみとして考えられたものだ。この方式は、走査線が少ないため、大画面になるとどうしても染みやちらつきが避けられない。デジタル放送では、圧縮技術をベースにした、「デジタルプログレッシブ」と「デジタルハイビジョン」の2つに代表される高画質放送が行われる。

デジタルプログレッシブ放送では、飛び越し走査は行わずに、走査線を1本ずつ順番に描いていく（プログレッシブ＝**順次走査**）。パソコンのモニターに採用されている方式で、インターレースに比べると垂直方向の映像信号が2倍になり、ちらつきのない画像が再現される。また**デジタルハイビジョン放送**は35mm映画並みの画質を楽しむことができる（P158）。

映像データの圧縮は、人間の視覚特性なども利用して行われている。たとえば、瞬間的に切り替わる画面ではほとんど変化しない背景のデータはあえて送らないといった"加工"も施しているのだ。（図5-32）。必要なデータを選別することで、必要な部分には必要なだけの情報を供給することができる。デジタルだからこそできる芸当だ。

豆知識　デジタル放送では、リアルタイムでの視聴者からの投票や投書なども可能だ。これらを双方向放送と呼んでいる。

5-32 デジタル放送の圧縮符号化処理

人間の目は、輝度（明るさ）や色の変化がないものには敏感だが、色の濃淡などには鈍感である。だから、敏感な部分をより細かく、鈍感な部分は省略することで、視覚上より鮮明に見える画像を送信することを可能にしている

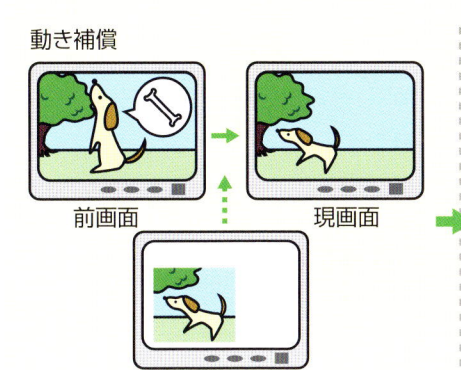

動き補償

前画面 → 現画面

画面上で動く部分と動かない部分を分ける。変わらない部分の情報は送らずに前画面のデータを使う

DCT処理

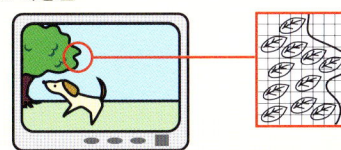

画面を細かい単位に分けて、色や明るさなどの情報を周波数に変更

青空の部分は変化がないため低周波に、葉の部分は濃淡が多いため高周波になる

画面を細かい単位に分け、色の濃淡や明るさなどの変化する情報を周波数に変換する。変化の少ない部分ほど低周波に、変化の多い部分は高周波になる

量子化

葉（高周波）→細かくビット化
青空（低周波）→粗くビット化

連続した周波数信号の低周波部分を細かく、高周波部分は粗くし、適当な間隔で代表値に置き換え、記号化する

可変長符号化

2ビット方式
2ビット方式では、合計で10ビット必要になる

送信データ 0・1・0・2・3
↓
00・01・00・10・11

可変長符号化では、0の部分（動かない部分＝前画面のデータ）を省略することで、動く部分を（1を101、2を110、3を111）より細かく設定しても、合計9ビットで足りる

送信データ 0・1・0・2・3
↓
101・110・111

豆知識　BSデジタル放送は、2000年当初は約130万世帯であったのに対し、2005年では約765万世帯と順調に普及している。

ケーブルテレビ（CATV）

> **Key word** ケーブルテレビ　電柱などを利用して放送局と各家庭がケーブルで結ばれた、有線テレビ。普及率は35％を超えている。

放送局と家庭をケーブルで結ぶ

　CATVとは**ケーブルテレビ**（Cable TV）の略称である。地上波やBS／CS放送など（P166）は電波をアンテナでキャッチして受信するものだが、CATVは放送局と各家庭などが直接ケーブルで結ばれる、有線放送なのである。

　情報がケーブルを伝わって送られるため電波障害は起こらず、多チャンネル、高画質放送にも適している。だが、ケーブルを敷設する距離には物理的、コスト的な限界があるため、1つの放送局からのサービス提供エリアはおのずとかぎられることになる。だからこそ、全国放送ではほぼ不可能な、地域密着型の情報提供などにはうってつけのメディアともいえるのだ。実際のCATVは、全国ネットの番組と地域情報番組がセットで供給されているケースがほとんどである。

　有線放送は、電波の届かない山村などにテレビ放送を届けるための有効な手段だった。だが、最近では都心部などでも放送局の開局、加入者の増加が目立っている。高画質、多チャンネルのテレビ放送に対するニーズが高まっていることに加えて、超高層ビルの建設ラッシュに従って、電波の受信環境が悪化していることも、その背景にはある。2004年9月の段階で、国のCATV事業者は約570、加入世帯は1700万以上、普及率はおよそ35％となっている（総務省調べ）。

　CATVの普及につれて、その特徴を生かした「広域連携」も盛んになっている。例えば都道府県レベルで事業者が連携し、番組を共同制作したり、交換し合ったりといった取り組みである。

インターネット接続など多彩なサービスも

　地上波やBS放送などでは、デジタル放送（P168）がはじまっている。CATVも、このデジタル放送に対応するための技術開発を進め、すでに放送は開始されている。

　さらにCATVは、各家庭がケーブルで直接結ばれているため、一般のテレビ放送では不可能なサービスを提供することもできる。例えば、加入しているCATV事業者がインターネット接続サービスを行っていれば、加入者は電話線の代わりにテレビ受信用のケーブルでインターネットに接続することができるのだ。

　大容量の情報を瞬時にやり取りできる**光ファイバー化**、**ブロードバンド化**（P210）も進んでいる。CATVは、単なる多チャンネルテレビに限らない"マルチメディア"として、普及率を高めていくものとみられているのだ。

豆知識　デジタルCATVは、在住エリアのケーブルテレビ局によるが、おおむね40〜100チャンネル程度のチャンネルが見られる。

5-33 CATVの配信システム

BS、CSの衛星放送や、各地上波放送をCATVセンターで一括して受信し、ケーブルによって各家庭に配信している

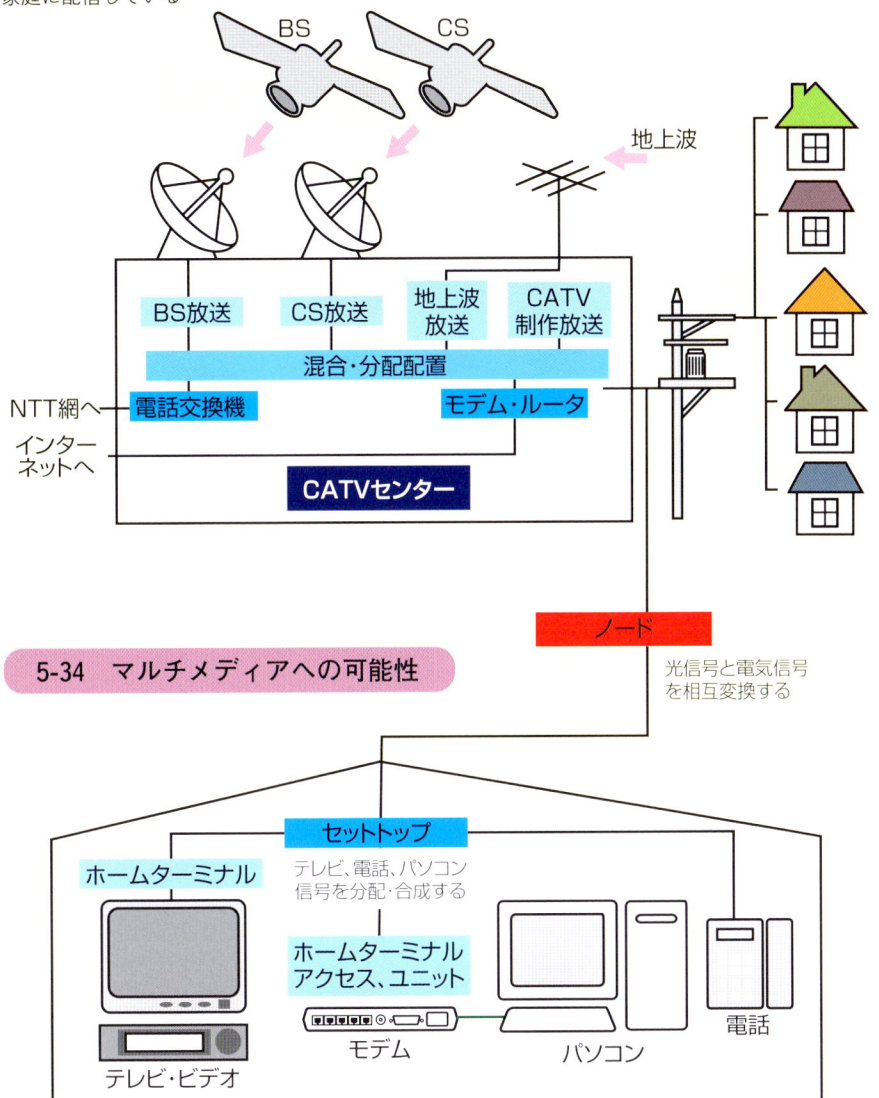

- BS
- CS
- 地上波
- BS放送
- CS放送
- 地上波放送
- CATV制作放送
- 混合・分配配置
- 電話交換機
- モデム・ルータ
- NTT網へ
- インターネットへ
- CATVセンター
- ノード（光信号と電気信号を相互変換する）

5-34 マルチメディアへの可能性

- ホームターミナル
- セットトップ（テレビ、電話、パソコン信号を分配・合成する）
- ホームターミナルアクセス、ユニット
- テレビ・ビデオ
- モデム
- パソコン
- 電話

CATVは現段階では同軸ケーブルを使用しているが、光ケーブルを採用すれば大量・高速の情報通信が可能になる。各家庭のマルチメディアの基盤となる可能性が高い

豆知識 CATVの月額視聴料の平均は、各局・契約するコースによって異なるが、おおむね3,500円～5,500円くらい。テレビ1台に対しての料金であるため、2台目以降は別途料金が必要だ（割引される場合が多い）。

電話

> **Key word** **電話機** 発信側では音声を電気信号に変換し、受信側ではその電気信号を音声信号に戻している。

声やデータを電気信号に変換して伝達

電話（固定電話）は、声だけではなく、さまざまなデータをやり取りすることにも利用されるようになっている。

1876年にアメリカのベルによって開発された電話機は、人の声を電気信号に変えることで、遠距離通話を初めて可能にするものだった。

発信側で音声を**電気信号**に変え、着信側でそれを元の音声に戻す。送信時には、音声の空気振動で振動板を震わせて、音の波形と同じ電気信号を作って送る。一方、受信部分には**電磁石**（P64）があり、送られてきた電流の波形が磁力の強弱となって振動板を震わせる。それが空気振動として伝わることで、音が"再生"されるのだ（図5-35）。

しかし、個々の電話機どうしを結んでいたのでは、世の中電話線だらけになってしまう。そこで考え出されたのが交換機だ。電話回線をいったん**交換機**に集めたうえで受信者と送信者をつなぐ、いわば交通整理を行う設備である。1890年、日本初の電話業務開始当時は交換手が手でつなぐ方法で、交換業務を行っていた。だが、加入者の増加に伴い、手動式では対応に限界が生じたため、自動交換機が導入された。その直接のきっかけになったのは、1923年の関東大震災。地震で手動交換機の多くが破損してしまったのである。

1972年には、制御回路や信号をコンピュータに置き換えた電子交換機が、1982年には**デジタル交換機**が登場した。その後ISDN（統合デジタル通信網）、ADSL（非対称デジタル加入者線）交換機へと、進化を遂げてきたのである（P208）。

デジタル化と多重化

電話回線を使っても、信号は長い導線を伝わる間に弱くなったり、外部からの影響を受けたりすることがある。そのため、電話回線網にはそうした弱点を補強し、情報を正確に遠くまでかつ効率的に送る工夫がこらされている。

現在、加入者線以外の電話回線網はすべて**デジタル化**されている。電話機から発信される声のアナログ信号は、加入者線交換機の手前で、伝送に適したデジタル信号に変換されているのである。

また、1本の回線で、同時に複数のデータを送る（多重伝送）、多重化の技術も取り入れられている。その方法には、複数回線を並べる**空間分割多重**、周波数によって信号を分離する**周波数分割多重**、時間を細かく分割する**時分割多重**（図5-36）の3種類がある。

> **豆知識** ベルが電話を発明した直後、ある日本人留学生がベルを訪問しており、日本語は英語に次いで世界で2番目に電話で通話された言語となった。

5-35 電話機のしくみ

送話器

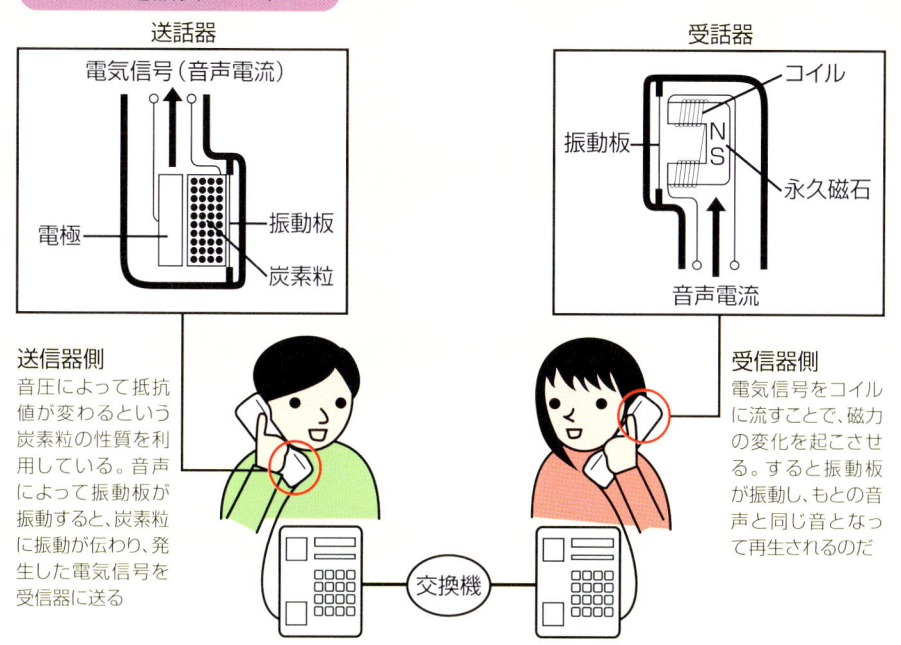

電気信号（音声電流）

電極／振動板／炭素粒

受話器

コイル／振動板／永久磁石／音声電流

送信器側
音圧によって抵抗値が変わるという炭素粒の性質を利用している。音声によって振動板が振動すると、炭素粒に振動が伝わり、発生した電気信号を受信器に送る

受信器側
電気信号をコイルに流すことで、磁力の変化を起こさせる。すると振動板が振動し、もとの音声と同じ音となって再生されるのだ

交換機

5-36 時分割多重方式

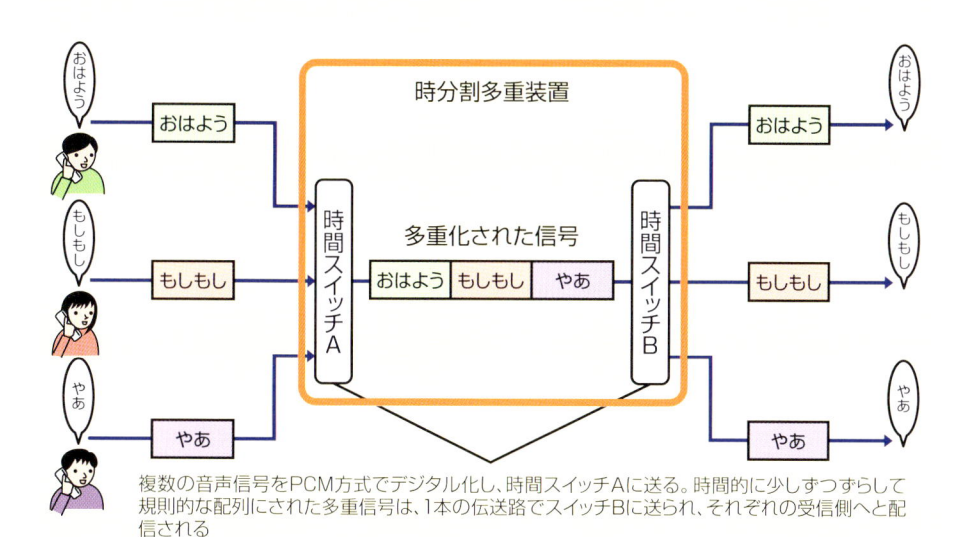

おはよう／もしもし／やあ

時分割多重装置

時間スイッチA → 多重化された信号（おはよう／もしもし／やあ）→ 時間スイッチB

おはよう／もしもし／やあ

複数の音声信号をPCM方式でデジタル化し、時間スイッチAに送る。時間的に少しずつずらして規則的な配列にされた多重信号は、1本の伝送路でスイッチBに送られ、それぞれの受信側へと配信される

豆知識 日本初の電話交換業務は1890年、東京〜横浜間でのことだった。

携帯電話／PHS

> **Key word** 小ゾーン　多くの基地局で狭い範囲の送受信をカバーする方式。端末の小型化、電波の有効利用を目的に採用された。

市場を急拡大させた携帯電話

　無線で話せる**移動通信**は、ケーブルが敷けない船舶無線、航空無線、自動車電話、**携帯電話**など、広範な分野でなくてはならないものになっている。

　中でも携帯電話は、またたく間に市場を広げ、どこに行っても誰かが携帯を取り出して通話する姿を目にするようになった。1家に1台から、1人に1台の時代に入っており、普及台数では固定電話（P172）をすでに追い越している。

「小ゾーン方式」を採用

　携帯電話は、周波数帯800MHz～2GHz近くまでの電波を使用している。ただし、従来の自動車電話とはやや異なる送受信のメカニズムを採用している。

　自動車電話などは、1つの無線基地局が広いエリアをカバーする**大ゾーン方式**を採っていた。基地局と移動電話は、交信中に周波数を変えることがない。このため技術的に単純で、基地局も少なくてすむというメリットがあった。

　しかし、個人が持つ携帯電話の場合、この大ゾーン方式には問題があった。広いゾーンでの通話を可能にするためには、遠い基地局まで電波を飛ばす大きな出力が必要になるため、端末の小型化に限界があるのだ。また、利用者が増えると無線に割り当てられたチャンネル数がパンクし、いつまでたってもつながらないという状況を生んでしまうのも致命的だったのだ。

　そこで採用されたのが**小ゾーン方式**である。大ゾーンをいくつもの区域に分割して、それぞれの区域に基地局を設置するのだ。PHS通信では、ISDN回線（P208）を使うことにより、さらなる小ゾーン化を実現している（図5-38）。

電波の有効利用が可能に

　この小ゾーン方式は、基地局の設置費がかさむことが難点だが、大きなメリットが生まれる。1つは、ゾーンが小さいので携帯電話の出力が小さくてすむ＝小型化が可能になるという点である。

　もう1つは、電波の有効利用が可能になることだ。ゾーンが重ならない基地局では、同じチャンネル（周波数＝P54）を使っても問題は起こらない。大ゾーン方式に比べれば、同時に使える端末の数が飛躍的に増えることになるのだ。

豆知識　旧日本電信電話公社（現NTTドコモ）による世界初の自動車電話システムは、1979年に開始された。料金は保証金20万円のほか、月額基本料3万円、通話料が6秒で10円と、非常に高額であった。

5-37 携帯電話の大ゾーン・小ゾーン方式

大ゾーン方式は広いエリアをカバーできるが、チャンネル数と端末の大きさ（小型化）に限界があった

小ゾーン方式では基地局を多く設けなければならないが、そのぶんチャンネルが増え、大ゾーンに比べ小出力なため、端末の小型化が可能となった。通話中に基地局エリアが変わっても、ロケーションシステムが一定周期で端末の位置を確認しており問題はない

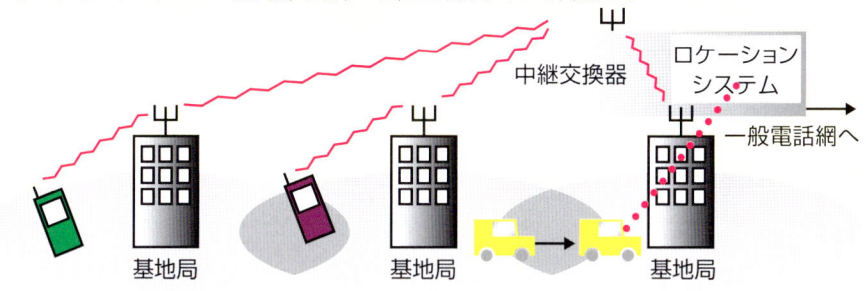

5-38 PHS通信のしくみ

PHSの基地局は送信出力が小さいため小規模な設備で済み、電柱や電話ボックスなどに設置できる。またISDN回線でネットワークされているので、データ通信速度は携帯電話よりも速い

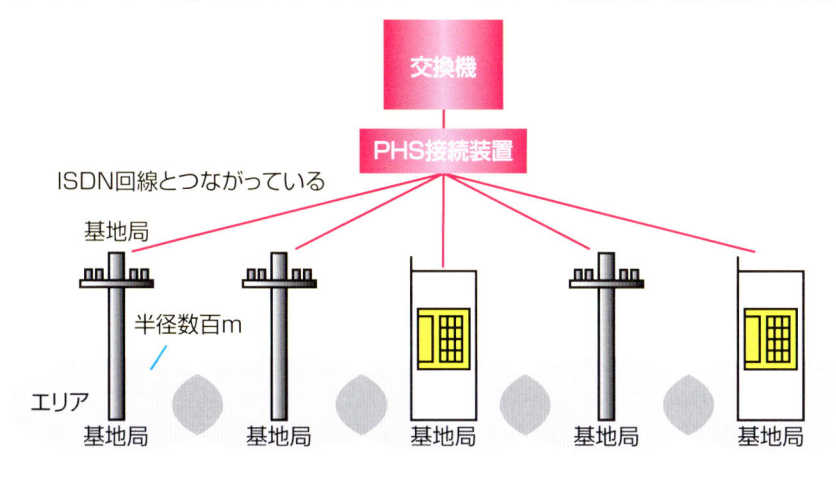

豆知識 日本の携帯電話は、1990年代前半頃まではアナログ式が主流であったが、市販受信機による盗聴や逆探知の恐れがあったため、2000年以降にはすべてがデジタル式となった。

新世代携帯

> **Key word** **CDMA** 信号を符号化し、デジタル圧縮変換したのち拡散変調という方式で、チャンネルの多重化を実現した。

進化を重ねる「ケータイ」

携帯電話通信は、基地局との通信方式によって日進月歩の進化を遂げている。

携帯電話の世界でもほかの分野と同様に、アナログからデジタルへの転換が実行に移された。携帯端末のルーツは、自動車電話を持ち歩けるようにしたものだったが、この第1世代の携帯はアナログ（FDMA）。通信が大ゾーン方式（P174）だったため、肩から下げるような重い大型の端末を必要としていた。

第2世代になって、日本の携帯電話はデジタル化された。同時に**TDMA（時分割多元接続）**と呼ばれる通信方式を採用して、チャンネル数を飛躍的に増やしたのである。TDMAとは、1チャンネルあたりの周波数の幅を狭くするとともに送信時間をずらす方式だ。

これによって、携帯端末の小型・軽量化、低価格化が進み、1990年代後半の爆発的な普及拡大に結びついていったのである。

さらに、1998年にはこの第2世代を進めた**CDMA（符号分割多元接続）**が登場した。これは信号を符号化し、デジタル圧縮変換（P168）を行う。そして信号の帯域幅より広い帯域幅に、信号を拡散して、多数の通話を押し込む方式だ（拡散変調）。雑音や音の途切れは、格段に少なくなり、通話もつながりやすくなったのだ。

電話から情報端末へ

第2世代携帯の中ごろまで、携帯はあくまでも「電話をかけ、受け取る道具」だった。しかし、1999年にNTTドコモが『iモード』を発表して以降、それを取り巻く環境は大きく変わった。携帯からインターネットに接続して、Webサイトを見たり、電子メールをやり取りしたりといったことが可能になったからである。携帯電話の"インターネット端末化"である。

今や、通話よりもむしろメール交換の道具としての使われ方が主流とさえいえる。また、インターネットを介しての音楽や動画配信サービスも花盛り。第3世代携帯電話では、ついに**テレビ電話**まで可能になった。

世界に広がった携帯電話だが、そのサービスにおいて、日本は抜きん出た存在といっていい。国内の契約者数はすでに飽和状態に近いものの、今後の第4世代では、新たな機能の付加などによって、驚異的な大容量・高速度の端末が期待されている（図5-40）。

豆知識 静止画ではないテレビ電話の元祖といわれているのは、1999年9月にDDIポケット（現ウィルコム）より発売されたVP-210だ。カラーで1秒間に2フレームとまだ実用的とはいえないものだった。

5-39　第3世代までの携帯電話の系譜

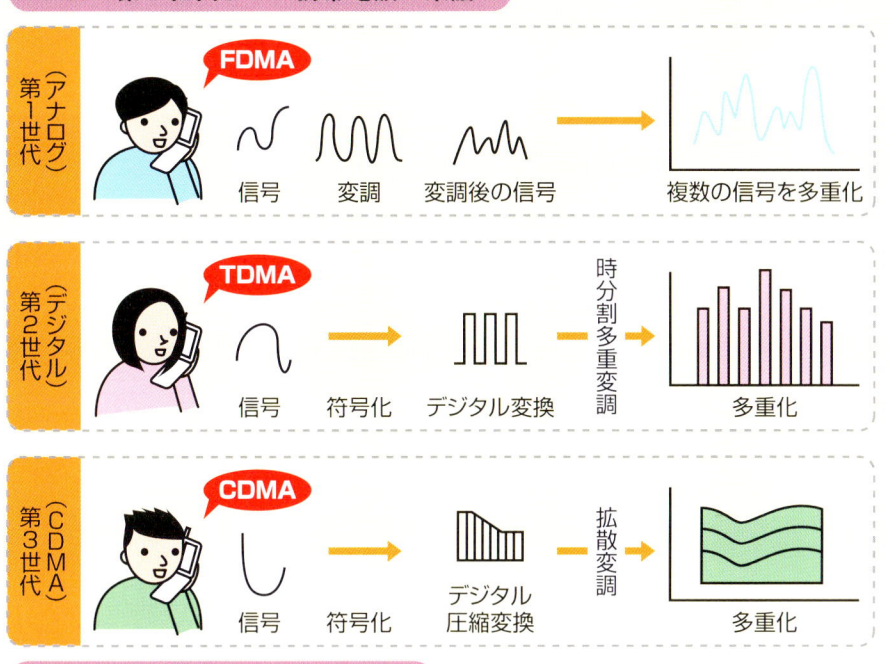

第1世代（アナログ） FDMA
信号 → 変調 → 変調後の信号 → 複数の信号を多重化

第2世代（デジタル） TDMA
信号 → 符号化 → デジタル変換 → 時分割多重変調 → 多重化

第3世代（CDMA） CDMA
信号 → 符号化 → デジタル圧縮変換 → 拡散変調 → 多重化

5-40　第4世代携帯電話の計画

第4世代は2010年頃に導入の予定だ。
従来の端末に比べ驚異的な大容量・高速度のデータ通信を計画している

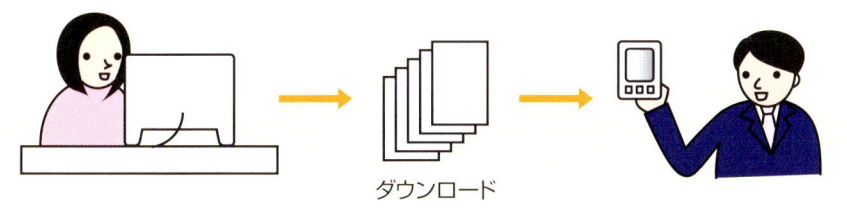

ダウンロード

パソコンでしか扱えなかった量のデータも、端末でのやり取りが可能となる

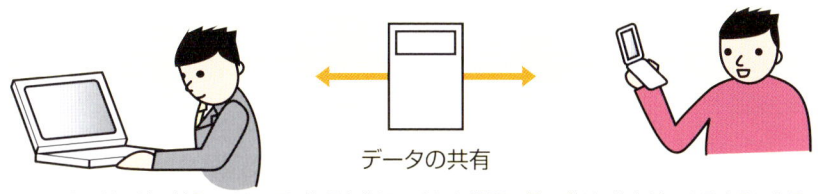

データの共有

ICカードの差し替えにより、同じ情報を状況に応じた機器で使い分け・共有ができるようになる

第5章

豆知識 日本における携帯電話の、人口に対する普及率は2004年度で約68％。2000年の2度目のピークから、徐々に落ち込んできている。

IP電話

> **Key word** パケット交換　データを固まりに分け、空いている回線を使ってランダムに送信し、受信側が並べ替えて情報を受け取る。

データを"小包"にして送るパケット通信

　IP（インターネットプロトコル）電話は、パケット交換方式により、音声信号をインターネット（P206）を通じてやり取りする通信方法である。

　データ通信網において、送信側と受信側を1本のケーブルで物理的につなぐのが従来の**回線交換**方式。通信線がつながっているときは、データのやり取りが行われていなくても、その回線を独占することになる。ネットワークの利用効率はあまりよくないし、その間の料金は課金されてしまっていた。

　これに対して**パケット交換**方式では、データを適当な大きさの固まり（パケット=小包の意）に分けて、それぞれに宛先や誤り制御のための**ヘッダ**と呼ばれる情報をつけて次々に送り出す。パケットは、そのときに空いている回線を選んで送られるため、回線を独占することはない。このパケットは、いったん交換機のメモリーに蓄積され、ヘッダの情報に従って転送・蓄積を繰り返して相手に届く。ネットワークの利用効率は回線交換方式に比べて格段に高まり、万が一、一部の回線に障害が発生しても"迂回"が可能。料金もデータ送信量で計算される。

IP電話には3種類ある

　パケット化された音声信号は、その他の通信データのパケットと入り混じって、ランダムにネットワークの中を受信相手のもとに進んでいく。インターネット同様、基本的に電話料金は一番近くのアクセスポイントまでの分ですむため、長距離通信の場合はかなり割安だ。

　このIP電話には、**パソコン—パソコン**、**パソコン—一般電話**、そして**一般電話—一般電話**という3つの形態がある（図5-41）。パソコンを使う場合は、専用ソフトを入れ、マイクとスピーカーをつないで会話する。

　音が届くメカニズムは次のようになっている。まず音声信号がデジタル化され、より短時間で送るためにデータを圧縮する。そのうえでデータをパケットに分割して順次送り出すのである。パソコンでは、組み込まれたソフトでこうした作業を行う。一般電話の場合は、電話回線を通じてサービス提供会社のトランクゲートウェイにつながり、ここで処理されてネットワークに転送されている（図5-42）。受信側は、ほぼ逆の手順で音を受け取る。ただ、ネットワーク上で遅れたり欠落したりする「小包」が出る可能性もあるため、着信側ではヘッダの情報を基準にその並べ替えを行っている。

豆知識　IP電話の特徴として、IP電話どうしで通話する場合には電話料が一切かからないというメリットがある。

5-41　IP電話の3形態

IP電話にはパソコンからパソコン、パソコンから一般電話、一般電話から一般電話の3形態がある

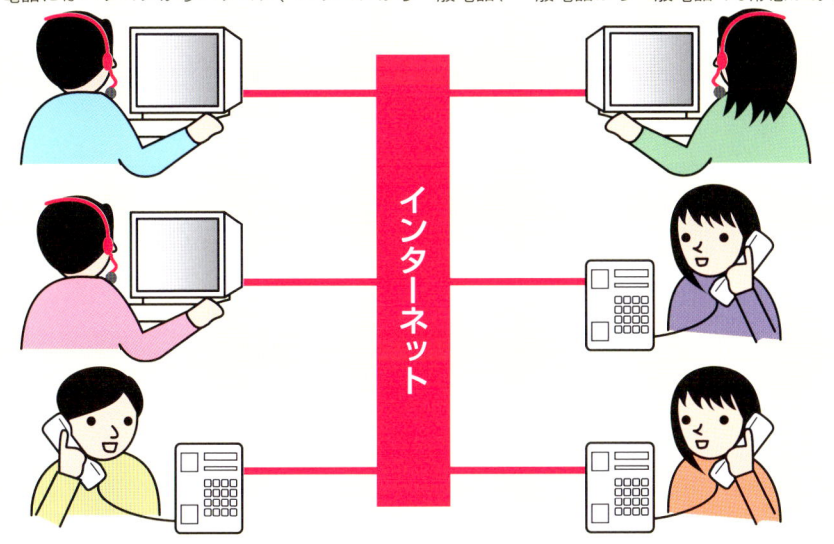

5-42　IP電話の送受信のしくみ

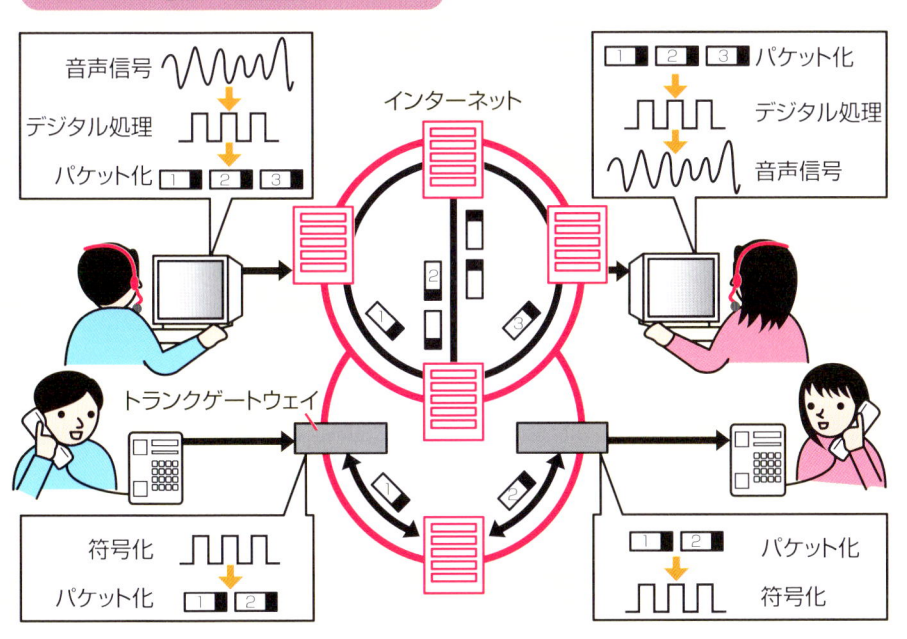

音声信号
デジタル処理
パケット化

トランクゲートウェイ

符号化
パケット化

インターネット

パケット化
デジタル処理
音声信号

パケット化
符号化

豆知識 IP電話に無線LANを直結すると、無線IP電話として使用可能になる。携帯電話に変わるモバイルツールになる可能性があるのだ。

FAX

> **Key word** 送信走査　原稿を平面上で光電変換素子によって電子的に読み取る方式。画像信号として送られ、受信側で再現する。

FAXによる送受信のしくみ

　FAX（ファクシミリ）は、文字や絵などの静止画を電話回線で送受信する装置だ。コピー機（P136）の機能と、そのコピーを相手に届ける機能・受け取る機能を兼ね備えている。

　テレビ（P152）が、動く映像を送り受信側がディスプレイ上に再生するのに対して、FAXは静止画を伝送し受信側は紙面上にそれを再現する。だが、両者の送受信の方法には共通点もある。

　FAXは、送信部分と受信部分で構成されている。送信する際には、原稿に書かれた2次元（平面）上の情報を順次読み取り、1次元の情報に並び替えるという**送信走査**が行われる。まず、原稿全体を細かいマス目で区切って光ビームを当てる。そして、その反射光の強弱（文字部分の反射光は弱く、白い部分は強い）を、CCD（P212）やフォトダイオードなどの受光素子で検出するのだ。検出したデータを電気信号に変換し（光電変換）、さらに回線に合うように変調した後に、同期信号とともに送り出す。高速で送るため信号を圧縮し、送信側と受信側を同期させ、電話回線で送信するのだ。

　受信側では、送られてきた信号を送信時とは逆の走査で画像信号に復調、それに基づいて記録する（記録変換）。

画素で画を組み立てる

　FAXでの原稿の読み取りは、平面上で光電変換素子によって電子的に行う（図5-44）。

　横方向（主走査）は、密着型イメージセンサーの内部に配置されている光電変換素子を電気的に切り替えることで進め、縦方向（副走査）は紙送り機能によって進めていく。

　光ビームの反射光は光電変換素子で変換され、原稿の濃淡に応じた画像信号となって送られるのである。

　受信側に送られてきた電気信号は、**感熱紙**を使って再現される（感熱式）。1列に配列された発熱素子（サーマルヘッド）が電気信号に基づいて発熱し、その発熱した素子に接触している記録紙が発色するというしくみである。また、普通紙を用いる静電式があり、受信のしくみはコピー機とほぼ同じだ。

　FAXの基本的なメカニズムは、テレビのように走査線方式を用いている。1枚の画を画素（P160）に分解して電気信号として送り、その画素を受け手が組み立てて受信するというものである。つまり、この画素を細かくすればするほど、テレビ同様に鮮明な画像が再現されるのだ。

豆知識　FAXの歴史は意外に長い。1929年にはドイツのヘルによってその原型が完成されていた。

5-43 送信走査の原理

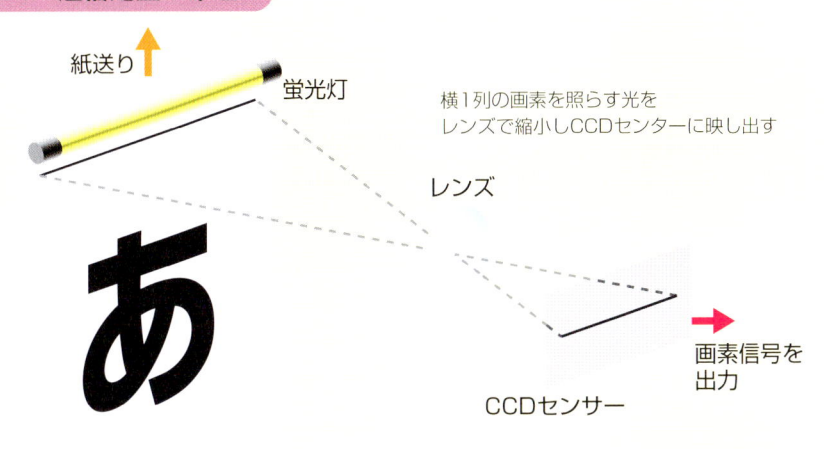

紙送り
蛍光灯
横1列の画素を照らす光を
レンズで縮小しCCDセンサーに映し出す
レンズ
画素信号を出力
CCDセンサー
原画

5-44 FAXの送受信

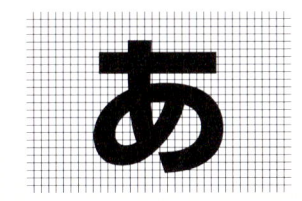

原画面を横直線状に順次たどりながら
CCDの反射光の度合いを電気信号に変換する

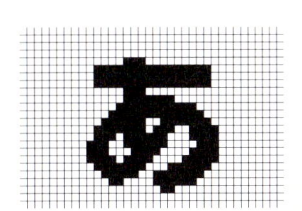

送られてきた電気信号を画素ごとに感光させ、
画像を再現する

送信側

受信側

第5章

豆知識 一般家庭にFAXが普及し出したのは、1985年の電話機の自由化以降だ。

カーナビゲーションシステム

> **Key word** **GPS** 全地球測位システム。人工衛星から電波を受信し、航空機、船舶、自動車などが自分の位置を確認するシステム。

カーナビゲーションシステムは軍事衛星が使われる

　カーナビゲーションシステムは、自分の運転する自動車が今どこにいるのか、目的地までどう行けばいいのか、という情報を、車内に設置したディスプレイに表示するシステムだ。アメリカ国防総省が打ち上げて管理している、24基の人工衛星（NAVSTAR）を用いた3角測量（**GPS＝全地球測位システム**）によって、自分の現在位置を知ることができるのだ。

　GPS衛星は、地上約21,000km上空を円軌道で周回し、約半日で地球を1周している。各衛星には非常に精密な原子時計（誤差1／100万秒）が搭載されており、時刻信号を地上のGPS補正局に送り続けている。その電波を送受信するための所要時間を計測し、かつ自ら球状の電波を放射することによって、3次元的に物体の位置を計測するのだ。

GPSの位置測定法

　GPSは常時3～4個の衛星による3角測量の方式が取られる。図5-45のように、まず衛星Aが車に向けて球状の電波を放射し、その範囲内に車があることを確認する。そして、電波が車に届くまでの時間を計測、その数値に電波の速さ（秒速30万km）をかけることで、衛星と車との距離を測定するのである。

　続く衛星B、CもAと同じ作業を行い、3つの衛星が放つ球状の電波が交わる1点を限定するのだ。さらに衛星Dは、移動する車を追走するときに生じるわずかな誤差を修正し、その位置をより正確なものとしている。

DVD化により大容量・高速処理が可能に

　計算した位置情報は、車内モニター上の地図に変換して表示される。そのとき、地上にあるGPS補正局から届けられる受信データと照合し、車の現在位置をより確実に測定する（**ディファレンシャルGPS**）。

　モニターに表示される地図は、かつてCD-ROM（P202）に記録されていた。しかし、容量に限界があり細部に及ぶ掲示が困難、全国版を1枚で収めることができない、読み取りに時間がかかる、などの問題があった。これらを解消するために、最近ではDVD-ROM（P204）を用いる製品が主流となっている。

　また、よりリアルタイムな渋滞情報を得るために、カーナビと携帯電話との組み合わせによる新しいシステムも開発されている。

> **豆知識** GPS衛星による測量の誤差は非常に小さく、一説にはたった16cmといわれる。

5-45 カーナビゲーションシステムのしくみ

GPS衛星は全部で24機あり、地上約21,000kmの円軌道上を半日で1周している。各衛星には精密な原子時計（誤差1／100万秒）が搭載されている

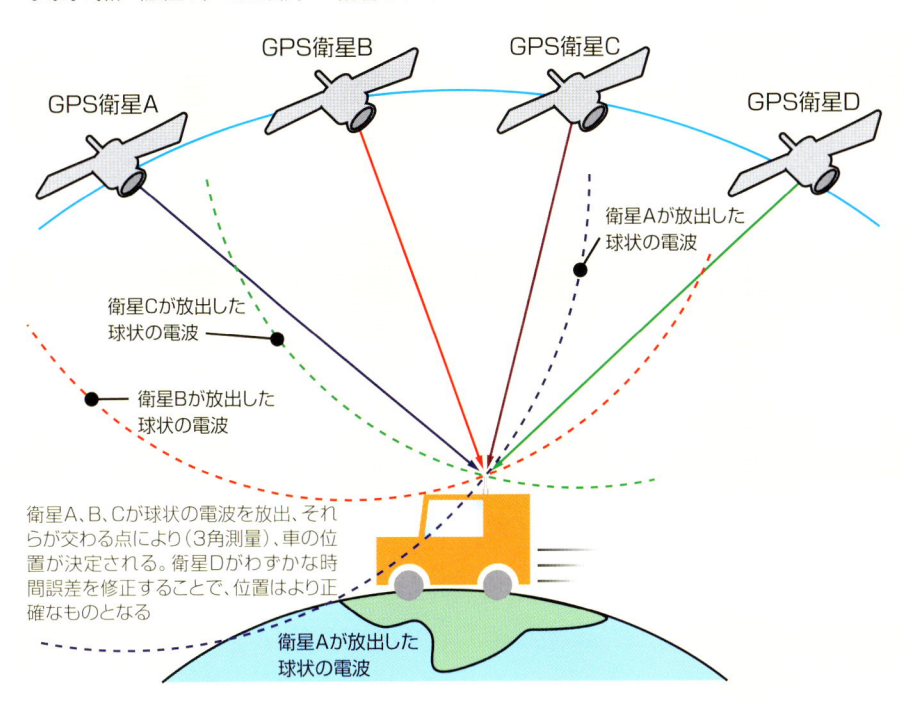

GPS衛星A　GPS衛星B　GPS衛星C　GPS衛星D

衛星Aが放出した球状の電波

衛星Cが放出した球状の電波

衛星Bが放出した球状の電波

衛星A、B、Cが球状の電波を放出、それらが交わる点により（3角測量）、車の位置が決定される。衛星Dがわずかな時間誤差を修正することで、位置はより正確なものとなる

衛星Aが放出した球状の電波

5-46 受信データが表示されるまで

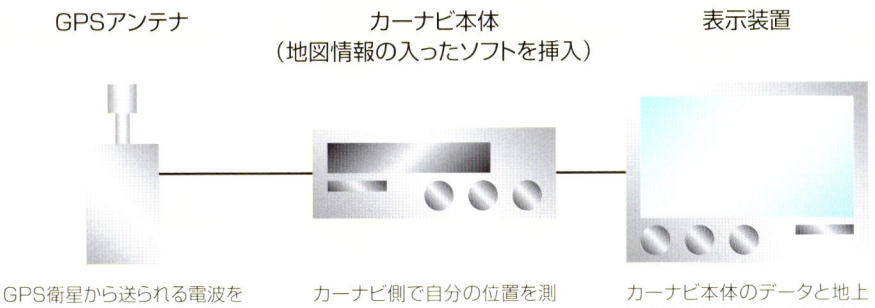

GPSアンテナ　　カーナビ本体（地図情報の入ったソフトを挿入）　　表示装置

GPS衛星から送られる電波をキャッチする

カーナビ側で自分の位置を測定する

カーナビ本体のデータと地上に設置されたGPS補正局からの受信データを照合し、モニターに現在位置を表示する（ディファレンシャルGPS）

第5章

豆知識　近年のカーナビでは、ハードディスクを搭載し、より動作の高速化が図られた製品や、通信機能によって地図情報などを更新できる製品がある。

ITS

Key word ETC 車載機と路側機が電波で情報をやり取りし、自動的にゲートを開けるとともに、料金計算を行うシステム。

道路交通情報をドライバーに伝達するVICS

ITS（Intelligent Transport Systems）は、最先端の通信技術を用いて、人・車両・道路を情報でネットワークし、交通事故や道路渋滞などの問題を解決するために開発されている交通システムだ。ITSは9つの開発分野から構成されている。ここでは代表的な**VICS**、**ETC**、**AHS**を紹介しよう。

VICS（Vehicle Information and Communication System）は、道路上に設置したセンサー類や、パトカーからの通報などによって収集した渋滞や事故、工事などの情報を、走行する自動車に送るシステムである。収集した情報はVICSセンターが統合し、高速道路に設置された**電波ビーコン**、一般道の**光ビーコン**という情報送受信装置や、FM多重放送によって自動車に送信する（図5-47）。

ドライバーは情報をアンテナ（P154）や受信器でキャッチし、ラジオ（P150）やカーナビディスプレイ（P182）で確認することができる。

渋滞解消を目指すETC、事故を未然に防ぐAHS

ETC（Electronic Toll Collection system）は有料道路料金所でのノンストップ化を実現したシステムである（右写真）。

専用の車載機に装着したETCカードというICカード（IC＝P194）と、道路側の装置とのデータ通信によって、料金を瞬時に計算する。

車がETCレーンに進入すると、道路側の通信装置（路側機）から車載機に対して、情報を送るよう電波で指示が与えられる。これを受けた車載機は、形状や重量などの車両情報を道路側に送信、その情報を路側機の車両センサーで照合し、ゲートが開く。

通過時にはゲート番号などの情報が道路側から送られ、車載機はそれをETCカードに書き込むのである。

出口では、侵入したゲート番号を車載機が送信して路側機が料金を計算、結果を車載機に送ってETCカードに記憶させるというわけだ。料金は、銀行口座から自動的に徴収されるシステムになっている。

また、AHS（Advanced cruise-assist Highway System）は、走行時の車両安全性の向上を目的としている。路面上の障害物や渋滞などの情報を路面状況把握センサーでドライバーに伝える。発見の遅れ、判断の誤り、操作の誤りなどを、おもに音声でサポートするのだ。また、車線をはみ出した場合にはレーンマーカーで操作支援するなど、事故の発生を未然に防ぐシステムとなっている（図5-48）。

豆知識 ITSは、ITS車載器を車内に設置することでさまざまな情報入手や、車間通信などができるようになる。2007年の本格導入が目指されている。

ETCレーンが設置された東北自動車道浦和インターチェンジの様子。左側の一般レーンは混雑しているが、ETCレーンは停車の必要がないため、車の姿が見えない

5-47 VICSの情報受信

電波ビーコン
高速道路
約200km先までの交通情報を提供する

光ビーコン
一般道
約30km先までの交通情報を提供する

FM多重放送
各地のFM放送局から道路交通情報を提供

5-48 AHS

レーンマーカー
道路中央に一定間隔で埋め込まれている。自動車側のセンサーが検知することで、車線内の自動車の位置をドライバーに知らせる

路面状況把握センサー
進行先の路面が凍っていたり、障害物があるなどの情報を事前にドライバーに知らせる

凍結

豆知識 ETCは、日本道路公団管轄の高速自動車国道（均一料金区間や首都高、第三京浜などの自動車専用道を除く）の場合、ある特定の条件で利用すると、深夜割引など最大で50％の通行料割引制度がある。

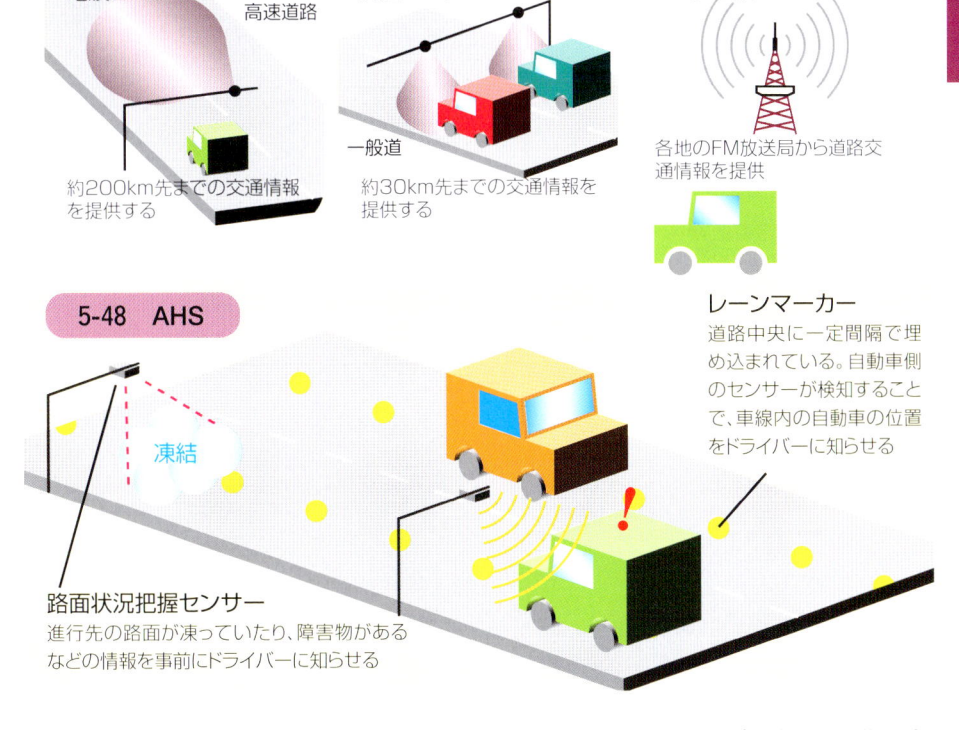

Column

人と動物の超音波

電波にできないことを可能にする超音波

　超音波——。それは「音」であるため、電波（P144）とは違う。そして超音波は、電波にできないことをやってのける。

　たとえば、超音波診断装置は、母胎を傷つけずに胎児のようすを画像化する。電波（電磁波）とは違って、胎児へ悪影響を及ぼす心配がないからだ。

　また、海洋技術には、海中間で画像を伝送するというシステムがある。電波は海中の場合、遠くまで伝達できないが（携帯電話などの範囲は1mたらず）、超音波ならそれが可能なのだ。

　人間は、このように超音波を利用しているが、実は超音波は人間だけのものではないのである。

超音波を使った自然界での戦い

　コウモリは、超音波を用いて昆虫などの食物を捕らえている。200kHzほどの超音波を放射して、その反射により獲物の位置を調べて捕獲するのだ。これはレーダーの原理と同じである。

　一方、ターゲットのほうも優秀で、クサカゲロウという昆虫は、コウモリの超音波を察知することができる。クサカゲロウは、コウモリの出す周波数が比較的低い場合はジグザグに飛び、高い場合は羽を広げていったん空中で止まってから、すぐさま真下に落下して「回避」するのだ。

　自然界で、超音波を使ったこのような戦いが繰り広げられているとは、改めて驚かされる事実である。

超音波は人間の耳の可聴域を超える音波

　人間の耳の可聴域は約20Hz～20kHz。超音波とは、その範囲外の音波であり、おもに20kHz以上の高周波のことを指す。ただし、40kHzくらいの音まで聴くことのできる人もいるので、明確に定義づけることはできない。

　ちなみに、ウマは30kHz、イヌは60kHz、ネコは80kHz、ネズミは100kHz程度まで聞こえるとされている。

　人間の開発した、超音波加湿器や、超音波メガネ洗浄器などは、可動時に超音波を発生する。我々はそれらを使用しても、可聴域外のため気にならない。だが、ペットを飼っている人であれば、彼らのようすを伺いながら使ったほうがいいのかもしれない。周波数によっては、いい迷惑かもしれないのだ。

第6章
エレクトロニクスとマルチメディア

真空管

> **Key word　三極真空管**　増幅作用のある素子で、電力増幅回路や電波発振回路に利用されたが、やがて半導体にとって代わられた。

二極真空管は整流作用を持つ

　エレクトロニクス時代の幕開けとなったのが、1904年のフレミングによる**二極真空管**の発明だった。二極真空管は、交流電流を1方向にしか流さないことによって直流に変換する、**整流作用**（P126）を持っている。

　二極真空管は、真空のガラス管の中に、向き合った2枚の電極が設置された構造になっている。電子を放出する側の電極を**カソード**、それを受け取る側を**プレート**と呼ぶ。カソードは、おもにフィラメント（P104）製で、ヒーターにより温められると、電子を放出しやすくなる。

　この状態で交流電流を流す。交流はプラス／マイナスが一定周期で入れ替わる（P52）。そのため、カソードがマイナス極になるときは電子が飛び出してプレートのプラス極に達する。そして、カソードがプラス極になったときには電子は飛び出さない（図6-1）。

三極真空管は増幅作用を持つ

　三極真空管は**増幅作用**のある**素子**（電気回路の導線以外の部品）である。増幅とは、もとの電流・電圧に対して、より大きな出力の電流・電圧が得られることを指す。三極真空管の発明により、電力増幅回路や電波を発生させる発振回路を作ることが可能となった。

　三極真空管では、図6-2のようにカソードとプレートの間に、**グリッド**と呼ばれる網状か格子状の電極が挿入されている。また、二極真空管同様、カソードはヒーターによって温められ、グリッドには一定のマイナス電圧がかかっている構造となっている。

　図aの状態では、カソードから飛び出した電子の一部がグリッドのマイナス極に押し戻され、一部は通り抜けてプレートに達している。

　bのようにカソード～グリッド間に交流を流す。グリッドがマイナスのとき、マイナスがさらに強くなり、カソードから飛び出した電子は押し戻されてしまう。

　だが反対に、cのプラスになったときでは、グリッドのマイナスが減るため、カソードからの電子はグリッドを通り抜けやすくなる。

　この流れの中で、グリッドにかける交流の電圧を変化させると、抵抗の両端に、増幅された電流が発生するのだ。

　第二次世界大戦終了直後に**トランジスタ**（P192）が発明されるまでのおよそ半世紀、無線・有線通信分野を中心とするエレクトロニクス産業は、この真空管に支えられて成長・発展を遂げていった。

豆知識　三極真空管は、1906年にアメリカのド・フォレストによって発明された。彼はそれ以外にも300以上の特許を所得している。

6-1 二極真空管の構造と整流作用

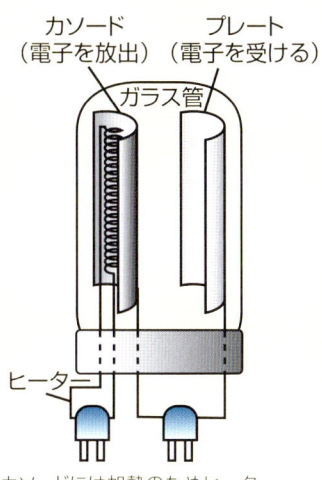

カソード（電子を放出）
プレート（電子を受ける）
ガラス管
ヒーター
交流

カソードには加熱のためヒーターが設けられている

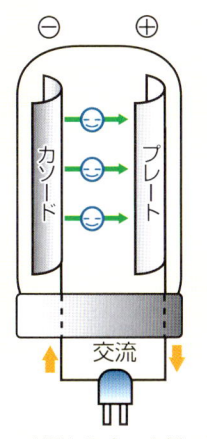

カソード側からプレート側の方向では電流が流れる

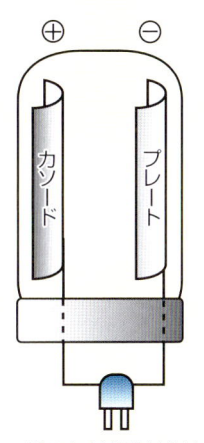

逆の方向は電流が流れない

6-2 三極真空管の構造と電流の増幅のしくみ

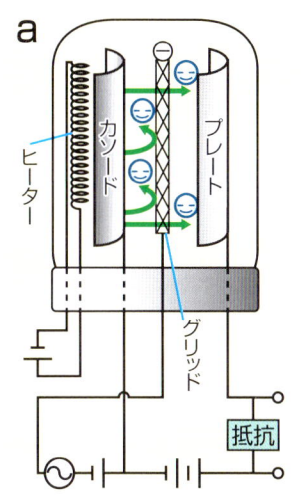

a ヒーター／カソード／プレート／グリッド／抵抗

b ヒーター／カソード／プレート／グリッド／抵抗

c ヒーター／カソード／プレート／グリッド／抵抗

グリッドには一定のマイナス電圧がかけられている（バイアス電圧）

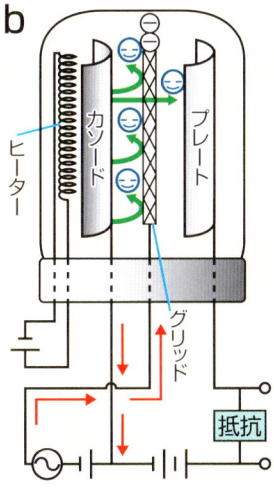

グリッドがマイナスのときは、カソードから飛び出す電子は強く押し戻される

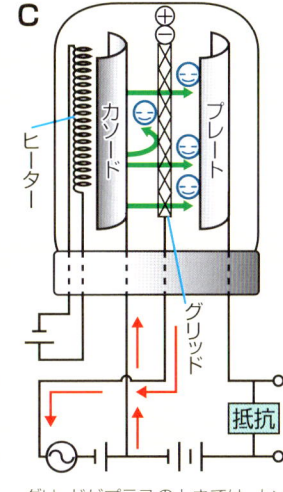

グリッドがプラスのときでは、カソードからの電子はグリッドを通過しプレートに達する

─┤├─ 直流電源　　─◯─ 直流電源

第6章

豆知識 三極真空管の後に、グリッドを追加した四極真空管も開発された。さらにグリッドをもう1つ追加した五極真空管もあるが、日本やアメリカではオーディオ用真空管は1980年代に製造中止となっている。

半導体

> **Key word** 　**半導体**　導体と絶縁体の中間的な性質を持つ物質。結晶状態では絶縁体だが、不純物の添加などで導体の性質を持つ。

半導体は異なる物質の結合体

　電流の流れやすさは、その物質が持つ抵抗値に関係し、抵抗値が大きいほど流れにくく、小さいほど流れやすくなる（P44）。抵抗値が大きい物質は「絶縁体」、小さい物質は「導体」と呼ばれる（P46）。**半導体**は、簡単にいえばその中間的な性質を持つ物質の総称である。具体的には、シリコン、ゲルマニウム、セレンなどの元素や硫化カドミウム、ガリウムヒ素などの化合物を指している。

　これらの物質は、不純物を含まない純度の高い結晶状態では真性半導体となって、電流をほとんど通さない。ところが、そこにわずかな不純物を加えると**結晶構造**が変わり、電流が流れやすくなるのだ。半導体がエレクトロニクスにおいて重要な意味を持つのは、光や温度、そしてこのような不純物の影響で電気的な性質がまったく変わってしまうところにある。

半導体には「N型」と「P型」の2種類がある

　半導体に電流が流れるメカニズムを、代表的なシリコンを例にみてみよう。

　シリコン原子は、最外殻の電子を4個持ち、隣り合った原子どうしが、互いに相手の電子を共有し、計8個ずつの電子を抱え合って結合している（図6-3）。この状態では、シリコン結晶の中に余った自由電子が存在しないため、電流はほとんど流れない（P36）。この結晶の中にリンのような最外殻電子を5個持った物質を加える。すると、リン原子の持つ電子のうち、シリコン原子との共有結合に関与するのは4個であるため、1個が余る。この余った電子は結晶中を泳ぎ回り、電圧をかけるとプラス極に移動するため、電流が流れることになるのだ。このように、電荷の運び屋（キャリア）としての電子が余っているタイプを**N型半導体**と呼ぶ。

　一方、**P型半導体**は、シリコン結晶に最外殻電子を3個持つホウ素などを加える。ホウ素原子には、シリコン原子と結合するための電子が1個足りない。つまり、本来電子が入るべき場所に孔が開いた状態が生まれるのである。これをプラスの孔という意味で**正孔**、あるいは単に**ホール**と呼ぶ。

　P型半導体に電圧をかけると、電子は孔を埋めようとしてホールにはまり込む。すると、電子が移動した部分に新しいホールが生まれ、そこにまた別の電子が移ってくる。この連続で電子はプラス極に向かってホールを"渡り歩く"ようになるのである。

豆知識　半導体の歴史は、1833年、ファラデーが硫化銀を加熱すると電気伝導率が上がるという発見に端を発している。

6-3　シリコンの原子と結晶

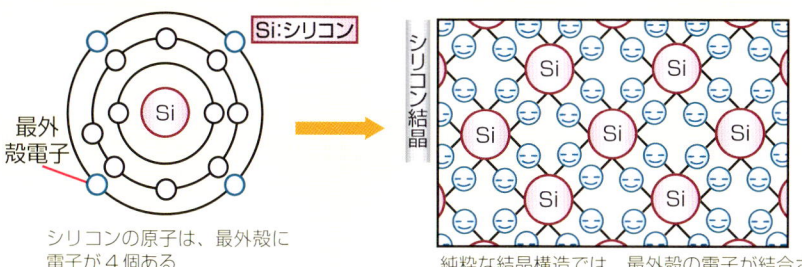

Si:シリコン

最外殻電子

シリコンの原子は、最外殻に電子が4個ある

シリコン結晶

純粋な結晶構造では、最外殻の電子が結合され、自由電子が存在しない

6-4　シリコンにリンを加えるとN型半導体になる

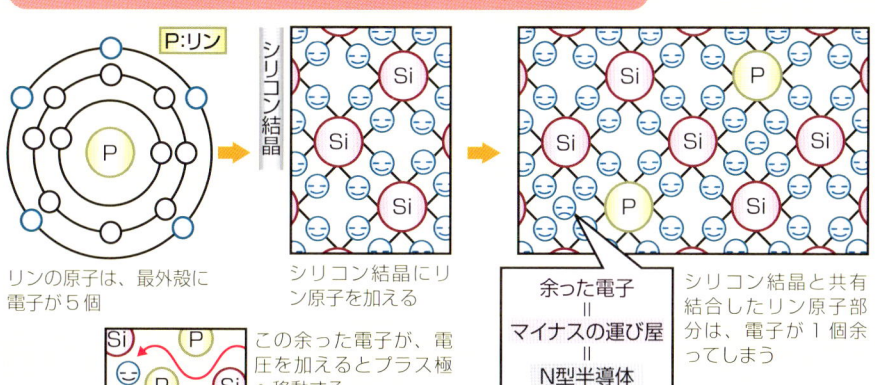

P:リン

リンの原子は、最外殻に電子が5個

シリコン結晶

シリコン結晶にリン原子を加える

この余った電子が、電圧を加えるとプラス極へ移動する

余った電子
＝
マイナスの運び屋
＝
N型半導体

シリコン結晶と共有結合したリン原子部分は、電子が1個余ってしまう

6-5　シリコンにホウ素を加えるとP型半導体になる

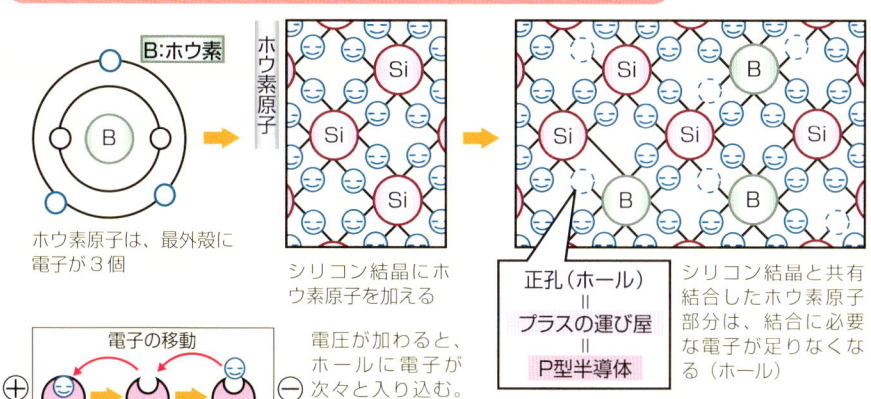

B:ホウ素

ホウ素原子は、最外殻に電子が3個

ホウ素原子

シリコン結晶にホウ素原子を加える

電圧が加わると、ホールに電子が次々と入り込む。つまり電流が流れる

電子の移動
ホールの移動

正孔（ホール）
＝
プラスの運び屋
＝
P型半導体

シリコン結晶と共有結合したホウ素原子部分は、結合に必要な電子が足りなくなる（ホール）

第6章

豆知識 N型半導体のNはNegative（否定、消極的、マイナスの）の略だ。P型はPositive（明確な、積極的、プラスの）の略。

ダイオード／トランジスタ

> **Key word** **ＰＮ接合ダイオード** Ｐ型半導体とＮ型半導体を接合させることで、整流作用を持たせた半導体素子。

半導体を利用し整流作用を実現するダイオード

ダイオードとは、半導体（P190）を利用した素子である。通常は**ＰＮ接合ダイオード**のことを指し、その構造は図6-6のようになっている。Ｐ型半導体とＮ型半導体を接合し、Ｐ型側には**アノード**（プラス極の意）、Ｎ型側には**カソード**（マイナス極の意）と呼ばれる電極が取りつけられている。

ダイオードに電流を流すと、アノードがプラス、カソードがマイナスのときは、Ｐ型半導体のホール（P190）はカソード側に、Ｎ型半導体の電子はアノード側に引っ張られ、それぞれＰＮ接合の境界線に向かって移動する。そして、ホールと電子が境界線で結合し、消滅していく。この結合は繰り返されるため、結果的に電流が連続して流れることになる（図6-6 a）。一方、アノードがマイナス、カソードがプラスになると、Ｐ型半導体のホールやＮ型半導体の電子はそれぞれ電極に向かって移動するだけで、電流は流れない（図6-6 b）。

ＰＮ接合型半導体は、このような**整流作用**（P126）を持つため、交流を直流に変換する回路に使用される。また、結合時の熱エネルギーを光として取り出すように工夫もできる（発光ダイオード＝P216）。そのため、二極真空管に替わって多くの電気製品に使用されている。

電流を増幅するトランジスタ

トランジスタは電流を増幅する作用があるため、三極真空管に変わる存在として普及した。**接合型トランジスタ**のしくみは図6-7のようになっている。

Ｐ型半導体とＮ型半導体がＮ－Ｐ－Ｎの3層構造にされ、それぞれにエミッタ、コレクタ、ベースと呼ばれる電極がつけられている。図6-7 aの回路では、エミッタとコレクタの間の半導体の配列が、電流の向きに対して逆方向の向きが生じるため、電流は流れない。

ところが、図bのようにエミッタ～ベース間の回路をつなぐと、その回路間の半導体配列は順方向なので電流が流れる。さらに、この回路に電流が流れると、エミッタ～コレクタの間にも電流が流れるようになるのだ。これは、エミッタ～ベース間の電流に影響を受けて、エミッタ～コレクタ間の電子の移動方向にとって、本来なら逆方向となるベース領域の「境界線」を飛び越えてしまう電子が発生するために起こる現象だ。そして、エミッタ～ベース間の電圧を変化させれば、エミッタ～コレクタ間の電流が増幅されるのだ。

トランジスタの増幅・スイッチング作用は、ラジオなどの小型化に大いに貢献した。

豆知識 トランジスタは1947年、アメリカのベル研究所により発明された。その中心となった3人は、後にノーベル物理学賞を受賞している。

6-6 PN接合ダイオードの原理

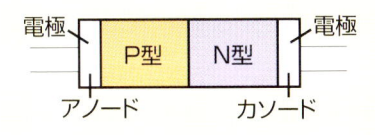

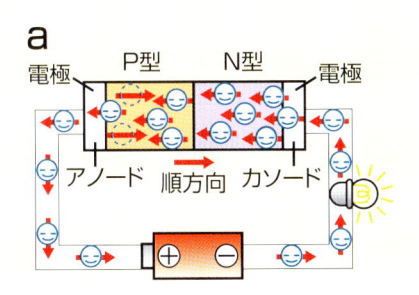

a
順方向では、P型とN型の境界線でホールと電子が結合するため、電流が流れる

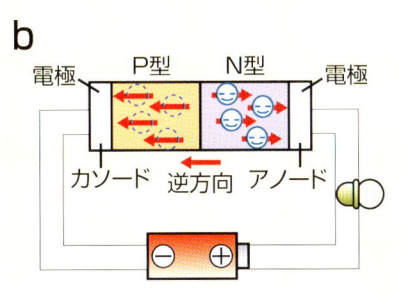

b
逆方向では、ホールと電子はそれぞれの電極に移動するため電流は流れない

6-7 接合型トランジスタの原理

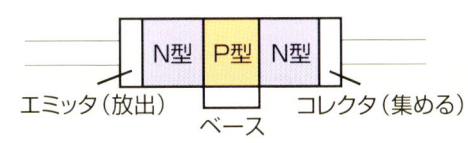

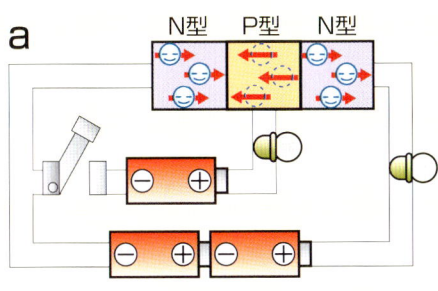

エミッタ（放出）／ベース／コレクタ（集める）

a エミッタ～コレクタ間ではNからPの間が電流に対して逆方向なため、電流が流れない

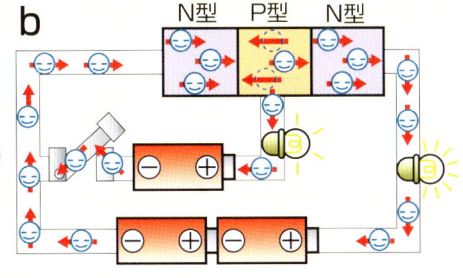

b エミッタ～ベース間に電流が流れると、エミッタからの電子がベース領域を飛び越えてコレクタに入るようになり、電流が流れる

豆知識 トランジスタ（Transistor）は、Transfer（移す，動かす）とResistor（抵抗器）を組み合わせた造語だ。

IC／LSI／超LSI（集積回路）

> **Key word**　**LSI**　ICの集積度を高めた半導体素子。マイコンの開発に直結し、数多くの家電製品の高機能化に寄与した。

ハイテクを支える半導体の集積化

IC（Integrated Circuit）とは、数mm～数cm角の半導体基盤上に、トランジスタ、ダイオード、コンデンサーなどの半導体素子を組み込んだ**集積回路**である。1つひとつの素子の大きさは、ほぼ1nm以下。1つの基盤の上に、なんと数100万～1,000万個以上もの素子が組み込まれているのだ。

ICが出現する以前、電気製品内の半導体素子は、それぞれが1つずつ別の基盤に組み込まれていた。それをつなぐかたちで回路が形成されていたのだ。だから、製品の機能が高くなれば、基盤の数も増えてしまう。そして、基盤の数が増えれば増えるほど、組み立ては複雑になる。故障も増え、重量も重くなり、消費電力も大きくなるという問題があった。こうした個別の回路基盤をまとめ、1つのチップに集積したものがICなのだ。

ICの出現は、電気製品の高機能化、小型化、さらにはコスト削減によって製品の低価格化を実現させたのである。

ICからLSI、VLSI、ULSIへ

ICの性能は、1つのチップ上にどれほど多くの素子を組み込むかによって評価される。素子の数が多ければ多いほど、当然、高機能な回路となるからだ。これを集積度といい、ICは集積度によって呼び名が分かれている。

最初期のICの集積度は、わずか数個。その後開発された素子数1,000個以上のICは**LSI**（Large Scale Integration）と呼ばれる。LSIの誕生によって、電卓程度の製品ならば、1チップだけで構成できるようになった。

1971年には、1つのLSIチップでコンピュータ（パソコン＝P196）の基本機能を持つ、4ビットのマイクロプロセッサ（マイコン）が開発された。マイコンは、電気炊飯器、エアコン、電子レンジなど多くの家電製品に搭載され、多機能・小型化を実現した。

さらに集積度を上げ、1cm角のチップ上に100万～1,000万個の素子を組み込んだICも存在する。**VLSI**（Very LSI＝超LSI）と呼ばれるものだ。

現在では、素子数1,000万個以上を誇る**ULSI**（Ultra LSI）、複数のICのシステム機能を1つのチップ上にまとめた**システムLSI**（SOC＝システム・オン・チップ）なども当然の存在になっている。

今後も、テクノロジーの発展とともに1つのチップ上にいかに多くの素子を組み込むかという、高集積化競争は続いていくだろう。

> **豆知識**　ICは1959年にアメリカのノイズとムーアによって、はじめて開発された。その大きさは、5mm角のICチップであった。

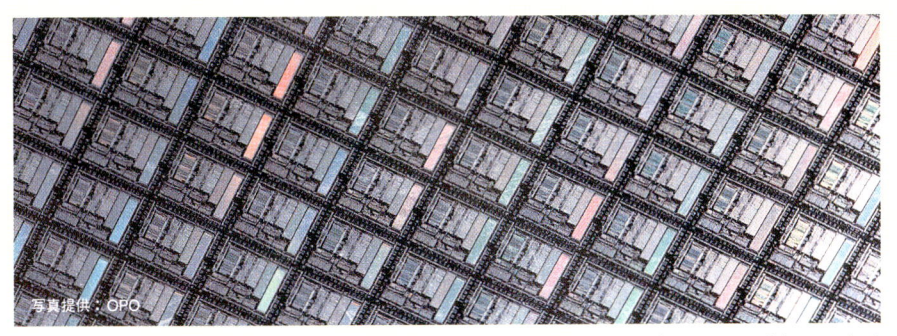

チップ単位に切断される以前のICチップ。下図6-8の製造工程は、写真の1チップ（1マス）だけを拡大したものである

6-8　IC（NPNトランジスタ）の製造工程

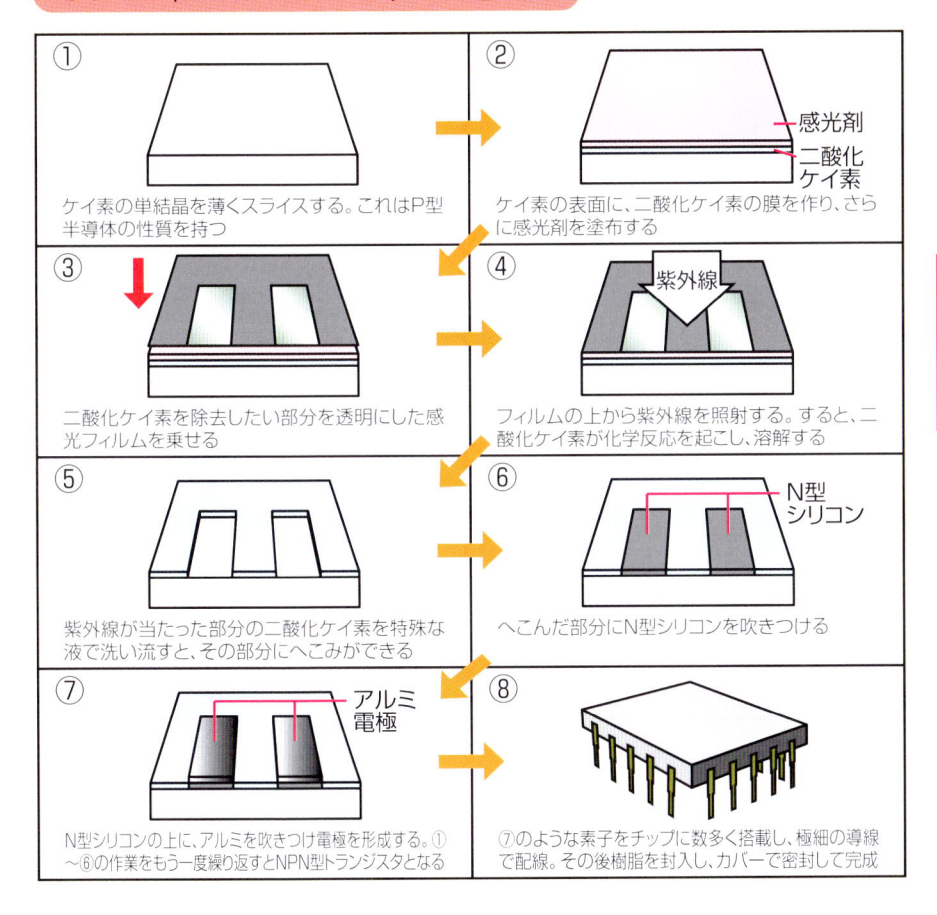

① ケイ素の単結晶を薄くスライスする。これはP型半導体の性質を持つ

② ケイ素の表面に、二酸化ケイ素の膜を作り、さらに感光剤を塗布する
- 感光剤
- 二酸化ケイ素

③ 二酸化ケイ素を除去したい部分を透明にした感光フィルムを乗せる

④ フィルムの上から紫外線を照射する。すると、二酸化ケイ素が化学反応を起こし、溶解する
- 紫外線

⑤ 紫外線が当たった部分の二酸化ケイ素を特殊な液で洗い流すと、その部分にへこみができる

⑥ へこんだ部分にN型シリコンを吹きつける
- N型シリコン

⑦ N型シリコンの上に、アルミを吹きつけ電極を形成する。①～⑥の作業をもう一度繰り返すとNPN型トランジスタとなる
- アルミ電極

⑧ ⑦のような素子をチップに数多く搭載し、極細の導線で配線。その後樹脂を封入し、カバーで密封して完成

豆知識　高集積化によって、LSI内部の消費電力は単位面積あたりでホットプレートの約3倍にもなっている。これを下げることが今後の課題だ。

パソコン① 基本構成とマザーボード

> **Key word** マザーボード パソコンの各装置をつなぐとともに、データの流れを管理する機能を終結させた回路。

パソコンの5大機能

　パソコン（パーソナルコンピュータ）は、「入力」「記憶」「演算」「制御」「出力」の5つの機能によって、さまざまな情報を電気信号化して処理する機械だ。それらの機能は、基本ソフトとなるOSと、アプリケーションソフト（WordやExcel、電子メールなど）の組み合わせ次第で実に多岐に及び、人それぞれのあらゆるニーズに対応できる。

　パソコンの基本システムは図6-9のようになっている。キーボードやマウスにより「入力」された指示は、パソコン本体の**マザーボード**に入る。そして、**CPU**（P198）で「演算」「制御」するためにプログラムされたデータを、「記憶」装置であるメインメモリーから呼び出す。そのプログラムでCPUを起動し、「演算」「制御」の処理をした後、「出力」装置であるディスプレイやプリンタに出力するしくみだ。

デジタル処理によりマザーボードに機能が集結される

　パソコンでは膨大な量のデータを瞬時に各装置に送る必要がある。そのため、各部は極限まで電子化され、その情報は「1」と「0」のデジタル信号で送られる。2進数のデジタル信号化によって、すべての電気信号をオン／オフの2つで高速処理するのだ。

　1と0の最小単位を1**ビット**といい、1ビットで1と0の2種類の信号を表現できる。2進数2ケタの2ビットであれば00、01、10、11の4種類。この要領でビットを増やしていくと、8ビットで256種類表現できることになり、英語圏の文字表現なら8ビットで充分足りてしまうのだ。パソコンの世界では8ビットを1**バイト**と定め、パソコンの情報処理能力の1つの指針としてバイト数が用いられる。デジタル信号化により、パソコン本体をコンパクト化することが可能となったのだ。

　本体内にはマザーボードという、各装置間をバス（Bus＝母線）と呼ばれる細い配線で結ぶ回路基板がある。マザーボードには、全体のデータの流れをコントロールする機能が終結されている（図6-10）。CPUなどの部分は、このマザーボードに装着されているのだ。

　バスは回路内で適所に信号を送るが、データの受け渡しの際にタイミングを合わせる処理をしなければ全体に混乱が生じてしまう。そのため、装置間に**チップセット**というLSI（P194）チップを設け、ほとんどのデータを経由させることにより、転送スピードを制御しているのだ。

豆知識 史上初のパーソナルコンピュータは、1976年のアメリカ・アップル社のApple I（アップル・ワン）だ。

6-9 パソコンの基本システム

キーボードやマウスにより入力された信号を、パソコン本体で記憶・演算・制御し、ディスプレイやプリンタに出力する

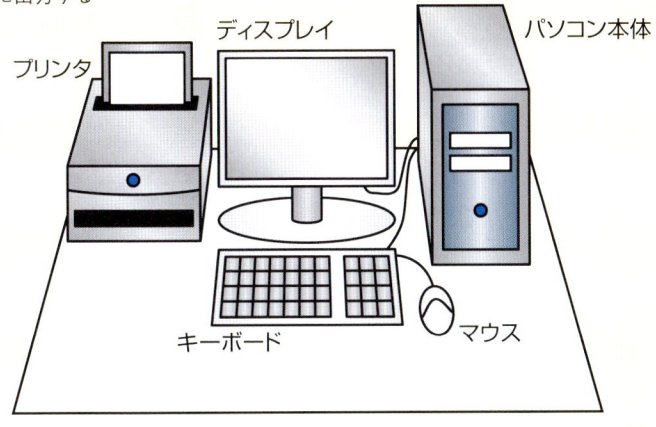

- プリンタ
- ディスプレイ
- パソコン本体
- キーボード
- マウス

6-10 マザーボードの構成

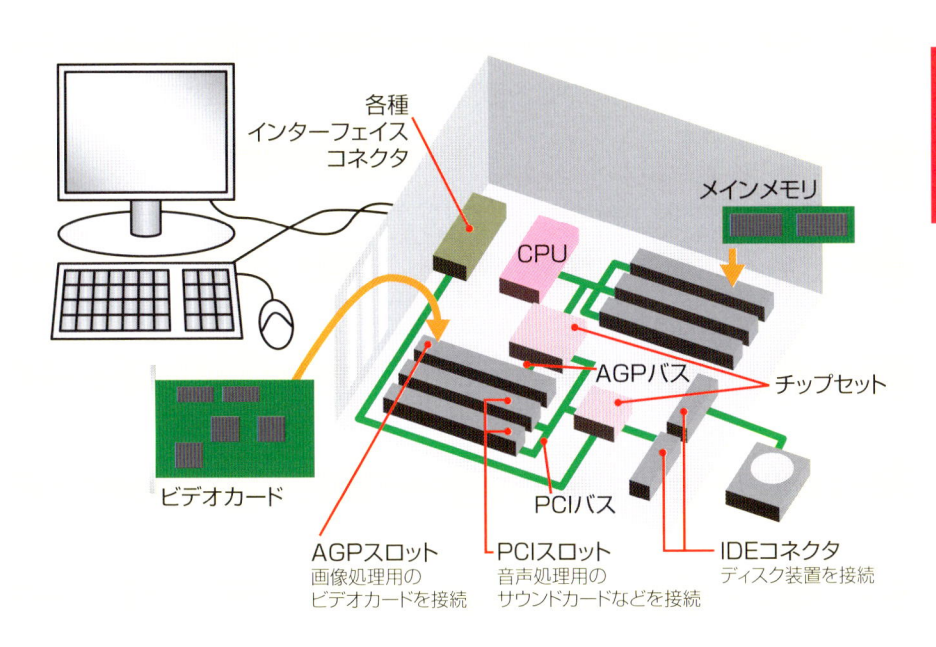

- 各種インターフェイスコネクタ
- メインメモリ
- CPU
- AGPバス
- チップセット
- ビデオカード
- PCIバス
- AGPスロット
  画像処理用のビデオカードを接続
- PCIスロット
  音声処理用のサウンドカードなどを接続
- IDEコネクタ
  ディスク装置を接続

第6章

豆知識 日本初の本格的パソコンとしては、1978年シャープ社製のMZ-80Kや、日立社製のMB-6880などがあげられる。

パソコン② CPU／メインメモリー

> **Key word　CPU**　LSIの集合体であり、演算、処理を行うパソコンの中核をなす装置。

CPUの論理演算

パソコンの基本的な処理機能を、1枚のLSI（P194）に集約したのが**CPU**（Central Processing Unit＝中央処理装置）だ。**メインメモリー**に保存されたデータを、プログラムの命令に従って「演算」「制御」処理し、結果をメインメモリーに返送するという作業を繰り返し行う。

CPUの信号処理は、ビット数（P196）が増えるほど非常に複雑な回路で構成されるが、「1」と「0」のデジタル信号をもとにデータ処理を行うことには変わりはない。ここでは、2ビットの1と0における最も基本的なCPUの**論理演算**の原理を紹介しよう。

論理演算の基本的な回路は、**OR回路／AND回路／NOT回路**の3つで構成され、それぞれに固有の性質がある（図6-11）。これらの回路を巧妙に組み合わせることにより演算処理をするのだ。

図6-12の**半加算器**では、AとBから入力される0と0、0と1、1と0、1と1の4とおりのパターンすべてを演算できる。つまりAとBから何が入力されたかが、わかるしくみとなっているのだ。

実際のCPUにおける演算処理では、32ビットなどの信号を処理するため、桁が上がった信号に対しても対応する全加算回路が設けられている。

CPUを作動させるメインメモリー

CPUは、指令に応じたプログラムを与えなければ作動しない。そのプログラムデータを、CPUとの間で直接やり取りする記憶装置がメインメモリーだ。

メインメモリーはいくつかのメモリーチップ（記憶素子）で構成されており、チップには、膨大な数の**メモリーセル**という記憶の単位が格子状に並んでいる。メモリーセルは、トランジスタ1個（P192）とコンデンサー1個（P60）から構成され、コンデンサーに電荷が溜まっている場合を「1」、溜まっていない場合を「0」というデータにして記憶する（図6-13）。コンデンサーに充電させて「1」の状態にするには、トランジスタにつながるワード線とコンデンサーにつながるビット線に高電圧をかける。充電しきった段階でワード線の電圧を下げ、コンデンサーの帯電を維持するのだ。「0」状態にするにはワード線を高電圧、ビット線を低電圧にしてビット線へと放電させる。

データの読み出し時は、ビット線を一定の電圧にしてワード線に高電圧をかける。そのときに各コンデンサーにつながるビット線の電圧差を調べ、その値を増幅して読み取るのだ。

豆知識　CPUを1つのICで実現した初のマイクロプロセッサは、1971年、アメリカ・インテル社の4004だ。

6-11　OR回路／AND回路／NOT回路

OR回路

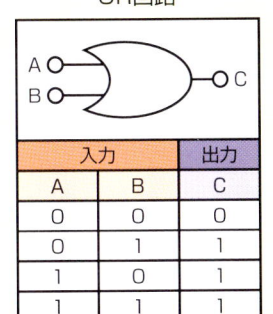

入力		出力
A	B	C
0	0	0
0	1	1
1	0	1
1	1	1

OR回路はA、Bそれぞれから送られる信号が0と0の場合に0、1と1なら1、AとBのどちらかが1のとき1を出力する

AND回路

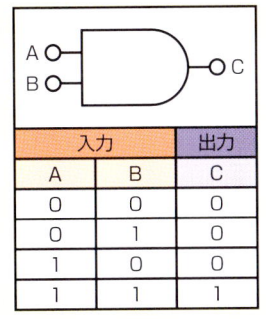

入力		出力
A	B	C
0	0	0
0	1	0
1	0	0
1	1	1

AND回路では、0と0、1と1の場合ならOR回路と同じだが、AとBのどちらかが1の場合に0を出力する

NOT回路

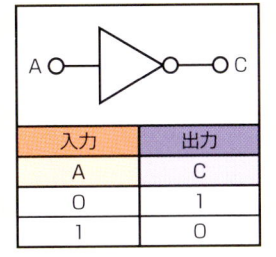

入力	出力
A	C
0	1
1	0

NOT回路は入力経路が1つのみであり、0の場合は1を、1の場合は0を出力する

6-12　半加算器の回路

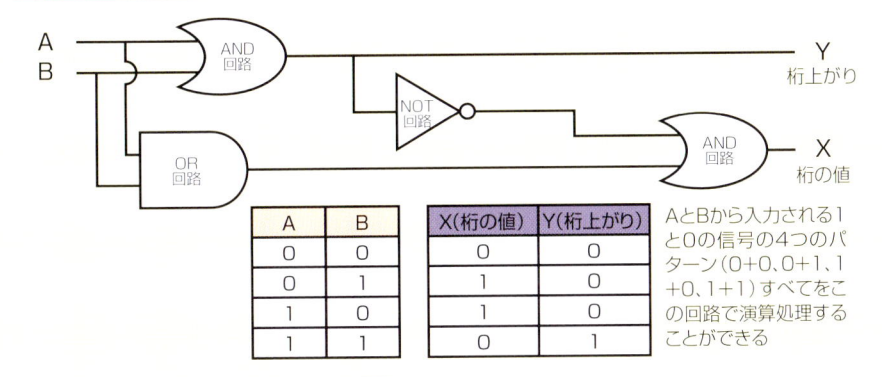

A	B	X(桁の値)	Y(桁上がり)
0	0	0	0
0	1	1	0
1	0	1	0
1	1	0	1

AとBから入力される1と0の信号の4つのパターン(0+0、0+1、1+0、1+1)すべてをこの回路で演算処理することができる

6-13　メモリーセルのしくみ

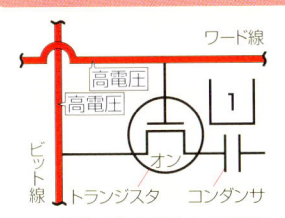

ワード線、ビット線ともに高電圧をかけると、コンデンサーが充電される

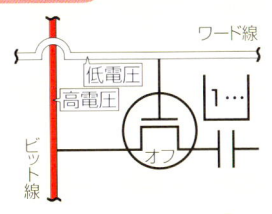

ワード線の電圧を下げて「1」状態を維持する

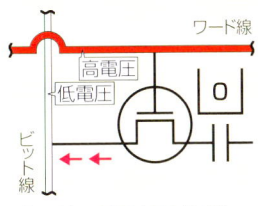

ビット線の電圧を下げれば、コンデンサーが放電され「0」状態になる

豆知識　メモリーセルは、1個のチップで大きな記憶容量を実現できるという利点があるが、コンデンサーは、時間の経過とともに自然放電するので、定期的に情報を再書き込みするリフレッシュ動作がなされている。

FD／MO／HD

> **Key word** **HDD** 磁性体を塗ったアルミニウム製ディスクを用いて、磁気ヘッドにより情報が磁気パターンとして記録・再生する装置。

記憶を取り出し、持ち出せる＝FD

　メインメモリー（P198）は、処理中のプログラムやデータを一時的に記録する装置。そして、そのデータをいつでも使えるように保存しておくために開発されたのが、各ディスク装置だ。

　FD（フロッピーディスク）は、磁気を利用してデータをディスクに記録する。材質は柔らかい樹脂で、情報量は約1.4MB（1メガバイト＝1,048,576バイト）、サイズは3.5インチが主流だ。磁気ヘッドをディスクに接触させる方式のため、ディスクの回転数をあまり上げると摩擦問題が生じる。毎分300〜360回転が限界だ。データ書き込み時は、円盤上に**トラック**、**セクタ**という区切りをつけ、そこにデータが記録される。購入直後のFDの多くには、このトラック、セクタが書き込まれていない。そのため、使用前に新たに作成する必要がある。これが**フォーマット（初期化）**と呼ばれる操作である。

光と磁気を両方使うMO

　MO（Magnate Optical）は、**光磁気ディスク**と呼ばれる記憶媒体だ。材質は表面がポリカーボネート樹脂で、大きさはFDと同じ3.5インチが主流。記憶容量は最大で2.3GB（1ギガバイト＝1,024メガバイト）。記録層の磁性体（P130）にレーザー光線を当て熱し、磁気の方向を変化させてデータを書き込む。読み込み時はレーザー光線を磁性体に当て、磁気の方向による光の反射率の強弱を検知して読み取る。

最大の記憶容量を誇るHD

　HD（ハードディスク）は、表面に磁性体を塗ったアルミニウム製ディスクで、これも3.5インチが主流。最大で120GBもの記憶容量がある。

　プログラムやデータは、磁気ヘッドによって書き込まれ、記録するデータが「1」の場合は電流のオン、「0」の場合はオフの信号をヘッドに与える。オンのときは磁気ヘッド周辺に磁界が発生して、近くで高速回転するディスク表面の磁性体が磁化されるが、オフ時には磁化されない。このメカニズムを利用して、「1」と「0」を磁気パターンとして記録させるのだ。読み出し時は、データが記録されたディスク上に磁気ヘッドを走らせる。すると磁界を横切るヘッドには電磁誘導（P64）によって電流が発生する。ディスク上に記録された「1」と「0」の配列に基づいて電圧の高低が生じることから、それを読み取って記録を引き出すのだ。

豆知識 現在のフロッピーディスクの元祖は、1970年アメリカ・ＩＢＭ社による8インチのものが最初とされる。

6-14 フロッピーディスクドライブ

磁気ヘッドがディスク表面の磁気データを読み取る

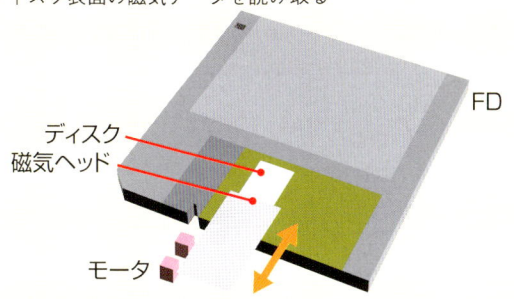

（図：FD、ディスク、磁気ヘッド、モータ）

6-15 MOドライブ

MOディスクは7層構造になっており、中心のMO膜（光磁気膜）に非接触のレーザー光線を照射して記録・再生させ、ディスク自体がMDのようにカバーに被われているため耐久性が高いといえる。データを他のパソコンに持ち出す際には最適な媒体だ

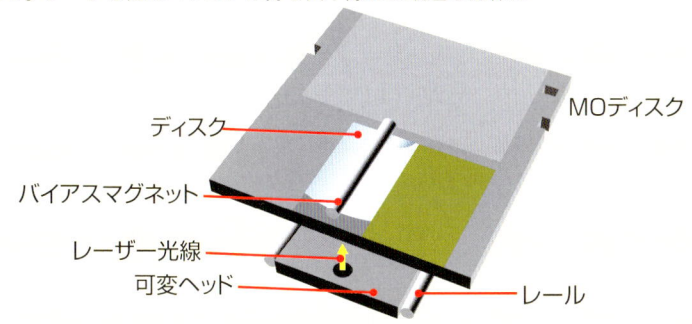

（図：MOディスク、ディスク、バイアスマグネット、レーザー光線、可変ヘッド、レール）

6-16 ハードディスクドライブ

ハードディスクドライブでは通常、複数枚のディスクが重ねられている。ディスクの中心から外周にかけてトラック、セクタに分割され、各部分の記録・再生はスイングアームと呼ばれる磁気ヘッドがその位置に動いて行う

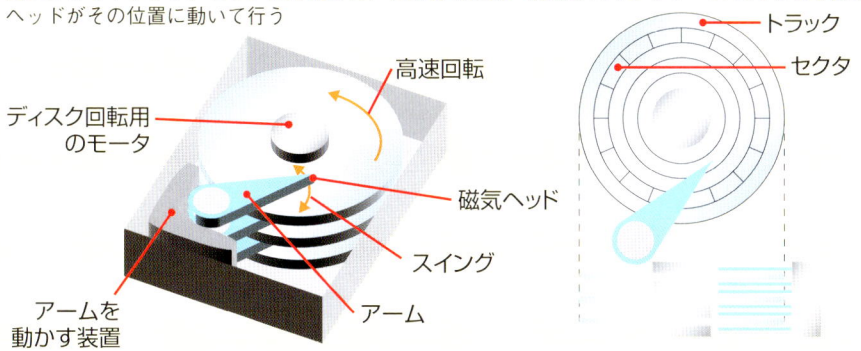

（図：ディスク回転用のモータ、高速回転、磁気ヘッド、スイング、アーム、アームを動かす装置、トラック、セクタ）

豆知識 ハードディスクの歴史は意外に古い。1956年にはアメリカ・IBM社で24インチのディスクを50枚使用したものだが、その容量は5バイトであった。

CD-ROM／CD-RW

> **Key word** **CD-ROM** CDを使った読み出し専用の記憶媒体。アプリケーションソフトなど大容量データの記録に使用される。

レーザー光でデータを読み取る　CD-ROM

　磁気を利用したHDやFD（P200）に対して、レーザー光線によってデータを読み取る記憶媒体が**CD-ROM**や**CD-R**だ。CD（P132）を使った、コンピュータ用の記憶装置である。

　FDが1.4MB（メガバイト＝P200）程度の記憶容量なのに対して、700MBの大容量（FD400枚分のデータ量に相当）がある。データの劣化もないことから、基本ソフト（OS）、音楽などのコンテンツ、ゲームやビジネスソフトなどの「アプリケーションソフトのプログラム」や「辞書」といった、大量データの記録に用いられている。

　CD-ROMの円周上には、μm（マイクロメートル＝1000分の1mm）単位の小さな凹みが無数に並んでいる。裏から見て出っ張った部分はピットと呼ばれ、幅は0.5μmだが、長さは約0.9～3μmまで数種類ある。また、ピット間の長さも数種類が使い分けられている。CD-ROMは、このピットの長さと間隔によってデータを記録しているのである。

　読み出しは、回転するディスクの裏面にレーザー光線を当て、反射光を検出することによって行う。レーザー光線は、ピットに当たると乱反射して検知できないが、それ以外のところに当たると検知できる。この違いを「1」と「0」に置き換えるわけである。

データを書き込めるCD　CD-RW

　CD-ROMの"ROM"は、Read Only Memoryの略。「読み出し専用」という意味だ。CD-ROMは製造工程で一度データを書き込むと、追加や消去ができないのである。

　これに対してCD-R（CD Recordable）は、「一度だけ」データを書き込むことができ、**CD-RW**（CD ReWritable）は何度でも書き込みが可能で、容量もCD-ROMと変わらない。

　CD-Rは、記録面に黄色や青緑色の有機色素が塗られており、これにレーザー光線を当てて、色素を焦がしてデータを記録し、焦げ目がCDのピットに相当する。

　CD-RWでは、レーザー光線を当てて記録するしくみはCD-Rと同じだが、記録層にある金属原子の**結晶構造**をそのつど変える方式がとられている（図6-18）。

　読み込みは、どれも普通のCDと同じ。表面にレーザー光線を照射して反射光を読み取ることでデータを再生する。

> **豆知識** 現行のCD-Rの誕生は1990年。一般向けに発売されたのは1993年だ。

6-17　CD-ROMドライブの構造

半導体レーザーをプリズムと対物レンズを通してディスクに当て、反射される光を光検出器で読み取る。書き込み時は半導体レーザーをディスクの記録層に照射する

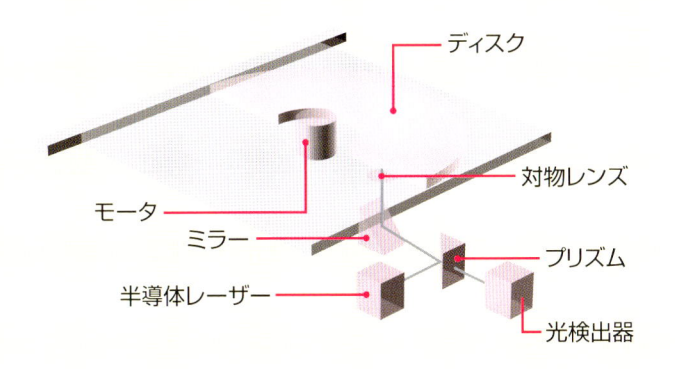

- ディスク
- 対物レンズ
- モータ
- ミラー
- プリズム
- 半導体レーザー
- 光検出器

6-18　CD-ROM、CD-R、CD-RWのディスクの違い

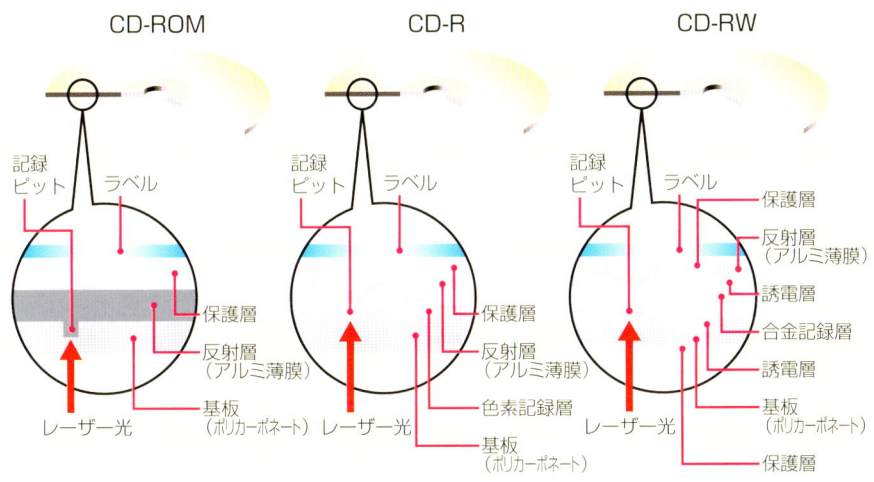

CD-ROM
- 記録ピット
- ラベル
- 保護層
- 反射層（アルミ薄膜）
- 基板（ポリカーボネート）
- レーザー光

CD-ROMには色素記録層がない。そのため最初に記録された情報の読み取り専用だ

CD-R
- 記録ピット
- ラベル
- 保護層
- 反射層（アルミ薄膜）
- 色素記録層
- 基板（ポリカーボネート）
- レーザー光

CD-Rには色素記録層がある。そこにレーザー光の熱で、焼き付けて新しい情報を記録するため、リライトは一度のみとなる

CD-RW
- 記録ピット
- ラベル
- 保護層
- 反射層（アルミ薄膜）
- 誘電層
- 合金記録層
- 誘電層
- 基板（ポリカーボネート）
- 保護層
- レーザー光

CD-RWでは、記録層に金属が用いられる（合金記録層）。CD-Rとは異なる波長のレーザーを照射し、合金記録層の中の結晶構造をその都度変化させる記録方式が取られる。焼き付けないので何度でもリライトが可能だ

第6章

豆知識　CD-RWの書き換え可能回数は、1000回以上にもなる。

DVD

> **Key word** 　**書き換え可能DVD**　互換性のないDVD-RWとDVD+RWが世界市場での標準規格化をめぐって争っている。

CDをはるかに超える記憶容量

　DVD（Digital Versatile Disc）は、外見上はCD（P132）と区別をつけにくい。しかし、そこに記録できるデータ量には格段の差がある。DVDは、「デジタルデータを多目的に利用できるディスク」である。片面1層タイプから両面2層タイプまでの4種類があり（図6-19）、片面1層だけでも4.7GBと、CD-ROMの7倍もの容量を誇る。もともとは、アメリカの映画業界の要請で開発されたもので、映画を1本丸ごと保存できるほか、ソフトの配布といった、コンピュータ用記憶メディアとして活用されている。

　DVDが、情報をデジタルに記録するディスクであるという点や、光ディスクをレーザー光線で読み取るというしくみは、基本的にCDと同じだ。しかし、ピットの間隔をCDの半分程度に狭め、さらにピットサイズを細かくして高密度化を図っている（図6-20）。

　DVDには、ほかのメディアにはない「大容量」「高画質」「高音質」「多機能」が期待でき、次世代記憶メディアの本命とみられている。

書き込みの「規格」をめぐる攻防も

　DVD-ROMは読み出し専用であるため、消去や新たな書き込みはできない。CD-R同様、一度だけ書き込みの行えるのが**DVD-R**（DVD Recordable）だ。追記型DVDともいわれ、DVD-ROMやDVD-RAMとの互換性が高い。

　DVD-RAM（DVD Random Access Memory）は、書き込み・消去いずれも可能なDVD。だが、DVD-ROMとの互換性が比較的低いのが難点といわれている。

　同じく書き換え可能型のタイプに**DVD-RW**（DVD ReWritable）がある。DVD-RAMと同じ陣営が規格化したもので、DVD-RAMがデータ記録用として開発されたのに対して、RWは映像記録用途を意識している。ただ、レーザー反射率が低いことから、再生できないDVD-ROMドライブもあるという問題がある。

　これらの規格に対抗して、ソニー、フィリップスエレクトロニクス、ヒューレッドパッカードの3社が策定した書き換え可能なDVDの規格が、**DVD+RW**だ。DVD-RWに比べてDVD-ROMと仕様の互換性が高く、多くのDVDドライブで読み出せることをメリットとしている。記憶容量は、DVD-ROMと同じ片面4.7GB。これらのディスクの書き込み・消去は、カルコゲンという物質にレーザー光線を照射することで行われる（図6-21）。

豆知識　開発中のDVD次世代規格「Blu-ray（ブルーレイ）」の容量は、1枚のディスクに最大200GBという驚異的なものだ。

6-19　DVDの断面図

DVDでは最大で片面に2層ずつ記録層を設けることにより、CDの記録容量の25倍を誇る

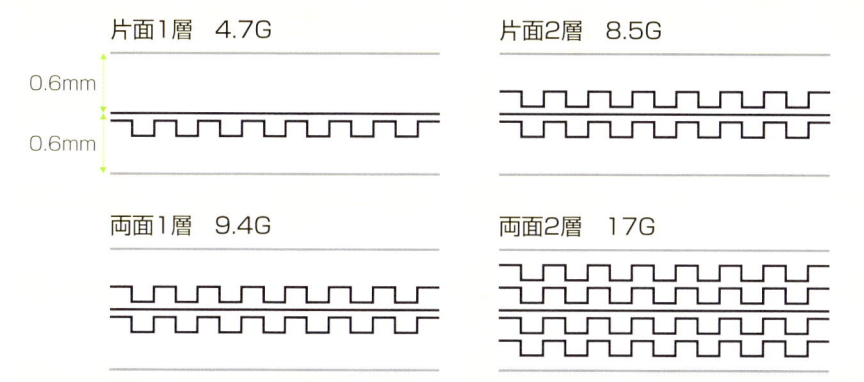

片面1層　4.7G

0.6mm
0.6mm

片面2層　8.5G

両面1層　9.4G

両面2層　17G

6-20　CDとDVD

CDとDVDは
同じ直径
（12cm）

CD　　　　　　DVD

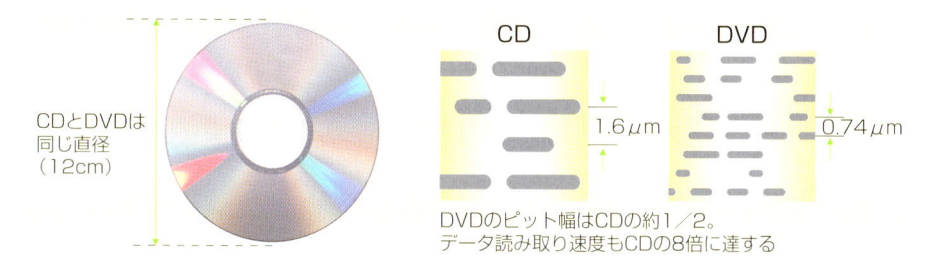

1.6μm　　　0.74μm

DVDのピット幅はCDの約1／2。
データ読み取り速度もCDの8倍に達する

6-21　DVD-RAM、DVD-RW、DVD+RWの記録・消去の原理

記録層に使われるカルコゲン（ゲルマニウム、アンモチン、テルリウムの合金）は、照射するレーザー光線の強さによって、結晶状態と非結晶状態を何度も変えることができる。それを利用して記録・消去を行うのだ。この原理はCD-RW（P202）なども同じである

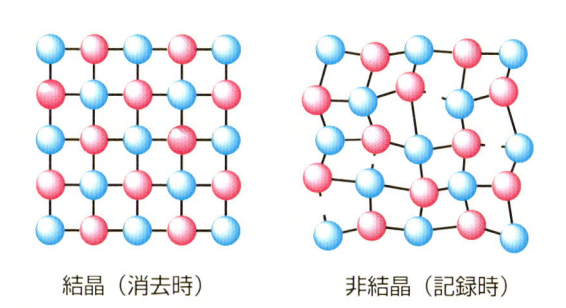

結晶（消去時）　　　　非結晶（記録時）

第6章

豆知識　世界初のDVDに録画する機能を搭載したDVDレコーダーは、1999年に発売されたパイオニア社製DVR-1000だ。

インターネット

> **Key word**　プロバイダー　インターネットサービスを提供する業者。ホームページの管理を行うサーバーやメールサーバーを持つ。

プロトコルにより世界中のアクセスを可能にするインターネット

インターネットには数千万台のコンピュータが接続されており、驚異的なスピードで増殖し続けている。そのネットワークを実現させる、世界共通のコンピュータ接続手順として設定されたのが、**TCP/IP**（Transmission Control Protocol / Internet Protocol＝通称**プロトコル**）である。インターネットをプロトコルで統括し、クモの巣状態に張り巡らされたネットワーク中継地を設けることで、地域や国が変わっても問題なくどこからでも接続できるのだ（図6-22）。

インターネットを管理するプロバイダー

インターネットは元来、異国間を結ぶ回線に、非営利団体の所有する国際回線を利用していた。そのため、一般ユーザーが使用するには困難な環境にあった。そこで、営利目的で出現したネットワーク業者が、インターネット・サービス・プロバイダーだ（通称**プロバイダー**）。

プロバイダーは、**サーバー**と呼ばれるコンピュータで、あらゆる情報を記憶・管理する。そして、おもに電話回線網から接続してくる（ダイヤルアップ接続）ユーザーをネットワークにアカウント（接続）し、ネットワーク経路を提供するのだ。また、情報をやり取りするために、メールアドレス（電子メールの宛先）やホームページ（インターネット上で企業や個人が公開する情報）アドレスを発行している（図6-23）。

インターネットの爆発的な普及につながったWWW

ホームページアドレスの大半は、**WWW**（World Wide Web）という技術・方式に基づくものだ。WWWでは**URL**（Uniform Resource Locator）というアドレスを用いて、インターネット上のある特定の文字や画像データと、それとは別でありながら共通項のある、ほかのデータ情報とが関連づけられている。そうすることで、ある物事に対するキーワードを入力すれば、それに関連するインターネット上に登録されているホームページすべてを検索できるようになるのだ。関連キーワードは文字にかぎらず、写真や絵などの画像データ、動画、音声、その他デジタルデータなど多岐に及び、調べたい内容によっては何者をもしのぐ。

WWWのシステム効果は、企業にとどまらず個人どうしの情報入手・交換ツールとして、今日の爆発的普及につながったのだ。

豆知識　インターネットの起源は1969年、アメリカ国防総省（ペンタゴン）の4つの組織をつなぐために構築されたネットワークが出発点となっている。

6-22 インターネットの概要

プロトコル方式で統一されているため、仮に1つのネットワークが使えなくても、ほかのネットワーク経路を辿ることができ、目的地との情報のやり取りを可能にする

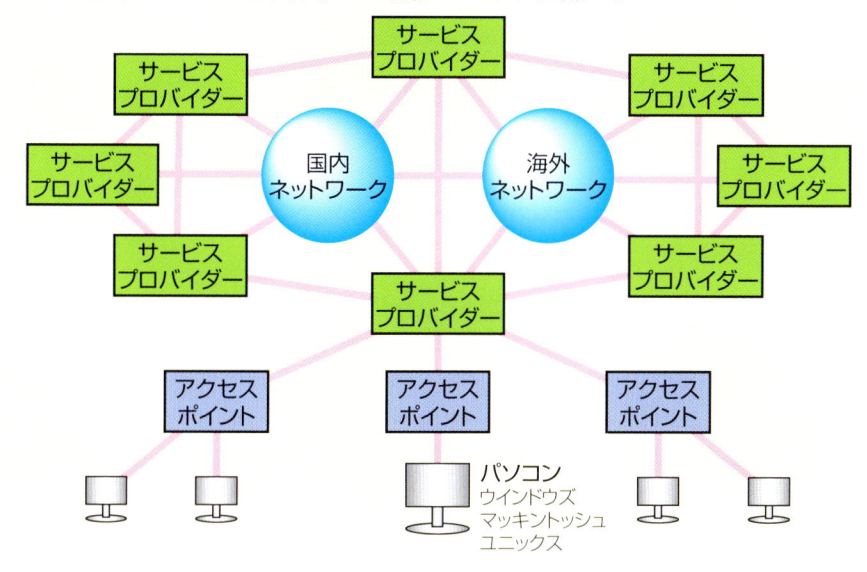

6-23 プロバイダーのシステム

プロバイダーでは、すべてのインターネット情報をそれぞれのサーバーに記憶・保存している。それらをユーザーからの指示に応じて通信回線により配信するのだ

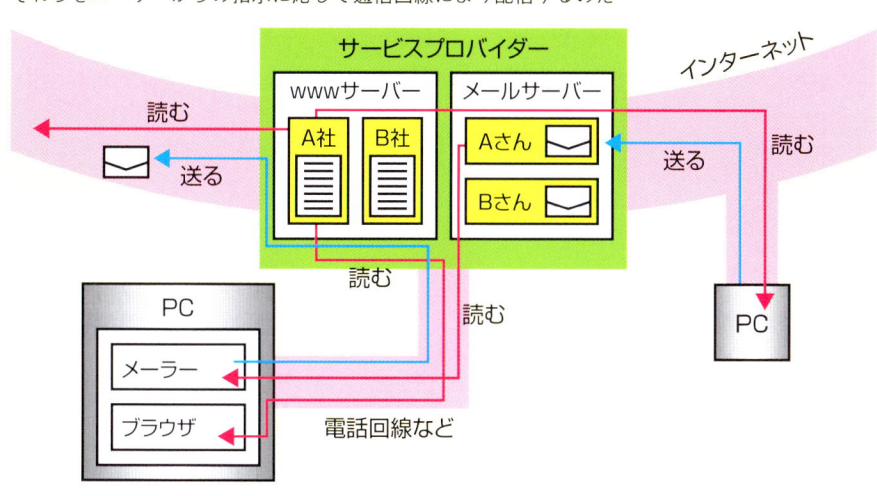

豆知識　WWWは、1989年にスイスの粒子物理学研究所（CERN）で、インターネット上の参考文献などを効率的に探して閲覧するために開発された。

ISDN／ADSL

> **Key word**　**DSL**　アナログ音声信号とデータ信号を周波数によって分離し、1本の回線上で送る方式のデジタル加入者線。

1本のケーブルで電話とインターネットを同時に実現するISDN

　ダイヤルアップ接続で直接データをやり取りできる通信網が、**ISDN**（Integrated Services Digital Network＝**統合デジタル通信網**）だ。

　日本では、1988年からNTTがサービスを始めた。すべてデジタル化することで、より高速にデータをやり取りすることが可能であり、音声や画像でもデジタルデータとして統合的に扱えることが特徴だ。1本のケーブルに通信用の2回線が用意されており、パソコンと電話などの種類の異なる2つの端末装置を、同時に使うことができる。

　端末から送られたデータは、電話局内の**ISDN交換機**で音声とデータに分割され、音声の場合は加入者線交換機に、データの場合はプロバイダー（P206）に送られる。インターネットの普及によって利用者が増えたが、その後登場した**ADSL**への"切り換え"が進んでいる。

「上り」と「下り」で速度の違うADSL

　既存の電話加入者線を利用しながら、高速での常時接続を実現したのが**DSL**（Digital Subscriber Line＝デジタル加入者線）。これには伝送の方式や速度によって、**IDSL**（ISDN DSL）、ADSL（Asymmetric DSL＝**非対称デジタル加入者線**）、SDSL（Single Line DSL）など多くの種類がある。

　DSLは、電話用のアナログ音声信号と情報通信用のデータ信号を周波数（P54）によって分離することで、既存のケーブルのままでの高速化を実現した。代表的なADSLでは、アナログ音声信号は周波数4kHz以下、データ信号が周波数25kHz〜1MHzの帯域を使うことで、電話とデータ通信が1回線で共存できるようにしている。

　ADSLの最大の特徴は、通信速度が「上り」と「下り」で違うことである。インターネットを実際に使うとき、情報発信（上り）はメールなど比較的"軽い"データが多いのに対し、受信（下り）するときは動画などの"重い"データをダウンロードすることが多い。そのため、「上りと下りのスピードは同じでなくてもよい」という発想から生まれたのがADSLなのである。

　ADSLで電話回線に接続するには、専用**モデム**と**スプリッター**という装置が必要だ。モデムはデータの復変調を行い、スプリッターはアナログ音声信号とデータ信号を分離・統合する。

6-24 ISDNのしくみ

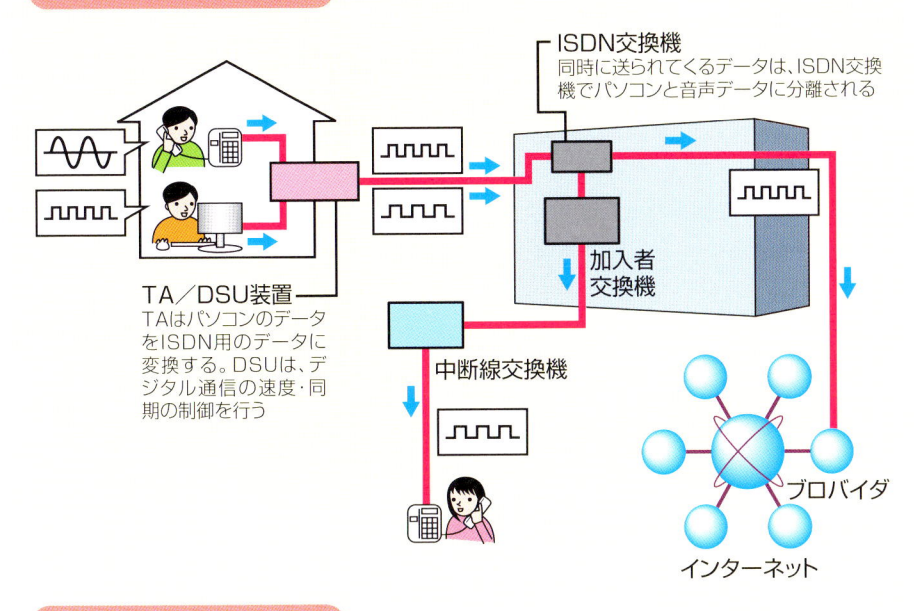

ISDN交換機
同時に送られてくるデータは、ISDN交換機でパソコンと音声データに分離される

TA／DSU装置
TAはパソコンのデータをISDN用のデータに変換する。DSUは、デジタル通信の速度・同期の制御を行う

加入者交換機

中断線交換機

プロバイダ

インターネット

6-25 ADSLのしくみ

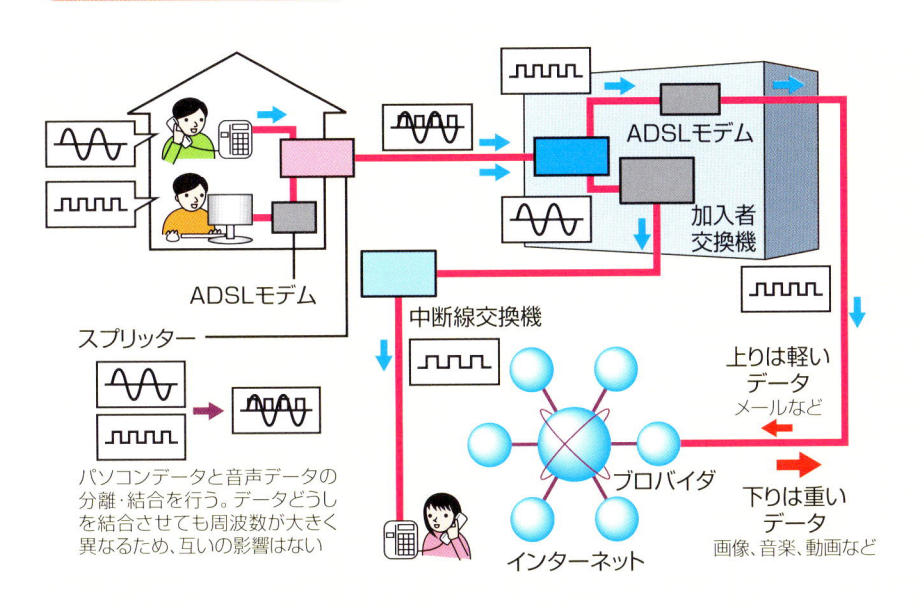

ADSLモデム

加入者交換機

ADSLモデム

スプリッター

パソコンデータと音声データの分離・結合を行う。データどうしを結合させても周波数が大きく異なるため、互いの影響はない

中断線交換機

プロバイダ

インターネット

上りは軽いデータ
メールなど

下りは重いデータ
画像、音楽、動画など

第6章

豆知識 ISDNは、送受信するデータにより速度の変動が起こるADSLとは違い、その速度は常に一定値に保たれている。

光ファイバー通信

> **Key word** **FTTH** 光化が取り残された加入者線部分を光ファイバーケーブルに置き換え、高速・大容量の通信を実現する計画。

加入者線を「光化」するFTTH

電話線を利用した家庭の情報通信は、ダイヤルアップ接続→ISDN→ADSLという流れで高速化が進み、切り換えが行われてきた（P206、208）。そして2005年以降、また新たなステージを迎えようとしている。ADSLを凌ぐ大容量、高速通信を実現する通信回線として期待される**光ファイバーケーブル**の本格的な普及である。

現在の通信回線のうち、加入者線（利用者と交換局やプロバイダーをつなぐ伝送回線＝P172、206）を除く部分のほとんどは、すでに光ファイバーに切り替えられている。加入者線の部分だけが、明治時代に敷設されたメタルケーブルのまま放置されているのだ。この加入者線を"光"に切り替えようという計画が、**FTTH**（Fiber To The Home）である。

髪の毛の太さに電話回線2000本分の大容量

光ファイバーケーブルは、おもな材質に石英とプラスチックが用いられ、光によってデータを伝送する。光そのものには赤外線（P144）を使用し、大量のデータを高速で伝える。1本の光ファイバー（ほぼ髪の毛1本分の細さ＝0.125mm）は、電話約2000回線分もの容量を持つ。また、伝達の途中で信号がほとんど弱まらず、外部からの雑音が入りにくいという優れた特徴を持っている。

ケーブルの構造は、効率よく光を伝送するように工夫されている（図6-26）。ファイバーは、光が伝わる**コア**と呼ばれる部分と、その周囲を覆って光を閉じ込める**クラッド**と呼ばれる部分で構成されている。それぞれの屈折率の違いによって、光はコアの中を、クラッドで全反射しながら進むのである。

光ファイバー通信の原理は、送信側でレーザーダイオードに電圧をかけて光を発生させ、受信側では光が当たると電流が流れるAPDなどを利用するしくみだ（図6-27）。

ADSLの普及により、インターネットの通信速度は格段に速まった。普通のデータや静止画なら、ADSLで充分ともいえるが、動画のような"重い"情報になると、遅いと感じてしまうことがある。真の意味での**ブロードバンド**（高速インターネット接続）を実現するためには、光ファイバー通信の実現は不可欠だといえる。

ADSLが一気にシェアを拡大したように、光ファイバー網が全国に広がるのもそう遠い日のことではないだろう。

豆知識 光ファイバー通信のデータ送受信速度は、単純比較では光はISDNやADSLの30～100倍にもなる。しかも上りと下りの速度差はない。

6-26 光ファイバーケーブルの構造

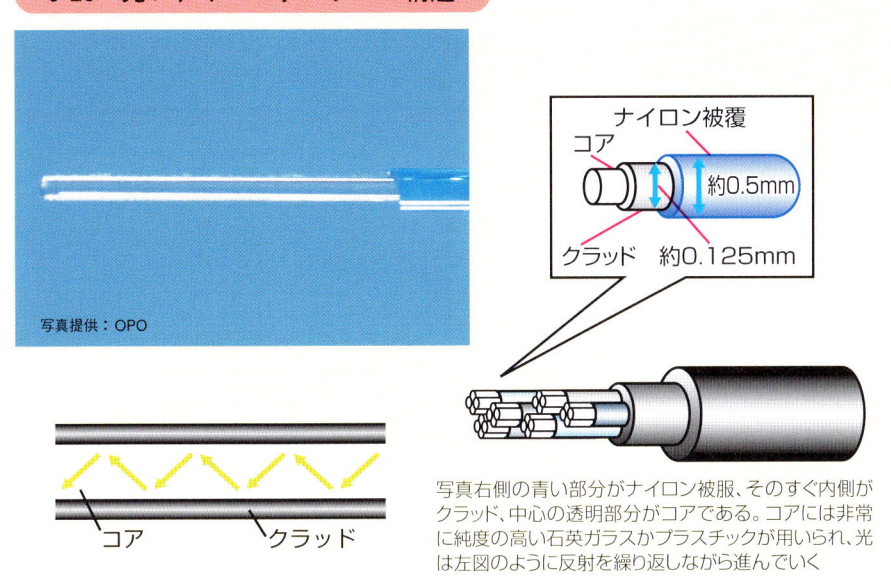

写真提供：OPO

ナイロン被覆
コア
クラッド
約0.5mm
約0.125mm

コア
クラッド

写真右側の青い部分がナイロン被服、そのすぐ内側がクラッド、中心の透明部分がコアである。コアには非常に純度の高い石英ガラスかプラスチックが用いられ、光は左図のように反射を繰り返しながら進んでいく

6-27 光ファイバー通信の原理

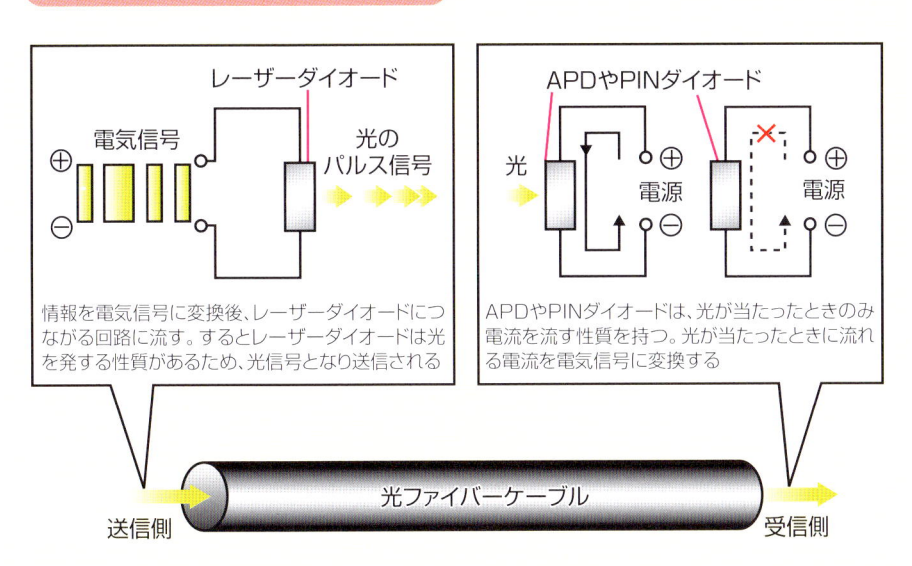

レーザーダイオード
電気信号
光のパルス信号

情報を電気信号に変換後、レーザーダイオードにつながる回路に流す。するとレーザーダイオードは光を発する性質があるため、光信号となり送信される

APDやPINダイオード
光
電源
電源

APDやPINダイオードは、光が当たったときのみ電流を流す性質を持つ。光が当たったときに流れる電流を電気信号に変換する

送信側　光ファイバーケーブル　受信側

豆知識 光ファイバーケーブルは、医療用のファイバースコープや照明・インテリアとしても使われている。

デジタルカメラ

> **Key word** **CCD** 入力された光の明暗に比例した電流を発生する半導体素子。小型・軽量で消費電力も小さい。

デジタルカメラの心臓部であるCCD

　デジタルカメラは、被写体からの光をレンズを通して撮像素子であるCCD (Charge Coupled Device) で認識して画像データを作る。CCDは、チップ上に光を感じる受光素子を規則正しく、多数配列した構造をしている。1つひとつの受光素子は**画素**と呼ばれ、各画素は、光電変換のはたらきをするフォトダイオード、電荷を蓄えるコンデンサー（P60）、そして蓄積された電荷を送り出す転送部で構成される。画素数が多ければ多いほど、画像はきめ細かく美しいものとなる。

　被写体の明るさの情報はCCDにより区分けされ、各画素に応じたそれぞれのアナログ電子信号をアナログ／デジタルコンバーターに送られる。信号は、アナログ／デジタルコンバーターでデジタル変換され（量子化）、CPU（P198）により解析されて画像データとなる（図6-28）。

ピンボケを解消する手ぶれ防止機能

　近年のデジタルカメラでは、手ぶれによる画像のピンボケなどを解消する、手ぶれ防止機能が搭載されている。

　その1つの方式である**CCDシフト方式**は、カメラ内に振動ジャイロを搭載している。カメラのぶれをセンサーが感知すると、CCDそのものを受光する光に対してシフト移動させてしまう機能だ。こうして、常にCCDに対して最適な受光量を確保しているために、容易に美しい画像を撮ることが可能となっている（図6-29）。

デジタルカメラの性質

　従来のフィルムカメラは、レンズを通して被写体からの光をとらえ、その光の強弱（アナログ量）でフィルムを感光させて記録している。これに対してデジタルカメラは、画像をデータ化し、メモリーカードなどに記憶する。

　デジタルカメラでは、画像を作り上げるCCDの画素数により、その性能は大きく異なる。画素の点の集まりで画像を作成するため、写真を大きくする際にそれだけの画素数がなければ、粗い写真となってしまう。その問題に対処している近年のカメラでは、300〜500万画素の製品が一般的となっている。

　私たちの通常のニーズである写真やホームページ作成などの画像データ取得などが目的であれば、300万画素ほどの製品で充分だ。

212　**豆知識** デジタルカメラの市販品第一号は、1986年のキャノン社製RC-701だ。記録方式はアナログであったが、その価格は500万円を超える非常に高価な製品だった。

6-28　デジタルカメラのしくみ

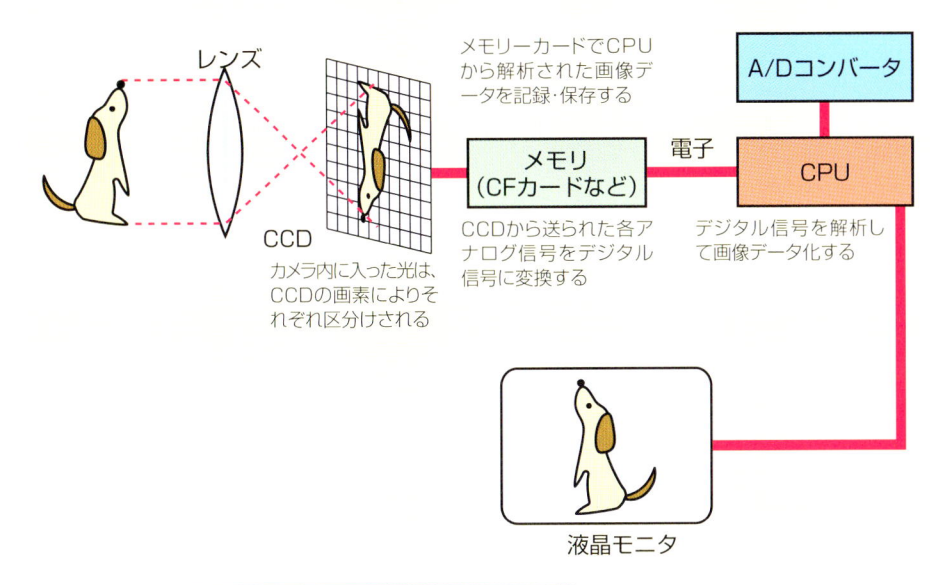

レンズ

CCD
カメラ内に入った光は、CCDの画素によりそれぞれ区分けされる

メモリ（CFカードなど）
CCDから送られた各アナログ信号をデジタル信号に変換する

メモリーカードでCPUから解析された画像データを記録・保存する

電子

A/Dコンバータ

CPU
デジタル信号を解析して画像データ化する

液晶モニタ

6-29　CCDシフト方式による手ぶれ補正

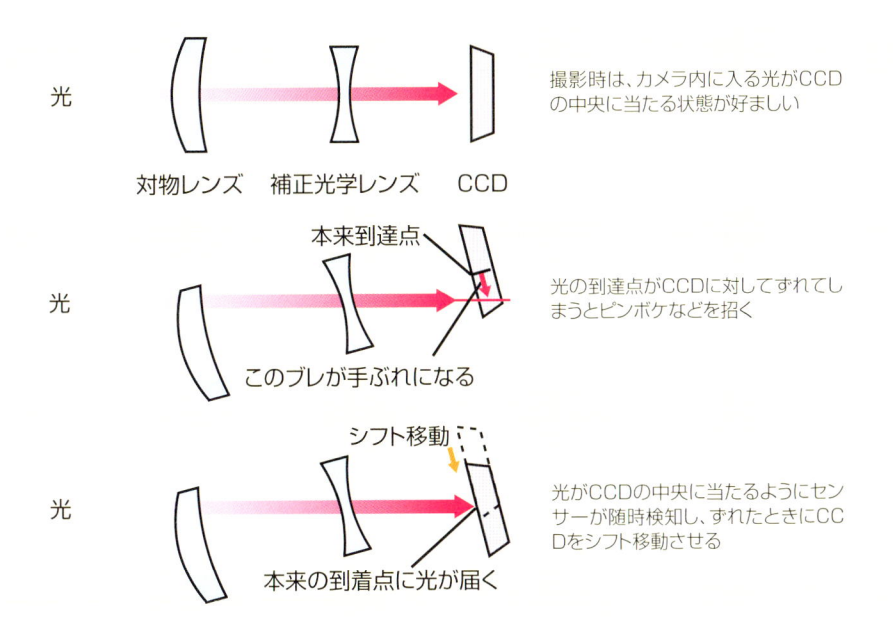

光

対物レンズ　補正光学レンズ　CCD

撮影時は、カメラ内に入る光がCCDの中央に当たる状態が好ましい

光

本来到達点

このブレが手ぶれになる

光の到達点がCCDに対してずれてしまうとピンボケなどを招く

光

シフト移動

本来の到着点に光が届く

光がCCDの中央に当たるようにセンサーが随時検知し、ずれたときにCCDをシフト移動させる

第6章

豆知識　デジタルカメラが一般に普及する口火を切った製品は、カシオ社製のQV-10で、5万円台の価格を実現し、大ヒットとなった。

PDA

> **Key word** PDAのネット接続　携帯電話やPHSにつないだり、データカードなどを利用するタイプが多い。

PDAの概念は広い

　PDA（Personal Digital Assistance）とは、持ち運びのできる個人用の情報端末のことだ。形状は、一般的には携帯電話（P174）よりやや大きく、片手で持てる程度。PDAの概念は広く、いわゆる電子手帳から、小型のノートパソコンまで含まれる。入力方法はおもにスタイラスペンを用いて画面上をなぞる容量で行う（図6-30）。

　PDAのおもな機能には、メモ帳、アドレス帳、スケジュール管理、電卓、メールなどがあり、デジタルカメラ（P212）、表計算、ワープロ機能を持った機種もある。ただし、すべての製品がインターネット接続ができるというわけではない。個人用のスケジュール管理や、メモ帳の機能しか持たない製品もある。インターネット接続ができるPDAは、携帯電話やPHSをつなげてネットに接続する。

PDAの利便性

　PDAは、パソコンより手軽に持ち歩くことができる。また、携帯電話より多くの機能を持ち、画面が大きいため使いやすい。

　PDAの活躍するシーンはさまざまだ。最もポピュラーなものは、電子手帳に代表される「ビジネスツール」としての活用。外出先でデータが受け取れるため、配送・営業・調査などに有効な武器となりうる。現場で生のデータを収集し、すぐに会社にフィードバックすることなども可能である。

　また、無線システムと組み合わせて、ガスや水道の検針に応用したり、レストランで客席から厨房にオーダーを出したりといった分野で利用されている。

　PDAはデータのやり取りが双方向で行えるうえ、携帯電話よりはるかに複雑なデータを扱うことができることから、「教育分野」でも利用がはじまっている。外出先から答案を送信して、自動採点してもらうといった教材が、すでに開発されているのだ。

　さらに、GPS（P182）と組み合わせたナビゲーションシステムにも応用可能。こうした機能を生かして、ホームヘルパーが介護する人の家を回る際に最新情報を入手したり、外出した老人の居場所を確かめたりといった、「介護・福祉」の現場でも、今後活躍の場が増えそうである。

　一方で、"携帯電話のPDA化"が進んでいるのも事実。両者の境界線はますます曖昧になっていくかもしれない。

　ちなみに「PDA」という名称は、アップルコンピュータのCEO兼ペプシコーラの社長であったジョン・スカリーによって名づけられたものである。

豆知識　PDAはホストPCとの連携により、単独でアプリケーションソフトの起動が可能だ。

6-30　PDAは持ち運び可能な情報端末

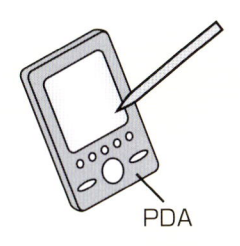

PDA

PDAはノートパソコンに比肩するほどの情報端末であり、片手で持てるほどの大きさだ

手持ちのパソコン（ホストPC）とケーブルでつなぎデータをインプットしておけば、持ち運び時にデータの共有が可能となる

PHSデータカードなどを差し込めば単独でインターネットやメール送受信などが可能だ

6-31　各ネットワークやGPSとの連携が可能

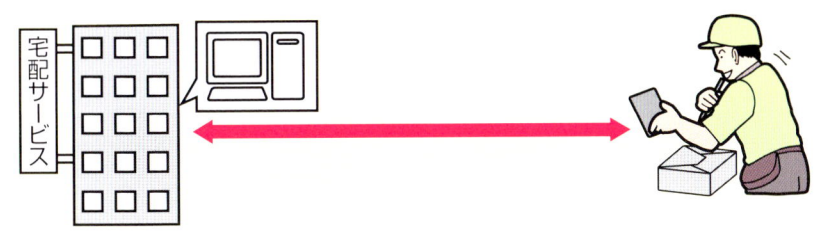

宅配サービス

PDAは外出先でデータ送受信ができるため、おもにビジネスシーンで効力を発揮する。どこにいても常に第一線の情報入手が可能だ

GPS

GPSと連携させれば、現在の位置情報入手が可能。また無線・携帯電話などと組み合わせてナビゲーションも行える

PDAを用いて、ホームヘルパーが介護する人の家を回れば、手軽に被介護者の最新情報などが入手できる

第6章

豆知識　PDAの電源は内蔵バッテリーによる充電式。その持続時間は機器により差があるが、3時間から25時間程度の連続使用が可能だ。

Column

「青色」発光ダイオードの価値

青色発光ダイオード裁判

　アメリカ・カリフォルニア大学教授の中村修二氏は、青色発光ダイオードに関する特許をめぐって裁判を起こした。自身が発明した青色発光ダイオードの特許権及び発明対価を求め、元勤務先の企業を相手取った裁判だ。

　一審判決が下されたのは、2004年1月。東京地方裁判所は、特許は企業のものとし、青色発光ダイオードの発明対価を604億3,006万円と認定。被告の企業に中村氏に対する200億円の支払いを命じた。企業側はこれを不服として控訴。2005年1月、控訴審の東京高等裁判所で和解が成立した。特許権は企業側に、中村氏に支払われる発明対価は6億857万円であった。

　青色発光ダイオードとは、いったいどのようなものなのだろうか？

青色発光ダイオードの波及効果

　発光ダイオードとは、ダイオード（P192）の1種。P型とN型の半導体を接合し、接合部で電子とホールが結合したときに光を発する素子である。低電力で利用でき、豆電球よりも小型化が可能。テレビなどのリモコンや、あらゆる電気製品のディスプレイ、電光掲示板などに適しており、もはや必要不可欠な素子である。

　発光ダイオードには赤色、橙色、黄色、緑色などがあり、カラーディスプレイが期待されていた。しかし、可視光線の中で「青」は紫の次に波長が短いため、消費電力の少ないダイオードで青を表現するのは困難であった。そこに中村氏の「青色」が誕生、赤、緑、青の光の3原色によるRGBディスプレイが可能となったのである。

　また、固体白色照明という照明も開発される。これは、RGBの発光ダイオードを蛍光体に照射して白色光を得る方式で、安定した光や長寿命化が可能となる。そして、青色発光ダイオードをもとに青色レーザーダイオードを作れば、波及効果はさらに広がる。

　さらに、既存のCD／DVDプレイヤーなどは、赤色レーザーが使われているが、青色レーザーにすれば波長が短くなる。これによって記録密度を高くすることができ、さらなる大容量・小型化などが期待できる。医療レーザーにも役立つだろう。

　裁判の結果はともかく、青色発光ダイオードは、売上高の総額が1兆円を超えるといわれる偉大な発明なのである。

さくいん

▶▶▶ あ ◀◀◀

- アース …………………………………96, 100
- R ………………………………………………44
- R600a ………………………………………116
- IHジャー炊飯器 …………………………118
- IH調理器 ……………………………118, 120
- ISDN ………………………172, 174, 208, 210
- ISDN交換機 ………………………………208
- IC …………………………16, 18, 134, 184, 194
- ITER …………………………………………88
- ITS …………………………………………184
- IDSL ………………………………………208
- IP電話 ……………………………………178
- アイロン ……………………………44, 108, 118
- 青色発光ダイオード ………………………216
- 青色レーザーダイオード …………………216
- アスペクト比 ……………………………158
- 圧縮 ……………………124, 158, 168, 176, 178, 180
- 圧縮機 ………………………………116, 124
- 圧縮符号化処理 …………………………169
- アナログ信号 ………………132, 172, 208, 212
- アノード …………………………………192
- アラゴーの円盤の原理 ……………………96
- アルカリ蓄電池 …………………………102
- 安全ブレーカー ……………………………98, 100
- アンテナ ……………………28, 150, 152, 154
- AND回路 …………………………………198
- アンプ ………………………………128, 134
- A（アンペア）………………38, 40, 42, 64, 98
- アンペアの法則 ……………………………64
- アンペアブレーカー ………………………98
- E ……………………………………………40
- ETC ………………………………………184
- イオン ………………38, 48, 56, 58, 114, 146
- イオン化傾向 ………………………………38
- 1次元コード ………………………………20
- 1次コイル …………………………………92
- 1次電池 …………………………56, 58, 82
- 移動通信 …………………………………174
- インターネット ……170, 176, 178, 206, 210, 214
- インターフォン …………………………128
- インターレース ……………………156, 168
- インバーター ………14, 52, 82, 120, 124, 126
- 渦電流 ………………………………96, 118, 120
- ウラン …………………………………78, 80
- エアコン ……………………………124, 126, 194
- HIDランプ ………………………………106
- AHS ………………………………………184

- AM ……………………………148, 150, 152
- AC …………………………………………52
- ADSL ………………………………172, 208, 210
- 液晶 …………………………………22, 160, 162
- 液晶ディスプレイ …………………160, 164
- エスカレーター …………………………140
- X線 …………………………………30, 32, 144
- NEトレイン ………………………………14
- N型半導体 ……………………82, 190, 192, 216
- F ……………………………………………60
- FM …………………………146, 148, 152, 184
- FDMA ……………………………………176
- FTTH ……………………………………210
- エミッタ …………………………106, 192
- MRI ……………………………………26, 30
- MO ………………………………………200
- MP3 ………………………………………142
- LED ………………………………………138
- LSI ………………………134, 194, 196, 198
- LNG …………………………………………76
- LNG火力発電 ………………………………76
- LCD ………………………………………160
- エレクトーン ……………………………134
- エレクトリット現象 ……………………128
- エレクトロルミネセンス ………………164
- エレベーター ……………………………140
- エレメント ………………………………154
- 演算処理 …………………………………198
- 遠赤外線 ……………………………118, 138
- 遠赤外線式炊飯器 ………………………118
- OR回路 ……………………………………198
- Ω（オーム）………………………………44
- オームの法則 ………………………………44

▶▶▶ か ◀◀◀

- 加圧水型軽水炉 ……………………………78
- カーナビゲーションシステム …………182
- カーボン・マイクロフォン ……………128
- 回生電力 ……………………………14, 72
- 回線交換 …………………………………178
- 回転子導体 ………………………………68
- 回転ヘッド …………………………130, 156
- 海洋温度差発電 ……………………………84
- 化学電池 …………………………………56, 58
- 架空送電線 ………………………………94
- 架空配電方式 ………………………………96
- 拡散変調 …………………………………176
- 核磁気共鳴現象 ……………………………30
- 核燃料サイクル ……………………………80

217

核分裂	78, 80, 88
核融合発電	88
可視光線	104, 144
カセットテープレコーダー	130
画素	158, 160, 162, 180, 212
カソード	188, 192
荷電子	36
過電流	98
荷電粒子	162
可変コンデンサー	150
雷	50
火力発電	74, 76, 78, 82, 88
乾電池	40, 50, 56
γ線	144
気化熱	116, 124
GB（ギガバイト）	200
GHz（ギガヘルツ）	28
擬似交流電流	126
擬似直流電流	126
気象レーダー	28
キセノンランプ	106
気体放電	50
起電力	64, 72
逆起電力	106
キャリア	190
QRコード	20
共振	150
極超短波	146, 152
記録変換	180
空間分割多重方式	172
空気清浄機	114
クーロン	38, 40
クーロンの法則	38, 62
クーロン力	38, 40, 48
クラッド	210
グリッド	188
グロー管（グローランプ）	50, 106
蛍光灯	104, 106, 126, 162
軽水炉	78, 80
携帯電話	18, 20, 174, 176
ケーブルテレビ（CATV）	170
結晶構造	46, 190, 202
減極	56
原子	36, 38, 44, 46, 88, 190
原子核	30, 36, 46, 78, 88, 162
原子構造	46
原子力発電	74, 78, 80, 82, 88
原子炉	78
減速材	78, 80
検波	150

コア	210
コイル	64, 68, 92, 120, 150
高温岩体発電	86
高温超電導	26
高温超電導モーター	26
光学顕微鏡	32
虹彩認証	24
光線スイッチ式	138
高速増殖炉	80
光電効果	152
光導電効果	136
光電変換	180, 212
交流	52, 54, 60, 72, 94, 126, 144, 188, 192
交流モーター	68, 112
五極真空管	189
固体白色照明	216
黒化現象	104
コピー機	136, 180
コレクタ	192
コンセント	12, 52, 54, 94, 98, 100
コンデンサー	60, 144
コンバーター	14, 126, 212
CD	130, 132, 142, 202, 204, 216
コンプレッサー	116, 124, 126

▶▶▶ さ ◀◀◀

サーバー	206
サーモスタット	108, 116, 118
サイクロン方式掃除機	112
再生ヘッド	130
撮像管	152
三極真空管	188, 192
3相交流	68, 94
3相誘導モーター	68
残留磁化現象	130
3路スイッチ	100
C	38, 40, 60
CATV	166, 170
CS放送	154, 166, 170
CCD	24, 136, 152, 180, 212
CCDシフト方式	212
シーズヒーター	108, 118
CD−R	202
CD−RW	202
CDMA	176
CTスキャナ	30
CD−ROM	182, 202
GPS	182, 214
CPU	18, 196, 198, 212
J	44
磁界	62, 64, 66, 68, 96, 120, 144, 156, 200

紫外線	22, 106, **144**, 162
磁気	8, 38, **62**, 130, 132, 156, 200
磁気カード	**18**
磁気テープ	130, 132, 142, 156
磁気ヘッド	200
システム・オン・チップ（SOC）	**194**
システムLSI	**194**
磁性体	**130**, 132, 134, 200
磁束	**62**, 64, 72
自動改札機	**18**
自動ドア	**138**
磁場	**62**
時分割多重接続	**176**
時分割多重方式	**172**
指紋認証	**24**
集積回路	18, **194**
充電	12, 56, **58**, 60, 198
自由電子	36, 38, 40, 44, 46, 48, 190
充電池	12, **58**
周波数	28, 52, **54**, 64, 94, 126, 128, 144, 146, 148, 152, 154, 166, 176, 208
周波数分割多重方式	**172**
周波数変調	**148**
ジュール熱	**44**, 46, 104, 108, 118, 120
ジュールの法則	**44**, 92
順次走査	**168**
小ゾーン方式	**174**
消費電力	42, 98, 160, 162, 194, 212, 216
消費電力量	42, 44, 96
静脈認証	**24**
ショート	52, 56
初期化	**200**
シリーズハイブリッド方式	**14**
シリコン	46, 82, 190
磁力線	**62**, 64, 66, 68, 92, 96
真空管	122, **188**
新交通システム	**10**
シンセサイザー	**134**
新世代携帯	**176**
深層磁化方式	**156**
振幅変調	**148**
Suica（スイカ）	**18**
水銀ランプ	**106**
スイッチ	**100**, 110, 126, 138, 140, 192
水力発電	74, 76, 84
水路式水力発電	**74**
スーパーヘテロダイン方式	**150**
ステルス技術	**28**
スピーカー	128, 150, 152, 178
スピードガン	**28**
スプリッター	**208**
スリップリング	**72**
制御棒	**78**
正孔	82, 164, 190
静電気	36, 38, **48**, 70, 114, 136
静電誘導	**48**, 50, 62, 136
静電容量	24, **60**, 128, 150
整流作用	126, **188**, 192
整流子	**68**, 72
赤外線	104, 118, 138, **144**, 210
セクタ	**200**
絶縁体	44, 46, 50, 60, 94, 108, 190
接合型トランジスタ	**192**
絶対零度	**26**
セラミックス	**118**, 120
セル	20, 162
セレン	46, **136**, 190
全加算回路	**198**
センサー	16, 18, 24, 110, 120, 138
全自動洗濯機	**110**
洗濯機	**100**, 110, 112, 116
全地球測位システム	**182**
船舶用ポッド型推進システム	**26**
総合デジタル通信網	172, 208
走査	**152**
走査型電子顕微鏡	**32**
走査線	152, 156, **158**, 168, 180
掃除機	98, **112**, 126
送電	52, 84, **92**, 94, 102
送電線	92, 144
増幅	124, 128, 134, 150, **188**, 192, 198
増幅器	128, 134
ソーラーパネル	**82**
SOLED式	**164**

▶▶▶ た ◀◀◀

タービン	26, 74, 76, 78, 82, 84, 86, 88
ダイオード	126, 192, **194**, 216
大ゾーン方式	**174**, 176
帯電	38, 48, 50, 60
ダイヤルアップ接続	**206**, 210
太陽光発電	82, 86
太陽電池	34, 56, 82
太陽熱発電	**82**
DAT	**130**, 132
WWW	**206**
ダム式水力発電	**74**
ダム水路式水力発電	**74**
タングステン	**104**
単相交流	**94**

短波 …………………………………………146
ダンパーサーモ …………………………116
蓄音機……………………………102, 142
蓄電池 ………………………14, 52, 58
地中送電線 ……………………………94
地中配電方式 …………………………96
チップセット ……………………………196
地熱発電 …………………………………86
中央処理装置 …………………………198
中性子 ……………………………36, 78, 80
チューナー ……………………150, 152, 166
中波 ……………………………………146, 148
超LSI ……………………………………194
超音波………………………30, 110, 128, 186
潮汐発電 …………………………………84
超短波 ………………………146, 148, 152
超電導 ……………………………………8, 26
超電導磁石 ………………………………8
超電導物質 ………………………………8, 26
超電導リニア ……………………………8, 26
長波 ………………………………………146
直流 ………………………52, 60, 68, 72, 188, 192
直流モーター ……………………………68, 112
直列 ………………………………………14
通信衛星 …………………………………166
DSL ………………………………………208
DC …………………………………………52
TCP／IP …………………………………206
TDMA ……………………………………176
DVD …………………………………204, 216
低温超電導 ………………………………26
定格電流 …………………………………98
抵抗 …………………………………………44
抵抗値 …………………………44, 46, 108, 190
ディスプレイ ……………152, 160, 162, 164, 196
ディファレンシャルGPS …………………182
デジタル・オーディオ・テープ …………130
デジタルカメラ ……………………212, 214
デジタル交換機 …………………………172
デジタルコピー機 ………………………136
デジタル信号
　………………132, 136, 172, 196, 198, 200, 212
デジタルハイビジョン放送………158, 168
デジタルプログレッシブ放送 …………168
デジタル方式 ………………130, 168, 172, 196
デジタル放送 ……………………166, 168, 170
テレビ
　……152, 154, 158, 160, 162, 164, 166, 168, 170
テレビカメラ ……………………………152
テレビ電話 ………………………………176

電圧 …………40, 42, 44, 52, 92, 94, 96, 136, 188
電位差 ……………………………40, 44, 56, 82
電荷
　…38, 40, 48, 50, 56, 60, 128, 136, 162, 198, 212
電界 ……………………………………62, 122, 144
電解液 …………………………………38, 56, 58
電解水 ……………………………………110
電気
　……36, 38, 40, 46, 48, 50, 52, 56, 60, 62, 68, 72,
　　　74, 78, 82, 86, 90, 92, 96, 98, 100, 144
電気泳動方式 …………………………………22
電気楽器 ……………………………………134
電気許容量 ……………………………………42
電気コタツ ……………………………………108
電気自動車 ……………………………………12
電気信号
　……128, 130, 134, 138, 148, 152, 172, 180, 196
電気炊飯器 …………………………108, 118, 194
電気抵抗……………………………………8, 26, 44
電極
　…22, 56, 60, 70, 90, 106, 128, 160, 162, 164,
　　　　　　　　　　　　　　　　188, 192
電極板 …………………………………………60, 144
電極フィルター …………………………………114
電気量 ……………………………………………38
電子
　……36, 38, 40, 48, 52, 58, 60, 82, 88, 106, 122,
　　　144, 152, 162, 164, 188, 190, 192, 212
電子楽器 ……………………………………134
電子顕微鏡 ……………………………………32, 34
電子平面走査 …………………………………180
電磁石 …………………………8, 64, 110, 130, 172
電子銃 ……………………………………32, 152, 156
電磁調理器 ……………………………………120
電磁波 ……………………………30, 118, 122, 144, 186
電子ビーム ……………………………32, 152, 156
電子ペーパー …………………………………22
電子メール ……………………………………176, 196
電磁誘導加熱 …………………………………118, 120
電磁誘導の法則
　………8, 64, 66, 72, 92, 118, 120, 128, 130, 134,
　　　　　　　　　　　　　　　　156, 200
電子レンジ ……………………………100, 122, 194
電池 ………………………12, 38, 52, 56, 58, 60, 70, 90
電柱 ………………………………………94, 96, 100, 170
電場 ………………………………………………62
電波
　……28, 52, 54, 122, 144, 146, 148, 150, 154,
　　　166, 168, 170, 174, 182, 184, 186, 188
電波ビーコン …………………………………184

220

電離 …………………………………… 162
電離層 ………………………………… 146
電流
　……8, 18, 26, **40**, 42, 44, 52, 62, 64, 66, 98, 190
電流制限器 …………………………… 98
電流の磁気作用 ……………………… 62
電力
　……10, 14, **42**, 74, 76, 84, 92, 96, 98, 146, 164,
　　　　　　　　　　　　　　　　　　　188, 216
電力メーター ………………………… 96
電力量 ………………………………… 42
電力量計 …………………………… 96, 98
電話 ………………… 142, 172, 174, 178, 208
透過型ディスプレイ ………………… 22
透過型電子顕微鏡 …………………… 32
同期 …………………………………… 152
同期信号 …………………………… 152, 180
導体 ………………… 40, 44, **46**, 48, 120, 136, 190
同調 …………………………………… 150
同調回路 ……………………………… 150
導波器 ………………………………… 154
透明電極 …………………… 22, 160, 164
トカマク型融合装置 ………………… 88
トッププレート ……………………… 120
ドップラー効果 ……………………… 28
トナー ………………………………… 136
飛び越し走査 ……………………… 156, 168
トラック …………………………… 156, 200
ドラム ……………………………… 130, 136
トランクゲートウェイ ……………… 178
トランシーバー ……………………… 128
トランジスタ ……… 126, 160, 188, **192**, 194, 198
トランス …………………………… 92, 96

▶▶▶ な ◀◀◀

ナノテクノロジー …………………… 34
nm（ナノメートル）……………… 32, 34
鉛蓄電池 ……………………………… 58
二極真空管 ………………………… 188, 192
2次元コード ………………………… 20
2次コイル …………………………… 92
2次電池 …………………… 12, 56, **58**, 82
ニッカド電池 ………………………… 58
ニッケル水素電池 …………………… 58
熱振動 …………………………… 26, 44
熱線スイッチ式 ……………………… 138
燃料電池 …………………… 14, 56, 90
NOT回路 ……………………………… 198
ノンフロン冷蔵庫 …………………… 116

▶▶▶ は ◀◀◀

バーコード …………………………… 20

HD ……………………………………… 200
バイオメトリクス …………………… 24
排気循環方式掃除機 ………………… 112
配向膜 ………………………………… 160
HDTV ………………………………… 158
配電 ……………………… 92, 94, 96, 100, 102
配電線 ……………………………… 92, 96
バイト ………………………………… 196
ハイビジョン ………………………… 158
ハイブリッド ………………………… 14
バイメタル ………………… 106, **108**, 118
背面電極 ……………………………… 22
白熱電球 ………………… 102, **104**, 106, 108
パケット交換 ………………………… 178
パケット通信 ………………………… 178
バス …………………………………… 196
パソコン
　………58, 160, 168, 178, 194, **196**, **198**, 208, 214
波長
　……22, 28, 32, **54**, 118, 146, 148, 150, 154, 216
発光層 ………………………………… 164
発光ダイオード ……… 138, 164, 192, 216
バッテリー ………………………… 52, 58
発電機 …………… 14, 62, 64, 66, **72**, 74, 86, 90
発電所 ……………………… 92, 100, 102
発熱量 ………………………………… 44
パラボラアンテナ ………………… 154, 166
バリコン ……………………………… 150
波力発電 ……………………………… 84
パルス …………………… 28, 132, 138
パルスカウンター …………………… 138
パルセーター ………………………… 110
ハロゲン ……………………………… 104
ハロゲンサイクル …………………… 104
ハロゲン電球 ………………………… 104
パワーコンディショナー …………… 82
半加算器 ……………………………… 198
反射器 ………………………………… 154
搬送波 ……………………… 148, 150, 152
半導体
　………44, 46, 82, 126, 136, 152, 188, **190**, 192,
　　　　　　　　　　　　　　　　　　194, 212
半波長ダイポールアンテナ ………… 154
P ……………………………………… 42
PHS ……………………………… 174, 214
BS放送 ………………… 154, 158, 166, 168, 170
PN接合ダイオード ………… 126, **192**, 216
P型半導体 …………………… 82, 190, 192, 216
PCM …………………… 132, 134, 142, 158
ヒーター …………………………… 108, 188

PDA	214
PDP	162
ヒートポンプ	124
光磁気ディスク	132, 200
光触媒	114
光ディスク	132, 204
光導電効果	136
光ビーコン	184
光ファイバーケーブル	210
光ファイバー通信	210
ピクセル	160
非接触ICカード	18
非対称デジタル加入者線	208
ピックアップ	134
VICS	184
ピット	132, 202, 204
ビット	196, 198
ビデオテープ	62, 130, 156
ビデオデッキ	130, 156
火花検出器	144
ヒューズ	98
ヒューマノイドロボット	16
標本化	132, 134
避雷針	96
FAX（ファクシミリ）	180
ファラデー	64
ファラド	60
ファン	112, 114, 124, 163
フィールド	156
VHF	146, 152
VLSI	194
フィラメント	104, 106, 162, 188
風力発電	82, 86
FeliCa（フェリカ）	18
フォーマット	200
フォトクロミック技術	22
フォトダイオード	138, 180, 212
不活性ガス	104, 162
複写機	136
符号化	132, 176
符号分割多重接続	176
浮上案内コイル	8
沸騰水型軽水炉	78
物理電池	56, 82
不導体	44, 46, 48, 136
部分磁化現象	130
ブラウン管	32, 152, 160
プラグ	100
ブラシ	68, 72
プラスチック	46, 48, 122, 136, 164, 208

プラズマ	88, 162
プラズマディスプレイ	162
プリズム	152
プリンタ	196
プルサーマル	80
プルトニウム239	78, 80
ブレーカー	98
プレート	188
フレミング左手の法則	66, 96
フレミング右手の法則	66, 72, 96
ブロードバンド	170, 210
FD	200, 202
プロトコル	206
プロバイダー	206, 208, 210
フロンガス	116
分解能	32
分散型燃料電池システム	90
分子	34, 38, 122, 160, 164
分電盤	98
ベース	192
ベストミックス	78
ヘッダ	178
ヘッド	130, 156, 200
Hz（ヘルツ）	54, 144
変圧器	52, 92, 94, 96, 100
変位電流	144
偏光板	160
変調	148, 180
変電所	92
ボイラー	76
放射器	154
放射線	30, 78
放射ルミネセンス	106
放送衛星	166
放電	50, 58, 60, 70, 106, 126, 144, 162, 198
放熱器	116
ホームページ	206, 212
ホール	82, 190, 192, 216
ポッド	26
ホットプレート	108, 118
ボルタの電池	56, 70
V（ボルト）	32, 40, 42, 60

▶▶▶ ま ◀◀◀

マイクロ・ウェーブ・オーブン	122
マイクロカプセル	22
マイクロQRコード	20
マイクロ波	28, 122, 146, 154
マイクロ波加熱	122
マイクロフォン	16, 62, 128, 178
マイコン	110, 120, 138, 140, 194, 198

マイナスイオン	114
マウス	196
マグネトロン	122
マザーボード	196
摩擦エネルギー	48
摩擦起電機	70
摩擦電気	48
マニューシャ	24
マンガン電池	56
右ねじの法則	64, 66
水の電気分解	90, 110
MD	132
脈流	72
ミリ波	146, 154
無電力放電ランプ	106
メインメモリー	196, 198, 200
MB（メガバイト）	200, 202
メモリー効果	12, 58
メモリーセル	198
メモリーチップ	198
モーター	14, 16, 26, 52, 62, 66, 68, 72, 110, 112, 126, 140
MOX燃料	80
モデム	208
モバイルSuica	18

▶▶▶ やらわ ◀◀◀

八木・宇田式アンテナ	154
URL	20, 206
UHF	146, 152
ULSI	194
有機ELディスプレイ	164
有機物	164
誘電加熱	122
誘導起電力	18, 64, 66, 92
誘導電流	64, 72
誘導分極	60
ゆりかもめ	10
陽子	36, 38, 78
揚水式水力発電	74
ラジオ	144, 146, 150, 154, 184, 192
ラピッドスタート方式	106
リーダライタ	18
リチウムイオン電池	12, 58
リニアモーターカー	8
リミッター	98
量子化	132, 212
リライタブルシステム	22
臨界温度	26
ループ配電方式	96
励起	164
冷蔵庫	100, 110, 116, 124, 126
冷媒	116, 124
冷媒管	124
レーザー光線	132, 200, 202, 204
レーダー	28, 138, 186
レンズの法則	64, 66
漏電遮断器	98
漏電ブレーカー	42, 98
ロープ式エレベーター	140
ローレンツ力	8, 66, 68, 72
録音ヘッド	130
ロッドアンテナ	154
ワード線	198
W（ワット）	40, 42, 50, 106
Wh（ワット時）	42, 44

デザイン	インフォマップ
レイアウト・DTP	吉田光良
イラスト	宮坂ゆかり
執筆・編集協力	髙梨聖昭、南山武志、髙梨弘之
編集	（株）表現研究所

本書の内容に関するお問い合わせは、**書名、発行年月日、該当ページを明記**の上、書面、FAX、お問い合わせフォームにて、当社編集部宛にお送りください。**電話によるお問い合わせはお受けしておりません。**
また、本書の範囲を超えるご質問等にもお答えできませんので、あらかじめご了承ください。

FAX：03-3831-0902

お問い合わせフォーム：http://www.shin-sei.co.jp/np/contact-form3.html

落丁・乱丁のあった場合は、送料当社負担でお取替えいたします。当社営業部宛にお送りください。
法律で認められた場合を除き、本書からの転写、転載（電子化を含む）は禁じられています。代行業者等の第三者による電子データ化及び電子書籍化は、いかなる場合も認められていません。

徹底図解　電気のしくみ

編　　者	新星出版社編集部
発行者	富　永　靖　弘
印刷所	株式会社新藤慶昌堂

発行所　東京都台東区　株式　**新星出版社**
　　　　台東2丁目24　会社
　　　　〒110-0016　☎03(3831)0743

Ⓒ SHINSEI Publishing Co., Ltd.　　　Printed in Japan

ISBN978-4-405-10648-2